Java 程序设计

李月军　编著

清华大学出版社
北　京

内 容 简 介

本书基于 Java 技术的发展和 Java 程序设计课程的教学需要编写而成。全书共分为 14 章，内容包括 Java 语言概述、Java 语言基础、程序控制结构、数组、类和对象、类的继承和多态机制、抽象类和接口、异常处理、集合与泛型、输入输出流、多线程、网络编程、数据库编程和图形用户界面设计。为了便于教学或自学，在附录 A 中提供了 16 个实验及相应的程序代码，附录 B 中提供了各章习题的参考答案。

本书是作者多年教学经验的结晶。教材以初学者为起点，对面向对象思想进行了深入透彻的剖析。教材在全面介绍 Java 编程原理和基本知识的基础上，注重培养读者运用面向对象方法分析和解决实际问题的能力。书中包含了大量精心设计并通过调试的编程案例，便于初学者使用。

本书层次清晰，注重实用，适合作为普通高等院校各类专业“Java 程序设计”课程的教学用书，也可供从事 Java 软件开发及相关领域的初级工程技术人员自学使用。

图书在版编目 (CIP) 数据

Java 程序设计 / 李月军编著 . -- 北京 : 清华大学出版社 , 2024. 11.

ISBN 978-7-302-67748-2

Ⅰ. TP312.8

中国国家版本馆 CIP 数据核字第 2024MT0776 号

责任编辑： 刘向威　李薇濛
封面设计： 文　静
版式设计： 文　静
责任校对： 韩天竹
责任印制： 宋　林

出版发行： 清华大学出版社
网　　址：https://www.tup.com.cn，https://www.wqxuetang.com
地　　址：北京清华大学学研大厦 A 座　　邮　　编：100084
社 总 机：010-83470000　　邮　　购：010-62786544
投稿与读者服务：010-62776969，c-service@tup.tsinghua.edu.cn
质 量 反 馈：010-62772015，zhiliang@tup.tsinghua.edu.cn
课 件 下 载：https://www.tup.com.cn, 010-83470236

印 装 者： 三河市龙大印装有限公司
经　　销： 全国新华书店
开　　本： 185mm × 260mm　　**印　张：** 21.5　　**字　数：** 473 千字
版　　次： 2024 年 12 月第 1 版　　**印　次：** 2024 年 12 月第 1 次印刷
印　　数： 1~1500
定　　价： 69.00 元

产品编号：105249-01

前言

Java 语言是面向对象编程语言的代表，很好地体现了面向对象的理论，允许编程者以整体的思维方式进行程序设计。Java 语言因具有卓越的通用性、高效性、平台移植性、安全性，拥有完善的多线程机制和强大的网络编程能力，在面向对象和网络编程中占主导地位。随着网络向云计算、物联网的方向发展，Java 语言具有更加广阔的应用市场和应用前景。社会对 Java 工程师的需求量一直很大。掌握 Java 语言，能够进行典型的 Java 应用程序的开发，是对普通高等院校计算机及相关专业学生最基本的能力要求之一。

本书内容丰富，共分为 14 章，各章主要内容如下：

第 1 章介绍 Java 语言的特点、Java 程序的开发环境及开发流程。

第 2 章介绍 Java 语言的数据类型、数据运算及表达式。

第 3 章介绍程序的基本结构，包括顺序结构、选择结构和循环结构。

第 4 章介绍数组和字符串的基本知识及应用案例。

第 5~7 章介绍面向对象程序设计技术，包括类和对象的基本知识、类的继承和多态机制、实现多重继承的接口、用于组织类和接口的包技术。

第 8 章介绍 Java 的异常处理机制、异常的捕获及抛出方法。

第 9 章介绍集合和泛型，主要讲述集合和泛型的概念，以及常用集合的使用。

第 10 章介绍 Java 的流式输入输出功能，包括流类、标准输入输出及文件操作技术。

第 11 章介绍 Java 特有的多线程技术，包括多线程机制、多线程的实现方法和调度技术。

第 12 章介绍 Java 强大的网络编程技术，包括基于 TCP 和 UDP 网络协议的 Socket 网络程序开发技术。

第 13 章介绍数据库编程技术，包括 MySQL 数据库的基本知识、结构化查询语言（SQL）、数据库访问步骤，以及数据库编程的基本技术。

第 14 章介绍 Java 图形界面技术，包括 Swing 组件、布局管理及事件处理技术。

附录 A 提供了 16 个实验内容，各实验的主要内容如下：

实验 1，Java 开发环境，介绍 JDK 环境的安装、配置，使用记事本进行 Java 程序的开发，IDEA 环境下 Java 程序的编译和运行。

实验 2，Java 基本类型与表达式，介绍常量和变量的定义、取值范围、表达式、数据类型转换等的使用方法。

实验 3，程序控制结构，介绍选择分支结构和循环结构的使用方法。

实验 4，数组，介绍数组的定义和使用方法。

实验 5，字符串，介绍字符串的定义、常用的方法调用和字符数组的使用方法。

实验 6，类和对象，介绍类和对象的概念、定义和使用方法。

实验 7，继承，介绍继承的概念和在程序中的使用方法。

实验 8，多态，介绍多态的特点和使用方法，以及抽象类的定义和使用。

实验 9，接口，介绍接口的特点和使用方法。

实验 10，异常处理，介绍异常的定义、异常的处理方法、自定义异常及使用方法。

实验 11，集合框架，介绍 List 集合和 Map 集合的使用方法。

实验 12，输入输出流，介绍输入输出流的使用方法。

实验 13，多线程，介绍多线程的特点和使用方法。

实验 14，网络编程，介绍网络编程中常用对象的使用方法。

实验 15，数据库编程，介绍纯 JDBC 驱动连接与操作数据库中数据的方法。

实验 16，图形用户界面设计，介绍使用图形用户界面开发桌面应用的方法。

其中，实验 2~ 实验 10 包括验证性实验和设计性实验两部分，实验 11~ 实验 16 因内容难度较大，只包括验证性实验。读者可以在模仿验证性实验题目的基础上，完成设计性实验，实现从模仿到创新的飞跃，加深对知识的理解和掌握。

本书所有例题、实验题目、各章习题的源程序代码均在 JDK 21.0.0.0 和 ideaIU-2023.2.2 中运行通过。

为了便于教学，本书提供了丰富的配套资源，包括微课视频、例题源代码、实验源代码、习题源代码、习题参考答案、教学课件、教学大纲、教案。资源获取方式如下：

（1）微课视频获取方式：先刮开本书封底的文泉云盘防盗码涂层并用手机扫描，再扫描书中相应的视频二维码，即可观看视频。

（2）源代码获取方式：先用手机扫描本书封底的文泉云盘防盗码，再扫描下方二维码即可获取。

（3）其他配套资源获取方式：用手机扫描本书封底的“书圈”二维码，关注后回复本书书号即可下载。

源程序代码

源代码及其他配套教学资源，读者也可通过清华大学出版社官网获取。

本书可作为普通高等院校各类专业“Java 程序设计”课程的教学用书，也可供从事 Java 软件开发及相关领域的初级工程技术人员自学使用。

本书由湛江科技学院李月军编著，在编写过程中，参阅了诸多书籍、文献资料和网站，在此向相关作者表示衷心的感谢。

鉴于编者水平有限，书中难免存在疏漏，敬请读者及专家指教。

李月军

2024 年 9 月

Java

目录

第1章 Java语言概述

Java语言是由Sun公司（已被Oracle公司收购）于1995年正式推出的面向对象的程序设计语言，具有安全性、分布性、平台无关性等显著特点，现在被广泛应用于大型企业级应用程序和移动设备应用程序的开发。在软件开发技术演变过程中，Java语言的出现具有里程碑意义。

1.1 Java语言的特点

视频讲解

1990年，Sun公司为了发展消费类电子产品，由James Gosling（Java之父）领导Green项目，着力发展一种分布式系统结构，开发一种可移植的、跨平台的语言，由此Java语言应运而生。1996年，Sun公司推出了Java开发工具包（Java development kit，JDK），即JDK 1.0；1998年推出了里程碑式的版本JDK 1.2；之后陆续又发布了JDK 1.4、JDK 1.5、JDK 6.0、JDK 7.0、JDK 8.0等版本，至2023年9月，最新发布的JDK版本是JDK 21。

Java语言能够迅速成为一种流行的编程语言，是由它的特点决定的。Java语言的特点如下。

1. 简单性

Java是一种纯粹的面向对象程序设计语言，它丢弃了C++语言中的指针、运算符重载、多重继承等特性，增加的自动垃圾收集功能大大简化了程序设计者的内存管理工作。

2. 面向对象

在Java语言中，万物皆为对象。组成客观世界的实体被抽象为数据和对数据的操作，并使用类封装成一个整体，实现了模块化和信息的隐藏；类是一类对象的原型，通过继承机制，子类可以使用父类所提供的数据操作，实现代码的复用。

3. 平台无关性

在 Java 中引入了虚拟机（Java virtual machine，JVM）概念，即在机器和编译程序之间加入一层抽象的虚拟机器。Java 源程序经过编译器编译后生成一种称为字节码的中间代码，JVM 将这些字节码通过解释器解释成机器码，即可在不同平台上运行。

JVM 的引入使 Java 语言具有了平台无关性，从而实现了软件的“一次开发，处处运行”，也保证了 Java 语言体系结构中的可移植性。Java 程序编译与执行过程如图 1-1 所示。

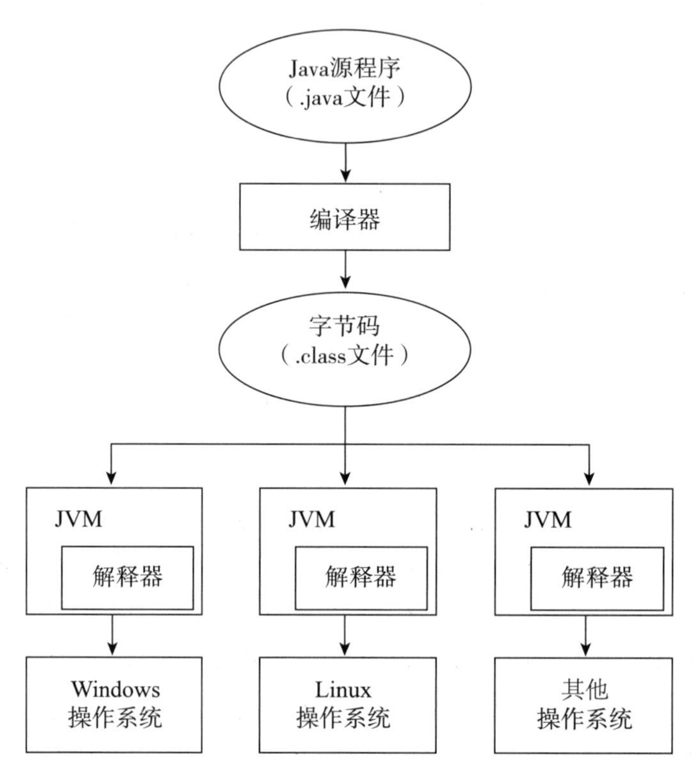

图 1-1　Java 程序编译与执行过程

4. 分布式

Java 是面向网络的语言。通过它提供的类库可以处理 TCP/IP，通过统一资源定位器（URL）可以在网络上访问其他对象，取得用户需要的资源。所以，Java 语言非常适合因特网和分布式环境下的编程。

5. 安全性

Java 是在网络、分布式环境下使用的编程语言，必须考虑安全性问题。Java 不支持指针，一切对内存的访问都通过对象的实例变量来实现，阻止了程序员使用“特洛伊”木马等欺骗手段访问对象的私有成员，同时也避免了指针操作中容易产生的错误。另外，为了防止字节码程序被非法改动，解释执行前，Java 会先对字节码程序做检查，防止网络“黑客”对字节码程序恶意改动，造成对系统的破坏。

6. 多线程

线程指一个程序中可以独立运行的片段。Java 语言内置了多线程机制，可以将一个程序的不同程序段设置为不同的线程，各线程并行独立执行，提高系统的运行效率；通过多线程间的同步机制，保证对共享数据的正确操作。

7. 健壮性

Java 语言在编译和运行程序时，都要对可能出现的问题进行检查，以避免错误的产生。通过自动垃圾收集机制的内存管理，消除编程者在管理内存时容易产生的错误；通过异常处理机制，在编译和运行程序时，对可能出现的问题抛出异常并进行异常处理，防止程序崩溃；通过强类型机制，捕获类型声明中的错误，防止动态运行时数据类型不匹配问题出现。

1.2 Java 语言开发环境

视频讲解

“工欲善其事，必先利其器”。使用 Java 语言编程前，必须搭建好 Java 的开发和运行环境。Java 的开发环境主要指 Java 开发工具。

目前，Java 平台有 3 种版本，即 Java SE、Java EE 和 Java ME。

Java SE 称为 Java 标准版或 Java 标准平台。Java SE 提供了标准的 JDK，利用该平台可以开发 Java 桌面应用程序和低端服务器应用程序。

Java EE 称为 Java 企业版或 Java 企业平台。使用 Java EE 可以构建企业级的服务应用，Java EE 平台包含 Java SE 平台，并增加了附加类库，以便支持目录管理、交易管理等功能。

Java ME 称为 Java 微型版或 Java 小型平台。Java ME 是一种很小的 Java 运行环境，用于嵌入式的消费产品中，如移动电话。

1.2.1 JDK 的下载和安装

JDK 可以在 Oracle 公司官网下载，下面以 JDK 21 为例，介绍 JDK 的下载。

（1）在浏览器的地址栏中输入 https://www.oracle.com/cn/java/technologies/downloads/#jdk21-windows，并按下 Enter 键。

（2）在下载页面的下载列表中选择 https://download.oracle.com/java/21/latest/ jdk-21_windows-x64_bin.exe，完成免费下载，如图 1-2 所示。

（3）双击 jdk-21_windows-x64_bin.exe 文件开始安装，按照安装向导提示操作，即可完成安装。

Linux	macOS	Windows

Product/file description	File size	Download
x64 Compressed Archive	180.99 MB	https://download.oracle.com/java/21/latest/jdk-21_windows-x64_bin.zip (sha256)
x64 Installer	160.12 MB	https://download.oracle.com/java/21/latest/jdk-21_windows-x64_bin.exe (sha256)
x64 MSI Installer	158.90 MB	https://download.oracle.com/java/21/latest/jdk-21_windows-x64_bin.msi (sha256)

图 1–2　选择要下载的 JDK

（4）在“开始”→“查询”框中输入 cmd 命令，打开控制台环境窗口，输入命令 java–version，测试 JDK 是否安装成功，如图 1–3 所示。

图 1–3　测试 JDK 是否安装成功

1.2.2　配置环境变量

JDK 本身包含了 Java 运行时环境（Java runtime environment，JRE），该环境由 JVM、类库及一些核心文件组成，它们分别被存放在 JDK 根目录的 \bin 子目录和 \lib 子目录中。

bin 目录：在 bin 目录中包含了 JRE 的实现，还包括了用于编译、执行、调试 Java 程序的工具。Java 编译器（javac.exe）和 Java 解释器（java.exe）就位于该目录中。

lib 目录：lib 目录中包含了 JDK 所需的其他类库和支持文件。

为了方便在任何目录中编译和运行 Java 程序，需要配置系统环境变量 Path 和 Classpath。笔者 JDK 的安装目录是 C:\Program Files\Java\jdk–21，使用的操作系统是 Windows 10，配置的过程如下。

（1）右击“此电脑”，在弹出的快捷菜单中选择“属性”命令，在打开的“设置”窗口中单击“高级系统设置”选项；在弹出的“系统属性”对话框的“高级”选项卡中单击“环境变量”按钮，在弹出的“环境变量”对话框的“系统变量”区域中找到 Path，单击“编辑”按钮；在弹出的“编辑环境变量”对话框中，单击右侧的“新建”按钮，并在左边的列表中为 Path 添加新的值 C:\Program Files\Java\ jdk–21\bin；单击“确定”按钮，完成对 Path 的设置，如图 1–4 所示。

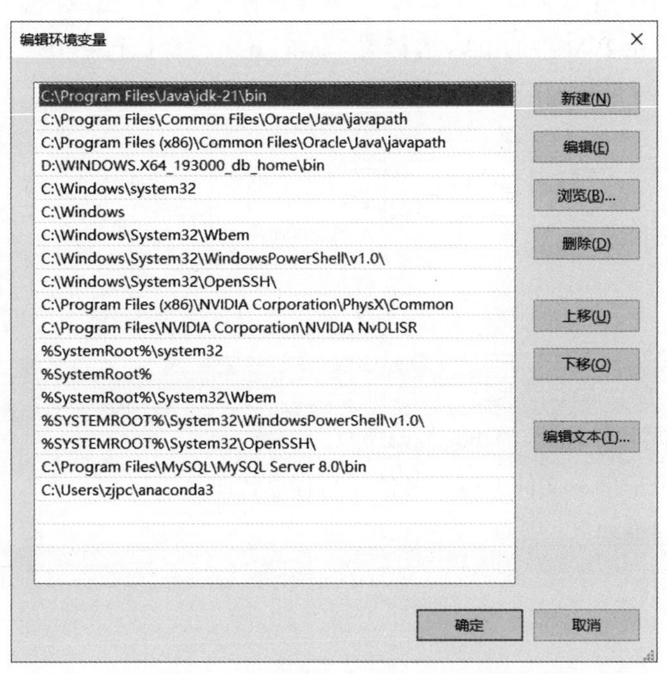

图 1-4　编辑环境变量 Path 的值

（2）在“环境变量”对话框的“系统变量”区域中查看 Classpath 变量，如果不存在，则新建变量 Classpath（不区分大小写），设置其值为 C:\Program Files\ Java\jdk-21\lib，完成对 Classpath 的设置。

（3）测试环境变量是否设置成功。在控制台环境窗口中输入命令 javac，系统会输出 javac 的帮助信息，如图 1-5 所示，表明已经成功配置 JDK。

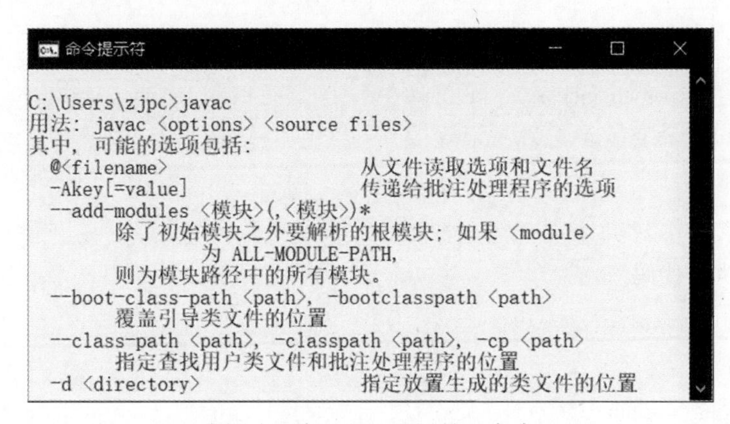

图 1-5　验证 JDK 配置是否成功

1.3　第一个 Java 程序

视频讲解

开发 Java 程序，首先使用文本编辑器（如记事本）编写以 .java 为扩展名的源程序文件，再使用编译器（javac.exe）编译源程序文件，生成以 .class 为扩展名的字节码文件，最后使用 JVM 中的 Java 解释器（java.exe）解释执行字节码文件得到程序运行结果。Java 程序开发过程如图 1-6 所示。

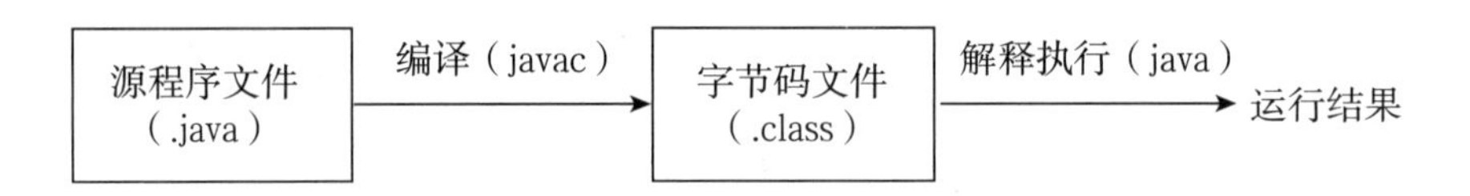

图 1-6 Java 程序开发过程

1.3.1 编写 Java 源程序文件

【例 1-1】编写程序输出“Hello Java!”。

（1）新建一个记事本文件，打开文件编写程序代码。

（2）编写程序框架。

```
public class Hello{
}
```

【说明】

① Java 程序的基本组成部分是类（class），类名由编程者给出，这里命名的类名为 Hello。

② 一个 Java 程序可以包含多个类，但只能有一个 public 类，而且源程序文件名必须和 public 类的类名一致。

③ 类名后有一对花括号，所有属于这个类的代码都要写在这对花括号内部。

（3）编写 main( ) 方法。

```
public static void main(String[] args){
}
```

【说明】

① Java 程序必须有 main() 方法，它是程序的入口，是程序运行的起始点。

② 一个 Java 程序只能有一个 main() 方法，按照上面的格式书写，内容不能缺少，顺序也不能调整。

③ main() 方法后也有一对花括号，程序代码写到这对花括号里。

（4）编写执行代码。

```
System.out.println("Hello Java!");
```

【说明】

① System.out.println() 方法的作用是向控制台输出运行结果，并且输出后自动换行。如果希望输出内容后不自动换行，则使用方法 System.out.print()。

② Java 程序由语句构成，每条语句以分号结束。

③ Java 严格区分大小写。在输入代码时，要注意字母的大小写，而且所有的符号必须在英文状态下输入。

（5）保存源程序文件。

① 单击“文件”菜单的“另存为”选项，在打开的“另存为”窗口中，将“保存类型”选为“所有文件”，文件名框中输入 Hello.java，注意一定要给出文件扩展名 .java，如图 1–7 所示。

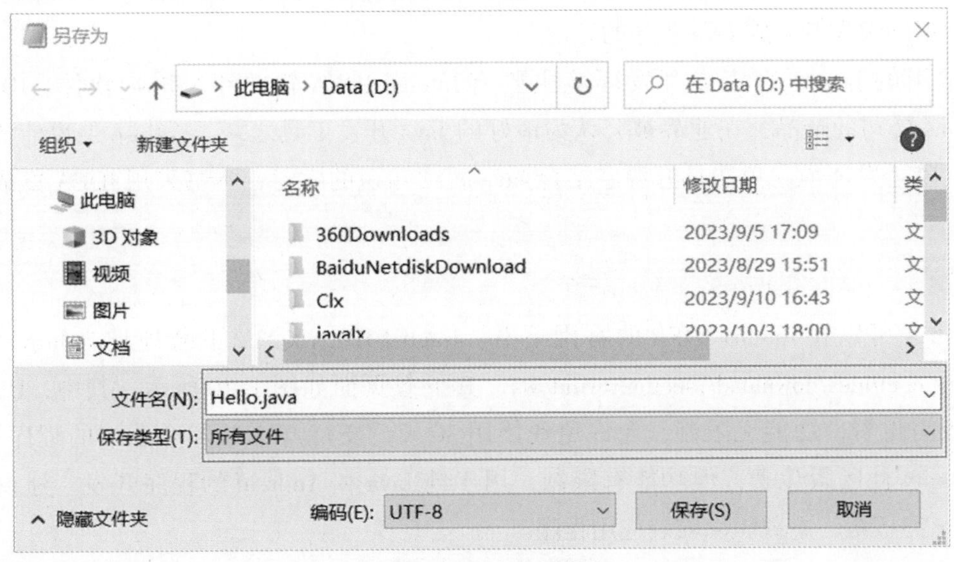

图 1–7 源程序文件保存

② 单击“保存”按钮，源程序文件编写完毕，如图 1–8 所示。

1.3.2 编译和运行 Java 程序

在控制台环境下，切换到保存 Hello.java 的目录，执行 javac Hello.java 命令，对源程序文件进行编译，生成以 .class 为扩展名的字节码文件。

再在控制台环境下，执行 java Hello 命令（注意，不要给出字节码文件的扩展名 .class），输出运行结果，如图 1–9 所示。

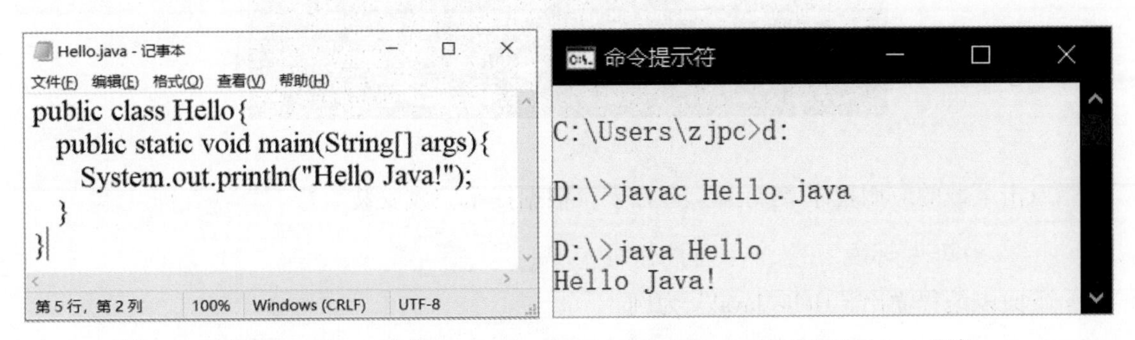

图 1–8 编写的 Hello.java 文件

图 1–9 编译和运行 Java 程序

视频讲解

1.4 IDEA 集成开发环境

当编写的程序比较简单，只有一个 Java 文件时，可以使用 1.3 节“纯手工”方式编写、编译和运行文件；但当任务比较复杂，程序中包含的 Java 文件比较多时，使用 Java 集成开发环境（integrated development environment，IDE）能够更好、更快地帮助编程者完成 Java 程序的开发。

常用的 Java 语言集成开发环境主要有 IntelliJ IDEA 软件和 Eclipse 软件。IDEA 是 JetBrains 公司的产品，在业界被公认为最好的 Java 开发工具之一。Eclipse 是目前流行的 Java 集成开发环境，免费且开源。结合 Java 后续知识的学习，本书采用 IDEA 集成开发环境。

1.4.1 IntelliJ IDEA 的下载和安装

IDEA 可以在 IntelliJ IDEA 的官网下载。IntelliJ IDEA2023.2 下载地址为 https://www.jetbrains.com/idea/download/?section=windows，其下载页面如图 1-10 所示。其中，Ultimate 终极版需付费，功能无限制，允许免费使用 30 天，支持 Web 端和企业端的程序开发。Community 社区版免费，但功能有限制，用于纯 Java 和 Android 的程序开发。建议使用 Ultimate 终极版，下载 .exe 安装应用程序。

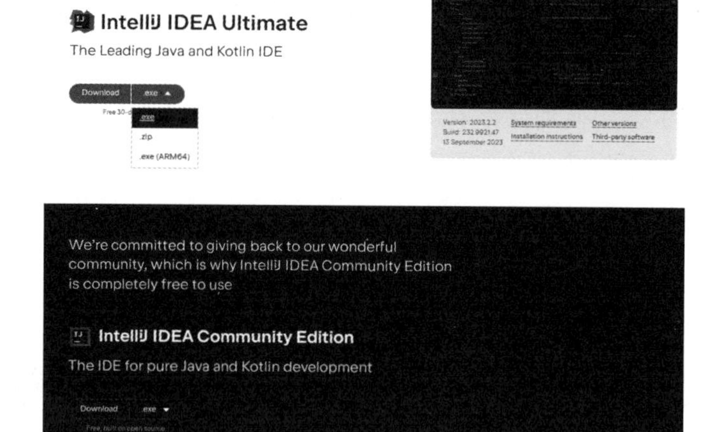

图 1-10 IntelliJ IDEA 下载页面

双击下载的应用程序 ideaIU-2023.2.2，根据提示完成安装。

1.4.2 IDEA 环境下的 Java 程序开发

下面以编程输出“Hello Java!”为例。

（1）双击桌面或文件夹的 IDEA 图标 IntelliJ IDEA 2023.2.2，打开 IDEA 开发环境，打开后的界面如图 1-11 所示。

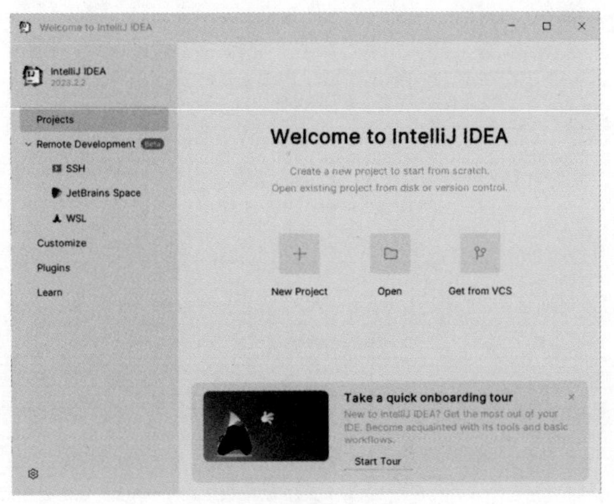

图 1-11 IDEA 启动界面

（2）创建项目。在 IDEA 中，用户开发的 Java 源程序及使用的资源以项目（Project）为单位组织。单击界面中的 New Project，弹出如图 1-12 所示的 New Project 对话框，在 Name 框中输入项目名称，在 Location 框中指定项目存放的路径。本例中项目名称为 Myproject，项目存放于 D:\Java 文件夹下。

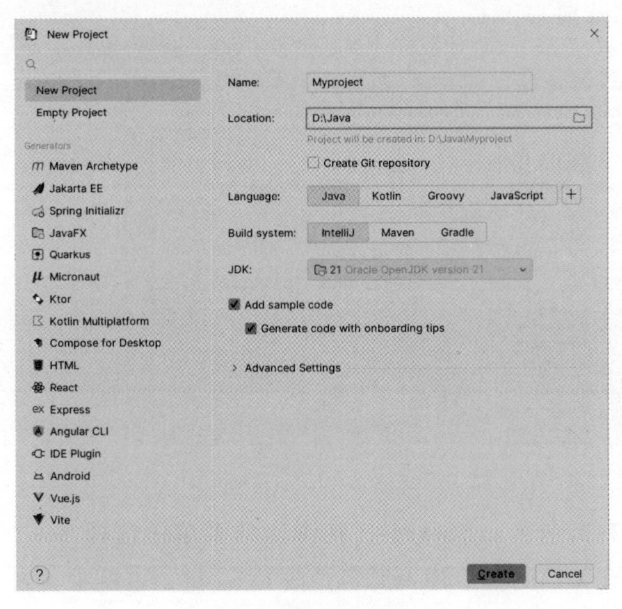

图 1-12 创建项目

单击 Create 按钮后，出现如图 1-13 所示的主窗口界面，左侧的项目列表框中列出了已创建的 Myproject 项目。

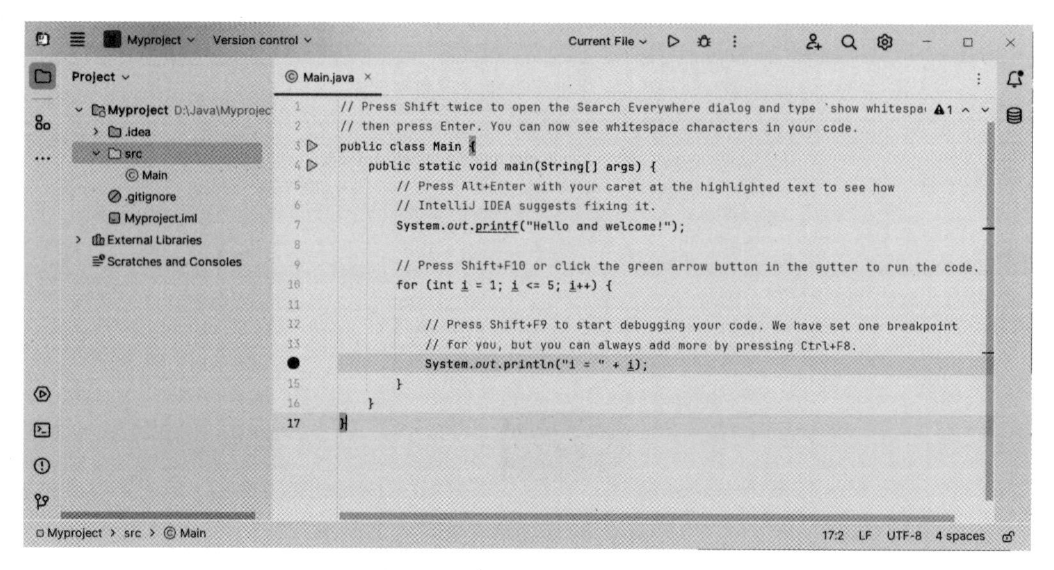

图 1-13 建立项目后的主窗口

（3）创建包。在 Java 程序开发中，经常将一组类和接口用包（Package）来组织。在已建立的 Myproject 项目下的 src 包名上右击，在弹出的快捷菜单中选择 New 项，再在级联菜单中选择 Package 项，最后在弹出的框中输入包名并按 Enter 键。本例中包名为 mypackage，如图 1-14 所示。

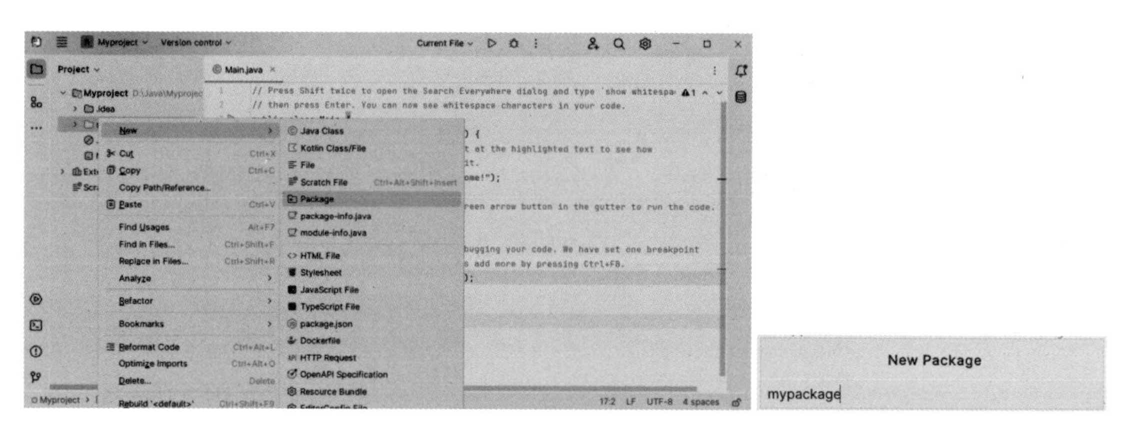

图 1-14 创建包

（4）创建类。右击包名 mypackage，在弹出的菜单中选择 New，再在级联菜单中选择 Java Class，最后在弹出的框中输入类名并按 Enter 键。本例中类名为 Hello，如图 1-15 所示。

（5）运行程序。编写完程序代码后，可以单击窗口右上方的运行按钮▷，在下面的 RUN 窗口中显示运行结果，如图 1-16 所示。

或者单击窗口左上方的 Main Menu 按钮☰，在展开的主菜单中选择 Run 菜单项，在弹出的菜单中选择第一项 Run Hello.java，如图 1-17 所示。

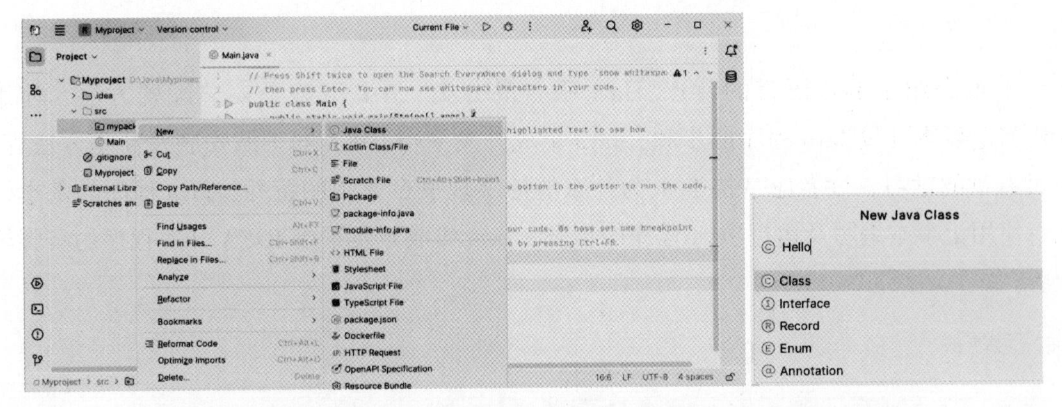

图 1-15　创建类

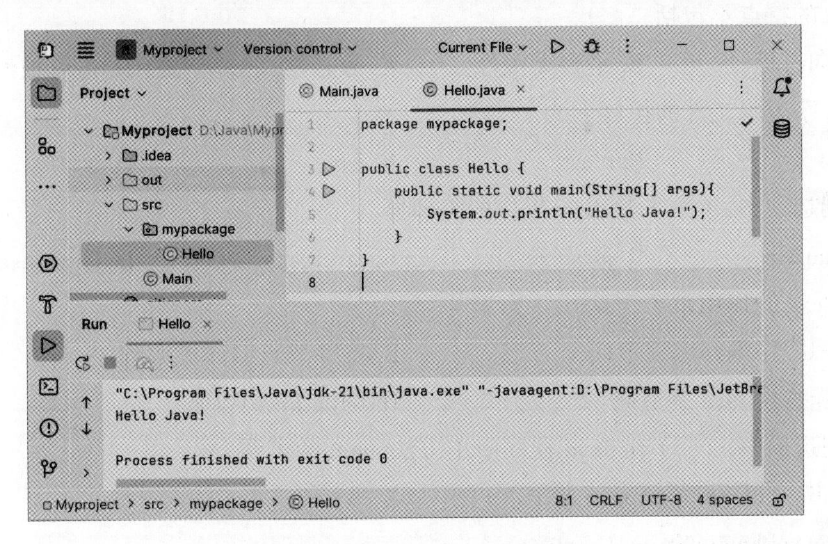

图 1-16　通过运行按钮执行程序

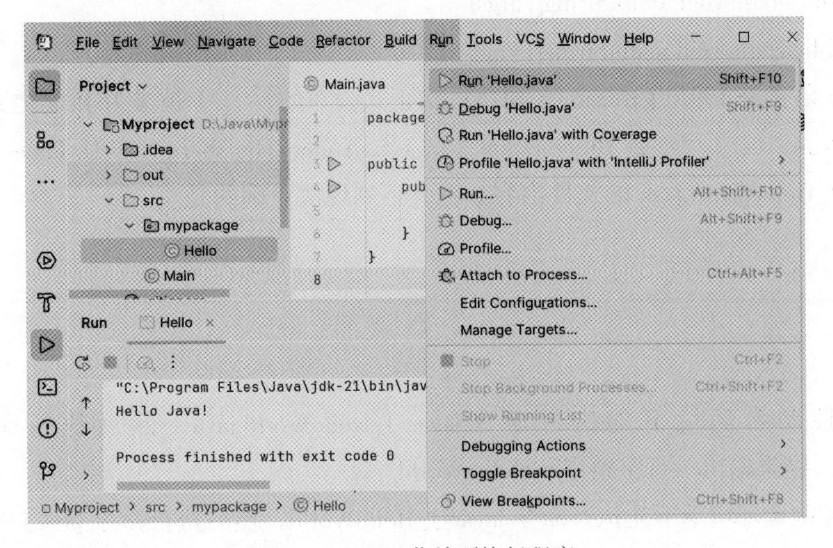

图 1-17　通过菜单项执行程序

1.5 小结

本章介绍了Java语言的特点、Java平台的分类、JDK下载及安装配置方法、使用JDK和记事本开发Java程序的步骤、Java集成开发平台IDEA的下载安装及使用方法等。通过本章的学习，读者应掌握Java为什么能够实现平台无关的特性、Java程序的基本框架、使用记事本编写及运行Java程序的步骤、Java集成开发平台IDEA开发程序的步骤等内容。

习题一

一、选择题

1. Java的特点不包括（　）。

A. 面向过程　　B. 平台无关性　　C. 分布性　　D. 可移植性

2. Java字节码文件的扩展名为（　）。

A. java　　B. class　　C. jsp　　D. js

3. 下列选项中，（　）是JDK提供的编译器。

A. javac.exe　　B. java.exe　　C. javap.exe　　D. javaw.exe

4. java.exe的作用是（　）。

A. 将源程序编译成字节码　　B. 将字节码编译成源程序

C. 解释执行Java字节码　　D. 调试Java代码

5. 下列选项中，（　）是Java程序中主方法main的声明。

A. public void main(String args[])

B. static void main(String[] args)

C. public static void Main(String[] args)

D. Public static void main(String[] args)

6. Java语言是1995年由Sun公司第一次正式公布的，（　）被誉为Java之父。

A. Bill Joe　　B. Bruce Eckel　　C. Anders Hejlsberg　　D. James Gosling

7. 设J_HelloWorld.java的文件内容如下，下列说法正确的是（　）。

```
public class J_HelloWorld{
   public static void main(String args[]){
      System.out.println("Hello World");
   }
}
```

A. 在控制台环境下先执行命令javac J_HelloWorld.java，然后执行命令java J_HelloWorld，结果输出一行字符串“Hello World”

B. 在控制台环境下下先执行命令javac J_HelloWorld，然后执行命令java J_HelloWorld.

class，结果输出一行字符串“Hello World”

C. 在控制台环境下下先执行命令 javac J_HelloWorld.java，然后执行命令 java J_HelloWorld.class，结果输出一行字符串“Hello World”

D. 在控制台环境下下先执行命令 javac J_HelloWorld，然后执行命令 java J_HelloWorld，结果输出一行字符串“Hello World”

8. 编译一个定义了两个类和三个方法的 Java 源码文件，总共会产生（ ），这些字节码文件的扩展名是什么?

A. 5 个字节码文件，以 .java 为扩展名

B. 2 个字节码文件，以 .java 为扩展名

C. 5 个字节码文件，以 .class 为扩展名

D. 2 个字节码文件，以 .class 为扩展名

二. 判断题

1. Java 是跨平台的编程语言。

2. Java SE 是用于企业级开发的技术。

3. Java 程序只能使用 IDEA 编辑运行。

4. Java 程序可以直接编译为适用于本地计算机的机器码。

5. Java 是一种不区分大小写的编程语言。

三. 编程题

编写程序输出“祖国如有难，汝应作前锋。——陈毅”。

四. Java 程序员面试题

简述 Java 语言相比其他高级语言的优势。

第2章 Java语言基础

Java语言的主要应用之一是数据处理，通过计算由不同操作数和运算符组成的表达式得到所要的结果。在编写程序时，需要考虑类和变量等的命名规范、如何存储不同类型的数据、运算符有哪些及表达式计算等问题。标识符、数据类型、变量、常量、运算符和表达式是Java语言编程的基本要素，是Java语言的基础。

2.1 标识符和关键字

视频讲解

现实世界中每一种事物都有自己的标识名称，人们通过名称来区分不同的事物。程序设计中也采用类似的做法，允许编程者对程序中不同的元素加以命名，这种命名符号称为标识符。Java关键字是Java语言本身定义的且具有特殊意义的标识符，编程者不能使用Java关键字作为自己要定义的标识符。

2.1.1 标识符

标识符是用来标识程序中的类、变量、常量、方法、对象等元素的有效符号序列。简单地说，标识符就是一个名称。

Java语言对标识符的命名规则要求如下。

（1）标识符由字母、数字、下画线和美元符号组成。

（2）标识符必须由字母或下画线或美元符号开头，不能以数字开头。

（3）标识符区分大小写，如Student和student代表不同的标识符。

（4）标识符不能是Java中的关键字。

例如，a2、s_name、$class、version21是合法的标识符，2a、s-name、class、version21.0不是合法的标识符。

为了提高程序的可读性，建议标识符命名时采用“见名知义”的原则，选用意义明确的英文单词进行命名，如People、name、age、getAge等。

在 Java 程序设计中，好的命名规范可以使程序更容易被别人理解和维护，而且了解了命名规范，也可以更好地学习和记忆 Java 类库中的类与方法等。下面所给的几条原则是编写 Java 程序时必须遵守的，请尽量不要违背。

（1）包名。由小写字母和少量数字组成，如 mypackage1。Java 自己的包以 java. 和 javax. 开头，如 java.util。

（2）类名和接口名。由一个或多个单词组成，每个单词的第一个字母要大写，如 HelloWorld、String、StringBuffer。

（3）方法名。除第一个单词小写外，和类的命名要求相同。方法实现操作，一般用动词和名词组合命名，如 getPersonInfo()、setName()、getName()。

（4）变量名。除第一个单词小写外，和类的命名要求相同。如 boyHeight、fatherHeight、name。

（5）符号常量。字母全部大写，多个单词间用下画线分开。如 PI、NEGATIVE_INTINITY。

2.1.2 关键字

Java 关键字是 Java 保留供内部使用的特定单词符号，具有专门的意义和用途，不能作为编程者取名的标识符。表 2-1 列出了 Java 中的关键字，这些关键字不需要强记。

表 2-1 Java 的关键字

类型	关键字					
数据类型关键字	boolean char	int class	long interface	short	byte	float	double
流程控制关键字	if default	else break	do continue	while return	for try	switch catch	case finally
修饰符关键字	public abstract	protected transient	private synchronized	final volatile	void native	static	strictfp
动作关键字	package instanceof	import new	throw	extends	implements	this	super
其他关键字	true	false	null	goto	const		

2.1.3 程序注释

编程者在编写 Java 源程序时应养成给代码添加注释的好习惯。注释是对代码的解释和说明，注释可以提高代码的可读性和可维护性。注释不会被编译，不会占用程序的运行资源。Java 语言支持单行注释和多行注释。

单行注释以“//”开头，即“//”后面的内容都被认为是注释。

多行注释以“/*”开头，以“*/”结尾，即“/*”和“*/”之间的内容都被认为是注释。

【例2-1】程序代码注释示例。

```
//CH02_01.java
public class CH02_01 {
    /* 每个 Java 程序必须有 1 个主方法 main()
       main() 方法是 Java 程序执行的起点
    */
    public static void main(String[] args){
        System.out.println(" 小明的个人信息: "); //println() 显示信息后换行
        // 下面输出语句中的 + 是字符串连接符
        System.out.print(" 年龄: "+18);          //print() 显示信息后不换行
        System.out.println(", 籍贯: "+" 山东省 ");
    }
}
```

程序执行结果如下：

```
小明的个人信息：
年龄：18，籍贯：山东省
```

2.2 Java基本数据类型

视频讲解

当程序执行时，外界的数据进入计算机后，系统需要分配一个内存空间给这个数据。在程序代码中，定义变量的主要用途就是存储数据。Java语言是一种强类型语言，要求变量在使用前，必须先声明其数据类型。编程者可以任意存取这个变量的值，但是变量所声明的数据类型在程序中不可以改变。

数据类型指明了变量所占用内存的大小。Java的数据类型分为“基本数据类型”和“引用数据类型”两大类，如图2-1所示，引用数据类型将在后续的章节中给出。

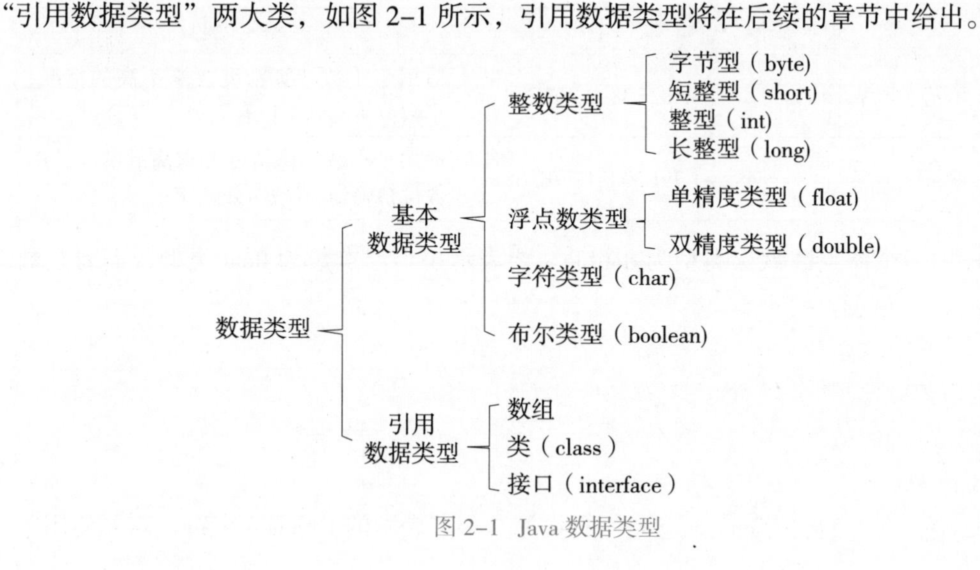

图2-1 Java数据类型

1. 整数类型

整数类型的数据值有负整数、零和正整数。Java 中提供了 4 种整数类型 byte、short、int 和 long，它们的区别在于占用存储空间的大小不同，所示表的整数范围不同。整数类型表如表 2-2 所示。

表 2-2 Java 整数类型

数据类型	名称	字节	数值范围	使用说明
byte	字节型	1	-2^{7}~$2^{7}-1$（−128~127）	适用于处理网络或文件传输时的数据流
short	短整型	2	-2^{15}~$2^{15}-1$（−32768~32767）	适用于 16 位计算机，现在已逐渐减少使用
int	整型	4	-2^{31}~$2^{31}-1$（−2147483648~2147483647）	适用于一般变量的声明、循环控制变量、数组的下标值
long	长整型	8	-2^{63}~$2^{63}-1$（−9223372036854775808~9223372036854775807）	适用于 int 取值范围不够时，可以将变量晋升为 long 类型

声明整数时可以根据数值的取值范围选择整数类型，在 Java 中一个整数默认的类型为 int。要表示一个整数为 long 类型，需要在数值后加上 L 或 l。例如：

```
long x=12345678912345;    // 数值后没有加 L，编译错误，超出 int 数值范围
long y=12345678912345L;   // 数值后加了 L，表示数据是长整数，编译成功
```

2. 浮点数类型

浮点数是带有小数点的数，即数学中的实数。Java 中提供了 2 种浮点数类型，即 float 和 double。浮点数类型表如表 2-3 所示。

表 2-3 Java 浮点数类型

数据类型	名称	字节	数值范围	使用说明
float	单精度类型	4	−3.402E38~3.402E38	适用于小数计算精度要求不高的情况，小数位精确到 7 位有效数字
double	双精度类型	8	−1.79E308~1.79E308	适用于小数计算精度要求高的情况，小数位精确到 16 位有效数字

在 Java 中一个浮点数默认类型为 double。要表示一个浮点数为 float 类型，需要在数值后加上 F 或 f。例如：

```
float   f1=3.14;     // 数值后没有加 f，编译错误
float   f2=3.14f;    // 数值后加了 f，编译正确
double  d=3.14;      // 浮点数默认为 double 类型，编译正确
```

3. 字符类型

在 Java 中，字符类型为 char，它是一种使用 2 字节表示的 Unicode 字符。需要使用单

引号将字符括起来，以此表示字符常量。例如：

```
char c1='a';
char c2='中';
```

字符型数据除了一般的字符外，还有一些特殊的字符无法使用键盘输入或直接显示在屏幕上，需要在字符前加上反斜杠，通知编译器将后面的字符作为一个特殊字符，即所谓的转义字符，用于某些特殊的控制功能。常用的转义字符有\n（换行）、\t（水平制表符）、\r（回车符）、\b（退格符）、\'（单引号）、\"（双引号）、\\（反斜杠）等。例如：

```
char c3='\n';                //代表换行符
```

字符类型只能存放一个字符，如果要存放多个字符的数据则不能使用char类型，此时需要使用引用数据类型String。String类型不属于Java的基本类型，它是Java提供的一个类。字符串需要用双引号括起来。在Java程序设计中，String类型比char类型常用。例如：

```
String courseName="Java程序设计";
```

4. 布尔类型

在Java中，布尔类型为boolean，用于表示逻辑上的“真”或“假”，它的值只能是true或false，不能用0或非0的数来代表。布尔型数据通常用于关系运算的判断，用于程序流程的控制。例如：

```
boolean flag=true;
```

2.3 变量和常量

变量是一种可变动的数值，它的数值会根据程序内部的处理与运算进行变更。简单地说，变量和常量都是编程者用来存取内存中数据内容的一个标识码，两者最大的差异在于变量的内容会随着程序执行而改变，但常量则会固定不变。

视频讲解

1. 变量

变量是具备名称的一块内存空间，用来存储可变动的数据内容。当程序需要存取某个内存里的数据时，就可以通过变量名称将数据从内存中取出或写入这个内存空间。

Java是强类型语言，变量必须先声明后使用。声明变量的格式为：

```
数据类型  变量名1=[初值][,变量名2=[初值],…];
```

每个变量必须声明其数据类型，变量的数据类型决定了变量占用内存空间的大小及可以存放什么样的值。例如：

```
int age;                      //声明变量age，只能存放4字节的整数
boolean a=true,b=false;       //同时声明a和b两个布尔型变量，并同时赋初值
```

【例2-2】定义并使用各种类型的变量。

```
// CH02_02.java
public class CH02_02 {
    public static void main(String[] args){
        String   name=" 李四 ";
        int      age=18;
        char     sex=' 男 ';
        boolean  partyMember=true;
        float    credit=157.5f;
        double   scholarship=5000;
        System.out.println(" 姓名: "+name+"\t 年龄: "+age);
        System.out.println(" 性别: "+sex+"\t 党员: "+partyMember);
        System.out.println(" 学分: "+credit+"\t 奖学金: "+scholarship);
    }
}
```

程序执行结果如下：

```
姓名：李四      年龄：18
性别：男   党员：true
学分：157.5    奖学金：5000.0
```

2. 常量

常量是在程序运行过程中固定不变的值。在 Java 中，常量除了使用如 33、77.7、true 等这样的直接常量表示外，还可以用标识符表示常量，使用关键字 final 来定义常量。常量的声明格式为：

```
final 数据类型 符号常量名 = 值 ;
```

用 final 定义的常量增强了程序的可维护性，只要在常量的声明处修改常量的值，程序中所有使用该常量的地方将会自动修改常量值。

【例 2–3】定义圆周率常量，计算并输出半径为 3 的圆的面积。

```
// CH02_03.java
public class CH02_03 {
    public static void main(String[] args){
        final double PI=3.14159;
        double area=PI*3*3;
        double perimeter=2*PI*3;
        System.out.println(" 半径为 3 的圆的面积 ="+area+", 周长 ="+perimeter);
    }
}
```

程序执行结果如下：

```
半径为3的圆的面积=28.274309999999996,周长=18.849539999999998
```

2.4 运算符和表达式

视频讲解

程序中除了存储数据外，还需要处理和计算数据。为了方便处理和计算各种数据，Java 语言提供了大量的运算符，可以在程序中进行算术运算、关系运算和逻辑运算。

运算符是表示各种不同运算的符号，参与运算的数据称为操作数。表达式是由运算符将操作数连接起来形成的符合语法规则的运算式，运算后会有一个确定类型的值。

2.4.1 算术运算符和算术表达式

算术运算符用于数值的算术运算，包括加（+）、减（–）、乘（*）、除（/）等运算。由算术运算符和数值型操作数组成的表达式称为算术表达式。Java 中的算术运算符如表 2–4 所示。

表 2-4 算术运算符

算术运算符	功能说明	示 例	运 算 结 果
+	加法	x=5+2	x=7
–	减法	x=5–2	x=3
*	乘法	x=5*2	x=10
/	除法	x=5/2 y=5.0/2	x=2 y=2.5
%	求余数	x=5%2	x=1
++	自增 1	a=6; b=a++;	b=6 a=7 先将 a 值存储于 b 后，再将 a 值加 1
		a=6; b=++a;	b=7 a=7 先将 a 值加 1 后，再将 a 值存储于 b 中
--	自减 1	a=6; b=a--;	b=6 a=5 先将 a 值存储于 b 后，再将 a 值减 1
		a=6; b=--a;	b=5 a=5 先将 a 值减 1 后，再将 a 值存储于 b 中

【例 2–4】输出整数 1234 的个位、十位、百位和千位的数字。

```
//CH02_04.java
public class CH02_04 {
    public static void main(String args[]){
        int a=1234;
        System.out.print(" 千位数 :"+a/1000);
        System.out.print("\t 百位数 :"+a%1000/100);
        System.out.print("\t 十位数 :"+a%100/10);
        System.out.print("\t 个位数 :"+a%10);
    }
}
```

程序执行结果如下：

```
千位数:1 百位数:2 十位数:3 个位数:4
```

2.4.2 关系运算符和关系表达式

关系运算符用于两个操作数的比较运算，包含关系运算符的表达式称为关系表达式。关系表达式运算结果为布尔值，如果关系表达式成立，结果为 true，否则为 false。Java 中的关系运算符如表 2-5 所示。

表 2-5 关系运算符

关系运算符	功 能 说 明	示 例	运 算 结 果
==	等于	true == false	false
!=	不等于	"Mary" != "mary"	true
>	大于	'a' > 'A'	true
<	小于	10<'A'	true
>=	大于或等于	5>=5	true
<=	小于或等于	10.231<=10	false

6 种关系运算符的操作数都可以是整型、浮点型及字符型数据，而 == 和 != 的操作数还可以是布尔型及字符串类型的数据。

2.4.3 逻辑运算符和逻辑表达式

逻辑运算符用于对布尔型操作数进行与、或、非等运算，包含逻辑运算符的表达式称为逻辑表达式，逻辑表达式的结果为布尔值。Java 中的逻辑运算符如表 2-6 所示。

表 2-6 逻辑运算符

<table>
<tr><th>逻辑运算符</th><th>功能说明</th><th colspan="2">示 例</th><th colspan="3">运 算 结 果</th></tr>
<tr><td rowspan="2">&&</td><td rowspan="2">与</td><td>a</td><td>b</td><td>!a</td><td>a&&b</td><td>a||b</td></tr>
<tr><td>true</td><td>true</td><td>false</td><td>true</td><td>true</td></tr>
<tr><td>||</td><td>或</td><td>true</td><td>false</td><td>false</td><td>false</td><td>true</td></tr>
<tr><td rowspan="2">!</td><td rowspan="2">非</td><td>false</td><td>true</td><td>true</td><td>false</td><td>true</td></tr>
<tr><td>false</td><td>false</td><td>true</td><td>false</td><td>false</td></tr>
</table>

【例 2-5】输出变量 grade 是否在 90 ～ 100 范围内的判断结果；再输出变量 c 是否是字母 A 或 a 的判断结果。

```
//CH02_05.java
public class CH02_05 {
    public static void main(String args[]){
        float grade=88.5f;
        char  c='a';
        System.out.println( grade>=90 && grade<=100 );
        System.out.println( c=='A' || c=='a' );
    }
}
```

程序执行结果如下：

```
false
true
```

2.4.4 位运算符和位表达式

位运算符主要用于整数的二进制位运算，包括按位运算和移位运算，运算结果仍是整数类型值。Java 中位运算符的运算规则及作用如表 2-7 所示。

表 2-7 位运算符的运算规则及作用

位运算符	功能	运算规则	示　例	作　用
~	非	1 转换成 0， 0 转换成 1	a=0000 0101 ~a=1111 1010	按位取反
&	与	只有 1&1 为 1， 其他均为 0	a=0000 0101 b=0000 0111 a&b=0000 0101	①对指定位清零。如，将数 1101 0110 第 2 位和第 5 位清零： 1101 0110&1110 1101=1100 0100 ②取出指定位的值。如，取数 1101 0110 的第 2 位和第 5 位： 1101 0110&0001 0010=0001 0010
|	或	只有 0|0 为 0， 其他均为 1	a=0000 0101 b=0000 0111 a|b=0000 0111	将指定位置为 1。如，将数 1101 0110 的第 4 位和第 5 位置 1： 1101 0110|0001 1000=1101 1110
^	异或	只有 1^0 或 0^1 为 1，其他均为 0	a=0000 0101 b=0000 0111 a^b=0000 0010	①将指定位翻转。如，将 1101 0110 的第 4 位和第 5 翻转： 1101 0110^0001 1000=1100 1110 ②实现 2 个值的交换，而不使用临时变量。 a=1101 0110，b=0101 1001 a=a^b=1000 1111 b=b^a=1101 0110 a=a^b=0101 1001
<<	左移	低位添 0 补齐	5<<2=20 −5<<2=−20	在溢出位不包含有效数字的情况下，左移一位相当于乘以 2。 用左移实现乘法比乘法运算速度快
>>	右移	高位添符号位补齐	5>>2=1 −5>>2=−2	在溢出位不包含有效数字的情况下，右移一位相当于除以 2。 用右移实现除法比除法运算速度快
>>>	无符号右移	高位添 0 补齐	5>>>2=1	在数学运算上没有意义

2.4.5 其他运算符和表达式

1. 赋值运算符和赋值表达式

赋值运算符“=”的作用是将右边表达式的值赋给左边的变量，格式如下：

```
变量名 = 表达式;
```

例如：

```
int x=10,y                    // 声明整型变量 x 和 y，并同时将 10 赋给变量 x
y=x+5;                        // 将 x 值加 5 后赋值给变量 y
```

赋值运算符的结合性为从右至左。如果两个及两个以上变量的值相同，也可以采用如下的方式完成赋值操作：

```
int a,b;
a=b=100;  // 先将 100 赋给变量 b，再将变量 b 的值赋给变量 a
```

赋值运算符还可以与算术运算符、逻辑运算符和位运算符组合成复合赋值运算符，构成赋值运算的简捷使用方式。Java 提供的各种复合赋值运算符如表 2-8 所示。

表 2-8　复合赋值运算符

运算符	说　明	示例	作用	运算符	说　明	示例	作用
+=	加法赋值运算符	a+=b	a=a+b	&=	位与赋值运算符	a&=b	a=a&b
–=	减法赋值运算符	a–=b	a=a–b	|=	位或赋值运算符	a|=b	a=a|b
*=	乘法赋值运算符	a*=b	a=a*b	^=	位异或赋值运算符	a^=b	a=a^b
/=	除法赋值运算符	a/=b	a=a/b	<<=	位左移赋值运算符	a<<=b	a=a<<b
%=	取余赋值运算符	a%=b	a=a%b	>>=	位右移赋值运算符	a>>=b	a=a>>b

2. 条件运算符和条件表达式

Java 提供了一个特殊的、需要三个操作数的三元运算符，即条件运算符 "?:"，常用于取代简单的 if–else 语句。由条件运算符组成的条件表达式的语法格式如下：

```
逻辑或关系表达式 ? 表达式 1 : 表达式 2
```

如果逻辑或关系表达式的值为 true，则取表达式 1 的值；否则，取表达式 2 的值。例如：

```
int x=5,y=6,max;
max=(x>y) ? x : y;      //max=6
```

2.4.6　运算符优先级

Java 规定了运算符的优先级与结合性。在进行表达式求值时，优先级高的先运算，优先级低的后运算，优先级相同的由结合性确定其计算次序。运算符的优先级及结合性如表 2–9 所示。

表 2-9　运算符的优先级及结合性

优先级	运 算 符	描　述	结合性
1	()、[]	括号、数组	从左至右
2	++、--、–、！、~	自增、自减、负号、逻辑非、按位取反	从右至左

续表

<table>
<tr><th>优先级</th><th>运 算 符</th><th>描 述</th><th>结合性</th></tr>
<tr><td>3</td><td>*、/、%</td><td>乘、除、取余</td><td>从左至右</td></tr>
<tr><td>4</td><td>+、−</td><td>加、减</td><td>从左至右</td></tr>
<tr><td>5</td><td><<、>>、>>></td><td>位左移、位右移、无符号位右移</td><td>从左至右</td></tr>
<tr><td>6</td><td>>、<、>=、<=</td><td>大于、小于、大于或等于、小于或等于</td><td>从左至右</td></tr>
<tr><td>7</td><td>==、!=</td><td>等于、不等于</td><td>从左至右</td></tr>
<tr><td>8</td><td>&</td><td>按位与</td><td>从左至右</td></tr>
<tr><td>9</td><td>^</td><td>按位异或</td><td>从左至右</td></tr>
<tr><td>10</td><td>|</td><td>按位或</td><td>从左至右</td></tr>
<tr><td>11</td><td>&&</td><td>逻辑与</td><td>从左至右</td></tr>
<tr><td>12</td><td>||</td><td>逻辑或</td><td>从左至右</td></tr>
<tr><td>13</td><td>?:</td><td>条件运算</td><td>从右至左</td></tr>
<tr><td>14</td><td>=、+=、−=、*=、/=、%=、&=、
|=、^=、>>=、<<=、>>>=</td><td>赋值、复合赋值运算</td><td>从右至左</td></tr>
</table>

编写程序时，不需要刻意地去记忆运算符的优先级，对于表达式中优先级不确定的地方，可以通过加圆括号的方式来确定运算次序，这样不仅方便编写代码，而且也便于代码的阅读和维护。

2.4.7 基本数据类型转换

多个基本数据类型的数据进行混合运算时，需要转换为统一的数据类型后才能进行计算。比如在一个表达式中同时包含了整型、浮点型和字符型数据，首先需要将整型和字符型数据转换为浮点型数据，然后再进行计算。基本数据类型的转换方式有两种，即自动类型转换和强制类型转换。

1. 自动类型转换

当需要将低级类型向高级类型转换时，编程者不需要进行任何操作，系统会自动完成数据类型的转换。低级类型是取值范围相对较小的数据类型，高级类型是取值范围相对较大的数据类型。基本数据类型从低级到高级排序如图 2–2 所示。

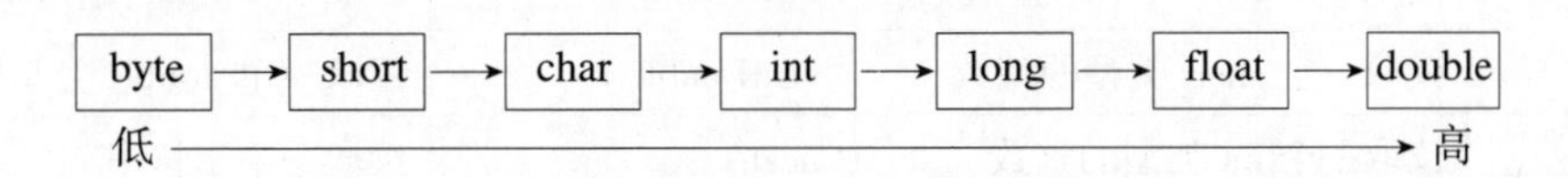

图 2–2 基本数据类型从低级到高级排序

2. 强制类型转换

如果需要将数据类型级别相对较高的数据或变量赋值给数据类型级别相对较低的变

量，则必须进行强制类型转换，但可能会造成数据精度丢失。强制类型转换的语法格式如下：

（强制转换的数据类型标识符）待转换的值

【例 2-6】输出一个浮点数的整数部分和小数部分的值。

```
//CH02_06.java
public class CH02_06 {
    public static void main(String[] args) {
        double d=123.456f;
        int integer=(int)d;
        double decimal=d-integer;
        System.out.println(" 整数 ="+integer+", 小数 ="+decimal);
    }
}
```

程序执行结果如下：

```
整数=123，小数=0.45600128173828125
```

2.5 控制台输入数据

视频讲解

为了让用户可以通过键盘与程序进行交互，Java 在 JDK 5.0 版本中新增了 Scanner 类，使用 Scanner 类读取从键盘输入的任意值的过程如下。

（1）导入 Scanner 类所在包，该类存放在 java 的 util 包中，语法格式为：

```
import java.util.Scanner;
```

（2）创建 Scanner 类的对象，以便通过该对象调用 Scanner 类中的方法。创建 Scanner 类对象的语法格式为：

```
Scanner 对象名 =new Scanner(System.in);
```

其中，System.in 代表标准的输入设备键盘。

（3）通过已创建的类对象调用 Scanner 类的成员方法，读取用户从键盘上输入并按 Enter 键确认的数据。Scanner 类的成员方法如表 2-10 所示。

表 2-10　Scanner 类的成员方法

方　法	功　能	方　法	功　能
nextByte()	读取一个 byte 类型的整数	nextFloat()	读取一个 float 类型的浮点数
nextShort()	读取一个 short 类型的整数	nextDouble()	读取一个 double 类型的浮点数
nextInt()	读取一个 int 类型的整数	next()	读取一个字符串
nextLong()	读取一个 long 类型的整数	nextLine()	读取一行文本

（4）关闭 Scanner 类对象，释放其所占用的内存资源。语法格式为：

```
对象名 .close();
```

【例2-7】根据父亲和母亲的身高，计算并输出儿子和女儿的成年身高。预测子女身高的公式为：儿子成年身高 =（父亲身高 + 母亲身高）×1.08 ÷ 2；女儿成年身高 =（父亲身高 ×0.923+ 母亲身高）÷ 2。

```
//CH02_07.java
import java.util.Scanner;
public class CH02_07 {
    public static void main(String[] args){
        double fatherHeight,motherHeight,boyHeight,girlHeight;
        Scanner input=new Scanner(System.in);
        System.out.println("请输入父亲的身高：");
        fatherHeight=input.nextDouble();
        System.out.println("请输入母亲的身高：");
        motherHeight=input.nextDouble();
        boyHeight=(fatherHeight+motherHeight)*1.08/2;
        girlHeight=(fatherHeight*0.923+motherHeight)/2;
        System.out.println("预测的男孩身高："+boyHeight);
        System.out.println("预测的女孩身高："+girlHeight);
        input.close();
    }
}
```

程序执行结果如下：

```
请输入父亲的身高：
1.8
请输入母亲的身高：
1.65
预测的男孩身高：1.8630000000000002
预测的女孩身高：1.6557
```

2.6 小结

本章介绍了Java命名规范、注释、变量、常量、基本数据类型及数据类型的转换、表达式及键盘输入等相关知识。通过本章的学习，读者应掌握基本的数据类型并了解各数值数据类型的取值范围、变量和常量的定义与使用方法、数据类型的转换规则、表达式的使用方法、注释的使用方法，了解Java的命名规范。

习题二

一. 选择题

1. 下列（　）是非法的标识符名称。

A. true　　B. square　　C. _125　　D. $main

2. 下列数据类型所占用的内存字符数相同的一组是（　）。

A. 布尔类型的数据和字符类型的数据　　B. 整型数据和浮点型数据

C. 浮点型数据和字符型数据　　D. 整型数据和单精度型数据

3. 下列整型数据类型中，需要内存空间最少的是（　）。

A. short　　B. long　　C. int　　D. byte

4. 下列关于基本数据类型的取值范围描述中，正确的是（　）。

A. byte 类型的范围是 -128~128　　B. boolean 类型范围是真或者假

C. char 类型的范围是 0~65536　　D. short 类型范围是 -32767~32767

5. 下列（　）不是 Java 语言中的关键字。

A. if　　B. sizeof　　C. private　　D. null

6. 下列关于基本数据类型的说法中，不正确的一项是（　）。

A. boolean 是 Java 语言的内置值，值为 true 或 false

B. float 是带符号的 32 位浮点数

C. double 是带符号的 64 位浮点数

D. char 是 8 位的 Unicode 字符

7. 若有定义 int a=1,b=2; 那么表达式 (a++)+(++b) 的值是（　）。

A. 3　　B. 4　　C. 5　　D. 6

8. 下面哪些语句不会出现编译警告或错误？（　）

A. float f=1.3;　　B. char c="a";　　C. byte b=25;　　D. boolean d=null;

9. 下列 Java 语句中，不正确的一项是（　）。

A. int $e,a,b=10;　　B. char c,d='a';　　C. float e=0.0;　　D. double c=0.0f;

10. 下列程序中哪一行代码是错误的？（　）

```
01  public class Test {
02    public static void main(String[] args){
03      int n1=15:n2=8;                  //声明两个变量并赋初值
04      System.out.println(" 两个数相加的结果为：");
05      System.out.print(n1+n2);
06    }
07  }
```

A. 02 行　　B. 03 行　　C. 04 行　　D. 05 行

11. 若定义了“int x;”，则将变量 x 强制转换成单精度类型的正确方法是（　）。

A. float(x)　　B. (float)x　　C. float x　　D. double(x)

12. 能正确表示变量 x 的取值为 0~100 的表达式为（　）。

A. 0<=x<=100　　B. x>=0&&x<=100　　C. x>=0　　D.x<=100

13. 能正确表达变量 x 的取值在 0~50 或 -100~-50 的表达式为（　）。

A. (0<=x<=50) || (-100<=x<=-50)

B. (x>=0 && x<=50) && (x>=-100 && x<=-50)

C. (x>=0 && x<=50) || (x>=-100 && x<=-50)

D. (x>=0 || x<=50) && (x>=-100 || x<=-50)

二．判断题

1. 整数类型可分为 byte 型、short 型、int 型、long 型和 char 型。

2. double 类型的数据占计算机存储的 32 位。

3. 在 Java 程序中要使用一个变量，必须先对其进行声明。

4. 用 final 修饰的变量，其值可以被修改。

5. 可以使用 Scanner 类的 next() 方法读取键盘上输入的一个整数。

三．编程题

1. 编写程序，从键盘输入圆柱体的底半径 r 和高 h，然后计算其体积并输出。

2. 编写将摄氏温度转换为华氏温度的程序。其转换公式是：华氏温度 =(9 ÷ 5) × 摄氏温度 +32。

四．Java 程序员面试题

1. 判断下面语句是否正确，为什么？

① short s=1; s=s+1;

② short s=1; s+=1;

2. char 型变量中是否能存储一个中文汉字？为什么？

3. 如何用最有效率的方法算出 2 乘以 8 的结果？

4. 写出下面程序的运行结果。

```
public class Test {
    public static void main(String[] args){
        int a=3,b=5;
        int c=a++ + --b;
        System.out.println("c="+c);
        System.out.println("b/a="+b/a);
        System.out.println("5.0/3.0="+5.0/3.0);
        System.out.println("5.0/0.0="+5.0/0.0);
        System.out.println("5.2%3.1="+5.2%3.1);
        System.out.println("5.2%0.0="+5.2%0.0);
    }
}
```

Java

第3章 程序控制结构

程序的基本结构包括顺序结构、选择结构和循环结构。顺序结构按照语句的书写次序顺序执行。选择结构根据条件成立与否，选择执行不同路径的程序语句。循环结构在条件满足的情况下重复执行一条或多条语句。

3.1 顺序结构

视频讲解

程序由多条语句组成，语句用于向计算机系统发出操作指令。Java 语言中的语句主要分为以下5类。

1. 表达式语句

Java 语言中最常见的语句是表达式语句，在表达式后加一个分号即构成表达语句。例如：

```
x=33;
```

2. 方法调用语句

方法调用语句由方法调用加上一个分号组成。例如：

```
System.out.println("Java Program");
```

3. 复合语句

复合语句用花括号{}将多条语句括起来，在语法上作为一条语句使用。例如：

```
{
   temp = a;
   a = b;
   b = temp;
}
```

4. 空语句

空语句只有一个分号，不执行任何操作。设计空语句是为了语法需要。例如下面循环语句的循环体只有一条空语句，表示执行空循环。

```
while(x>y) ;
```

5. 控制语句

控制语句完成一定的控制功能，包括选择语句 if 和 switch，循环语句 while、do-while 和 for，跳转语句 continue 和 break。

顺序结构是最简单的一种程序结构，程序按照语句的书写次序顺序执行。

【例 3-1】计算 Java 工程师的月薪。月薪按以下公式计算：

Java 工程师月薪 = 月底薪 + 月实际绩效 + 月餐补 – 月保险

其中：月实际绩效 = 月底薪 ×25%× 月工作完成分数 ÷100，月工作完成分数最小值为 0，最大值为 150。月餐补 = 月实际工作天数 ×15。月保险 = 月底薪 ×10.5%。

```
//CH03_01.java
import java.util.Scanner;
public class CH03_01 {
    public static void main(String[] args){
        Scanner input=new Scanner(System.in);
        double engSalary;              // 月薪
        int baseSalary;                // 底薪
        int comResult;                 // 月工作完成分数
        double workDay;                // 月实际工作天数
        double insurance;              // 月保险
        System.out.println(" 请输入底薪 ");
        baseSalary=input.nextInt();
        System.out.println(" 请输入月工作完成分数 ");
        comResult=input.nextInt();
        System.out.println(" 请输入月实际工作天数 ");
        workDay=input.nextDouble();
        insurace=baseSalary*0.105;
        engSalary=baseSalary+baseSalary*0.25*comResult/100+workDay*15-
insurance;
        System.out.println("Java 工程师月薪为 "+engSalary);
         input.close();
    }
}
```

程序执行结果如下：

```
请输入底薪
9600
请输入月工作完成分数
100
请输入月实际工作天数
22
Java工程师月薪为11322.0
```

3.2 选择结构

选择结构又称为分支结构，根据条件的成立与否决定执行哪些语句。选择语句有两种，即 if 语句和 switch 语句。

3.2.1 if 语句

if 语句是最常用的选择语句。Java 提供了三种形式的 if 语句结构，即单分支结构、双分支结构和多分支结构。

1. 单分支结构

单分支结构的 if 语句格式如下：

```
if(条件表达式){
   语句
}
```

如果条件表达式值为 true，则执行 {} 里的语句，否则直接越过 {} 里的语句。执行流程如图 3-1 所示。

在使用 if 语句时，要注意以下两点：

① if 后面小括号 () 内表达式的值必须是布尔类型的值，不要与 C 语言混淆。

② 花括号 {} 里如果只有一条语句，{} 也可以省略不写；但是为了增强程序的可读性和可维护性，最好不要省略 {}，这也是一种很好的编程习惯。

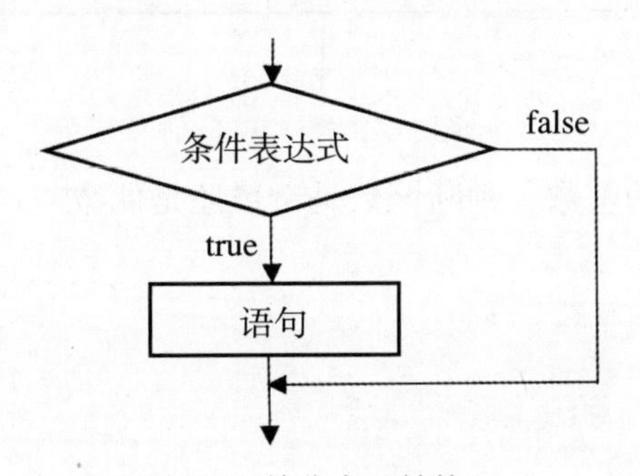

图 3-1 单分支 if 结构

【例 3-2】判断下列程序语句是否存在问题？如何修改才能输出结果？

```
//CH03_02.java
public class CH03_02 {
    public static void main(String[] args){
        if(1){
            System.out.println("注意 if 后条件表达式值的类型");
        }
    }
}
```

程序执行结果如下：

不兼容的类型: int无法转换为boolean :4

将 if 后小括号内的整数 1 改为布尔值 true，程序即可正确执行并输出结果。

2. 双分支结构

双分支结构是 if 语句最通用的一种形式，语句格式如下：

```
if(条件表达式){
   语句 1
}
else{
   语句 2
}
```

如果条件表达式值为 true，则执行 if 后 {} 里的语句 1；否则，执行 else 后 {} 里的语句 2。执行流程如图 3-2 所示。

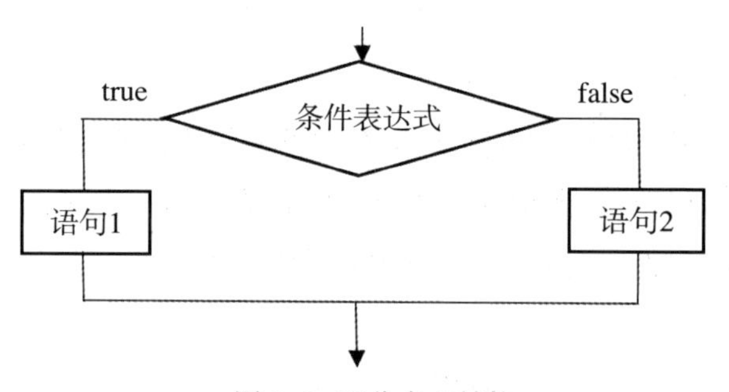

图 3-2 双分支 if 结构

【例 3-3】根据给定的整数，判断该数是奇数还是偶数。

```
//CH03_03.java
import java.util.Scanner;
public class CH03_03 {
    public static void main(String[] args){
        Scanner input=new Scanner(System.in);
        System.out.println("请输入一个整数: ");
        int x=input.nextInt();
        if(x%2==0){
            System.out.println(x+"是一个偶数");
        }
        else{
            System.out.println(x+"是一个奇数");
        }
        input.close();
    }
}
```

程序执行结果如下：

```
请输入一个整数：
12
12是一个偶数
```

3. 多分支结构

多分支结构的 if 语句格式如下：

```
if(条件表达式 1){
    语句 1
}else if(条件表达式 2){
    语句 2
}
⋮
else if(条件表达式 n){
    语句 n
}else{
    语句 n+1
}
```

多分支结构的 if 语句执行流程如图 3-3 所示。

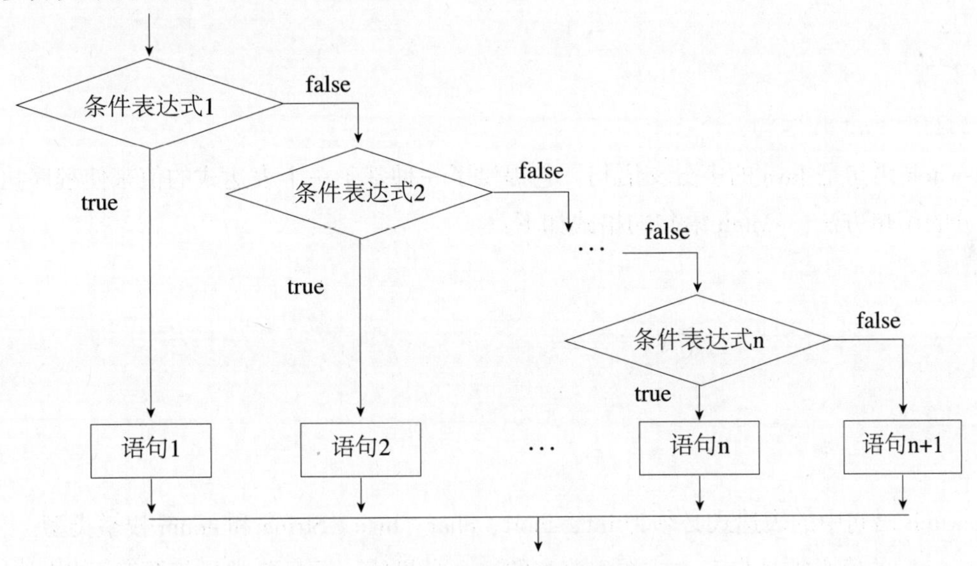

图 3-3 多分支 if 结构

【例 3-4】根据给定的 x 值，计算分段函数 y 的结果。

$$y=\begin{cases}0, & x<0 \\ x, & 0 \leqslant x<10 \\ -0.5x+10, & x \geqslant 10\end{cases}$$

```
//CH03_04.java
import java.util.Scanner;
public class CH03_04 {
    public static void main(String[] args){
        Scanner input=new Scanner(System.in);
        System.out.println(" 请输入 x 的值: ");
        double x=input.nextDouble();
        if(x<0){
            System.out.println("y="+0);
        }else if(x>=0 && x<10){
                System.out.println("y="+x);
            }else{
                System.out.println("y="+(-0.5*x+10));
            }
        }
        input.close();
        }
}
```

程序执行结果如下：

```
请输入x的值:
12
y=4.0
```

3.2.2 switch 语句

switch 语句是 Java 的多分支语句。它提供了一种基于一个表达式的值来使程序执行不同部分的简单方法。switch 语句的格式如下：

```
switch(表达式){
  case 常量值 1:   语句 1    [break;]
  case 常量值 2:   语句 2    [break;]
     ⋮
  case 常量值 n:   语句 n    [break;]
  [default:        语句 n+1]
}
```

switch 语句中的表达式必须为 int、short、char、byte、String 和 enum 枚举类型。

case 后的值必须是与表达式类型兼容的一个常量值，而且各常量值要互不相同。

switch 语句的执行流程是：首先计算表达式的值，然后将表达式的值与每个 case 中的常量值作比较，如果找到一个与之相匹配的值，则执行该 case 后的语句，直到遇到 break 语句就跳出 switch 结构；如果没有一个 case 中的常量值与表达式值相匹配，则执行 default 后的语句。

default 为可选参数，如果没有这个参数，而且所有的常量值与表达式值都不匹配，则 switch 语句不会执行任何操作。

break 也为可选参数，主要用于跳出 switch 结构，如果没有使用 break 参数，则程序会继续向下执行下一个 case 后的语句，直到遇到 break 语句为止。

【例 3-5】根据给定的字母，判断该字母是元音字母、半元音字母，还是辅音字母。元音字母包括 a、e、i、o、u；半元音字母包括 y、w；其他字母均为辅音字母。

```
//CH03_05.java
import java.util.Scanner;
public class CH03_05 {
    public static void main(String[] args){
        Scanner input=new Scanner(System.in);
        System.out.println("请输入一个 97~122 的整数：");
        char c=(char)input.nextInt();
        switch (c){
            case 'a':
            case 'e':
            case 'i':
            case 'o':
            case 'u':  System.out.println(c+"是元音字母"); break;
            case 'y':
            case 'w':  System.out.println(c+"是半元音字母"); break;
            default:   System.out.println(c+"是辅音字母");
        }
        input.close();
    }
}
```

程序执行结果如下：

```
请输入一个97~122的整数：
122
z是辅音字母
```

3.3 循环结构

视频讲解

如果同样的语句需要被执行多次，则需要使用循环结构。循环结构的特点是重复执行一段代码直到满足一定的条件为止。Java 中主要有三种循环结构，即 for 循环、while 循环和 do-while 循环。

3.3.1 for 循环

for 循环是程序设计时常用的一种循环形式。在事先能够确定循环次数的情况下，应首选 for 循环。for 循环语句的格式如下：

```
for(表达式 1; 表达式 2; 表达式 3){
    循环体
}
```

表达式 1 通常是为循环控制变量赋初值的表达式，在整个循环过程中表达式 1 仅被执行一次；表达式 2 是用于判断是否继续执行循环的条件表达式；表达式 3 一般是用于更改循环控制变量值的表达式，通常使用 ++ 或 -- 运算符，用于改变循环条件。

for 循环执行流程：第 1 步，执行表达式 1，为循环控制变量赋初值；第 2 步，计算表达式 2，如果表达式 2 的值为真，则执行循环体，如果为假，则结束 for 循环；第 3 步，计算表达式 3，更改循环控制变量的值；第 4 步，重复执行第 2 步和第 3 步，直到表达式 2 的值为假，结束 for 循环。for 循环执行过程的流程图如图 3-4 所示。

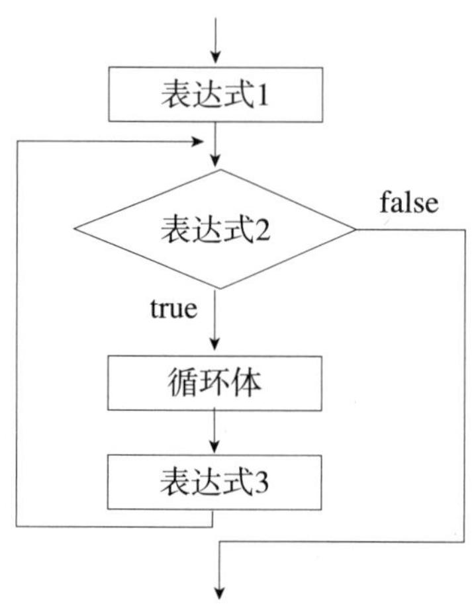

图 3-4　for 循环执行过程流程图

【例 3-6】使用 for 循环在控制台输出 1~10。

```
//CH03_06.java
public class CH03_06 {
    public static void main(String[] args){
        for(int i=1;i<=10;i++){
            System.out.print(i+" ");
        }
    }
}
```

程序执行结果如下：

```
1 2 3 4 5 6 7 8 9 10
```

for 循环语句中的三个表达式可以部分省略或者全部省略，但是两个分号不能省略。例 3-6 的 for 循环语句也可以改为如下的表示形式。

①省略表达式 1

```
int i=1;
for(;i<=10;i++){
    System.out.print(i+" ");
}
```

②省略表达式 1 和表达式 3

```
int i=1;
for(;i<=10;){
    System.out.print(i+" ");
    i++;
}
```

③三个表达式全部省略

```
int i=1;
for(;;){
    if(i>10){
        break;
    }
    System.out.print(i+" ");
    i++;
}
```

3.3.2 while 循环

当不知道循环次数而只知道循环条件时，可以使用 while 循环。while 循环语句的格式如下：

```
while(条件表达式){
   循环体
}
```

只要条件表达式的值为真，循环体就被执行。只有当条件表达式的值为假时，才结束 while 循环。在 while 的循环体中，一般需要给出控制条件表达式值的语句，通过使条件表达式的值为假来结束循环。while 循环执行过程的流程图如图 3-5 所示。

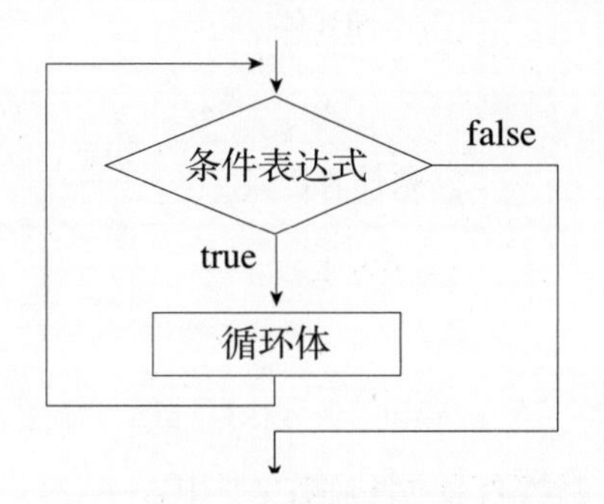

图 3-5 while 循环执行过程的流程图

【例 3-7】使用 while 循环在控制台输出 1~10。

```
//CH03_07.java
public class CH03_07 {
    public static void main(String[] args){
        int i=1;
```

```
            while(i<=10){
                System.out.print(i+" ");
                i++;        //用于控制条件表达式的值
            }
        }
    }
```

【注意】while(i<=10) 后面一定不要加分号，如果加了分号，则变成“while (i< =10)；”，这条语句等价于：

```
while(i<=10)
;                       //空语句
```

空语句即为循环体。因为循环体中并没有使 i 值发生变化的语句，而 i 的初值是 1，所以循环条件一直为真，导致了死循环。

3.3.3 do-while 循环

在程序设计时，需要执行一次循环体后，再判断循环条件，则需要使用 do-while 循环。do-while 循环语句的格式如下：

```
do{
   循环体
}while(条件表达式);                //注意此处的分号必须要有
```

do-while 循环总是先执行循环体，然后计算条件表达式，如果条件表达式的值为真，则继续循环；否则，循环结束。do-while 循环的循环体至少被执行一次。do-while 循环执行过程的流程图如图 3-6 所示。

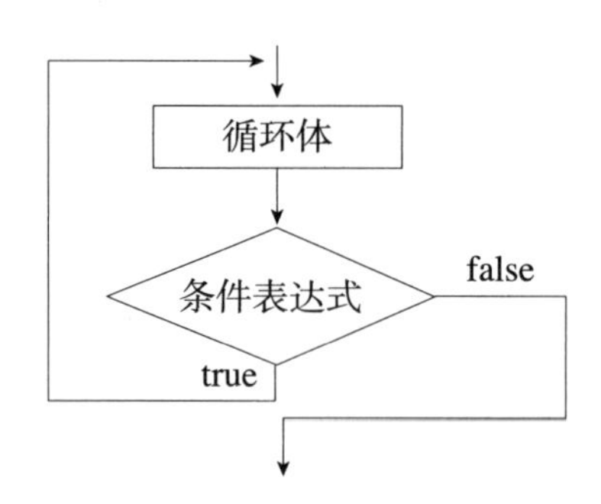

图 3-6 do-while 循环执行过程的流程图

【例 3-8】使用 do-while 循环在控制台输出 1~10。

```
//CH03_08java
public class CH03_08 {
    public static void main(String[] args){
        int i=1;
        do{
            System.out.print(i+" ");
            i++;
```

```
        }while(i<=10);
    }
}
```

3.3.4 嵌套循环

嵌套循环指一个循环结构的循环体内包含了另一个循环结构，又称为多重循环。

while、do-while、for 这三种循环语句均可以互相嵌套。for 循环语句的嵌套经常被使用，尤其是在处理二维数组时。for 循环语句的嵌套格式如下：

```
for(表达式1;表达式2;表达式3){                //外层循环
    ⋮
    for(表达式1;表达式2;表达式3){            //内层循环
        ⋮
    }
}
```

嵌套循环的特点是外层循环每执行一次，内层循环就会完整地执行一遍。

【例 3-9】编写程序打印用 * 组成的直角三角形。

```
//CH03_09.java
public class CH03_09 {
    public static void main(String[] args){
        for(int i=1;i<=5;i++){
            for(int j=1;j<=i;j++){
                System.out.print("*");
            }
            System.out.println();
        }
    }
}
```

程序执行结果如下：

```
*
**
***
****
*****
```

3.3.5 跳转语句 break 和 continue

break 和 continue 语句是和循环紧密相关的两条语句。break 的中文含义是中断，continue 的中文含义是继续。通过这两条语句可以控制循环的执行流程。

1. break 语句

break 语句可用于 switch 结构或 for、while、do-while 循环结构，程序执行到 break 语

句时，将强制退出 switch 结构或循环结构。break 语句是用 break 加分号构成的语句。

【例 3-10】编写程序输出 2 ～ 20 间的素数。

素数是一个大于 1 的自然数，除了 1 和它本身外，它不能被其他自然数整除。判断整数 i 是否为素数的算法是：如果在 2 ～ i-1 中存在某个数 j，使 i 能被 j 整除，则 i 不是素数；否则 i 是素数。

```
//CH03_10.java
public class CH03_10 {
    public static void main(String[] args){
        int i,j;
        for(i=2;i<=19;i++){
            for(j=2;j<=i-1;j++){
                if(i%j==0){
                    break;    //如果 i 被 j 整除了则退出循环，i 不是素数
                }
            }
         //退出内层循环有两种情况，break 退出和循环条件 j<=i-1 为假退出
            if(j==i){              //j 等于 i，说明 i 值一直未被 j 整除，i 是素数
                System.out.print(i+" ");
            }
        }
    }
}
```

程序执行结果如下：

```
2 3 5 7 11 13 17 19
```

2. continue 语句

continue 语句可用于 for、while、do-while 循环结构。程序执行到 continue 语句，跳过循环体中当前循环还未执行的其余语句，回到循环条件处，判断是否执行下一次循环。

【例 3-11】编写程序输出 1~20 内不是 3 或 3 的倍数的数据。

```
//CH03_11.java
public class CH03_11 {
    public static void main(String[] args){
        for(int i=1;i<=20;i++){
            if(i%3==0){
                continue;
            }
            System.out.print(i+" ");
        }
    }
}
```

程序执行结果如下：

```
1 2 4 5 7 8 10 11 13 14 16 17 19 20
```

3.4 小结

本章首先通过顺序结构介绍了程序中包含的5类语句，其次详细地介绍了解决选择分支问题的单分支if结构、双分支if-else结构、多分支if-else结构和switch结构，最后介绍了解决重复问题的for、while、do-while三种循环结构及与循环有关的break和continue语句。通过本章的学习，读者应掌握各种分支结构和循环结构的语法，并能灵活使用各种结构编写程序。

习题三

一. 选择题

1. 下列选项中，(　)不属于Java语言流程控制语句。

A. 分支语句　　B. 赋值语句　　C. 循环语句　　D. 跳转语句

2. 有语句“int a=1;”，则下列选项中(　)是合法的条件语句。

A. if(a){}　　B. if(a=2){}　　C. if(a<<3){}　　D. if(true){}

3. 假设a和b为long类型变量，x和y为float类型变量，ch为char类型变量，且均已被赋初值，下列语句中正确的是(　)。

A. switch(x+y){}　　B. switch ch{}　　C. switch(ch+1){}　　D. switch(a+b){}

4. 下面程序段中，while循环的循环次数是(　)。

```
int k=5;
while(k>1){
  k--;
}
```

A. 5　　B. 0　　C. 4　　D. 3

5. 下面程序段中，do-while循环的循环次数是(　)。

```
int i=1;
do{
  System.out.print(i);
}while(i<5);
```

A. 4　　B. 5　　C. 0　　D. 死循环

6. 关于下面程序段，说法正确的是(　)。

```
byte b=1;
while(++b>0)
    ;
System.out.println("Loop?");
```

A．进入死循环，什么也不输出　　B．输出一次“Loop?”

C．输出多次“Loop?”　　D．程序中含有编译错误

7. 下面程序段输出的结果是（　）。

```
int a=0;
while(a<5) {
    switch (a) {
        case 0:
        case 3: a = a + 2;
        case 1:
        case 2: a = a + 3;
        default: a = a + 5;
    }
}
System.out.print(a);
```

A. 0　　B. 5　　C. 10　　D. 其他

8. 下面程序段输出的结果是（　）。

```
int n=6;
for(int i=1;i<=10;i++){
    if((i+n)>10){
        break;
    }
    System.out.print(i+" ");
}
```

A. 1 2 3 4 5 6　　B. 7 8 9 10　　C. 1 2 3 4　　D. 5 6 7 8

9. 下面程序段，while 循环的循环次数是（　）。

```
int i=0;
while(i<10){
    if(i<1){
        continue;
    }
    if(i==5){
        break;
    }
    i++;
}
```

A. 1　　B. 10　　C. 6　　D. 死循环

10. 下面程序段输出的结果是（　）。

```
int m=37,n=13;
while(m!=n){
    while(m>n){
```

```
        m-=n;
    }
    while(n>m){
        n-=m;
    }
}
System.out.print(m);
```

A. 13　　B. 11　　C. 1　　D. 2

二．判断题

1. break 语句可以用在循环结构和 switch 结构中。

2. continue 语句用在循环结构中表示继续执行下一次循环。

3. while 循环至少执行一遍。

4. 嵌套循环的特点是外层循环执行 1 遍，内层循环执行 1 遍。

5. 嵌套循环的次数为外层循环的次数加上内层循环的执行次数。

三．编程题

1. 编写程序，输出 1000 以内所有的“水仙花数”。水仙花数是一个 3 位数，其各位数字的立方和等于该数本身。例如，153 是一个水仙花数，因为 $153=1^3+5^3+3^3$。

2. 编写程序，输出 2 ～ 100 内的所有完数。完数指一个整数等于该数所有因子之和。例如，6 的因子是 1、2、3，而 6=1+2+3，所以 6 是完数。

3. 编写程序，计算 2020 ～ 2100 年有多少个闰年，并输出相应年份。闰年是能被 400 整除的年份，或者不能被 100 整除但能被 4 整除的年份。

4. 编写程序，打印如下图形。

```
   *
  ***
 *****
*******
```

5. 编写程序，求满足 $1!+2!+3!+\cdots+n! \leqslant 2566$ 的最大整数 n。

四．Java 程序员面试题

简述在 Java 中如何跳出循环。

Java

第4章 数组

Java的基本数据类型有整型、字符型、浮点型和布尔型，而且一个简单变量只能存放一个数据。在实际应用中，经常需要处理具有相同类型的一批数据，例如，要处理1000个学生的考试成绩，如果通过定义1000个不同名称的简单变量来实现，是不利于数据处理和程序编写的。因此，Java提供了一种有效的存储方式——数组，数组是用来存储一组相同类型数据的数据结构。

4.1 一维数组

视频讲解

数组用一个变量名表示一组数据，每个数据称为数组元素，各元素通过下标来区分。如果一个下标就能确定数组中的不同元素，则这种数组称为一维数组，否则称为多维数组。

4.1.1 一维数组的声明

数组必须在声明和初始化后才能使用。声明数组就是要确定数组名、数组维数和存放数据的数据类型。Java声明一维数组的格式如下：

```
数据类型 []  数组名；
```

或

```
数据类型    数组名 [];
```

例如，声明一个存放成绩的一维数组，数据类型为double，数组名为score，其声明语句如下：

```
double[] score;
```

或

```
double score[];
```

【注意】与C/C++语言不同，Java中不允许在声明数组的[]中指明数组的长度。例如，下列语句在Java中将会出现语法错误。

```
double[10] score;
double score[10];          //非法，编译不通过
```

4.1.2 一维数组的初始化

声明数组仅是为数组指定了数组名和元素的数据类型，并未指定数组元素的个数，系统无法为数组分配内存空间，此时数组还不能使用。如何指明数组元素的个数呢？需要对数组进行初始化操作，数组初始化后，其元素个数、所占用的内存空间就确定了。数组的初始化可以通过 new 运算符完成，也可以通过给数组元素赋初值实现。

1. 使用 new 运算符初始化数组

使用 new 运算符初始化数组，只是指定了数组元素的个数，为数组分配了内存空间，但并没有为数组元素赋初值。通过 new 运算符初始化数组的方式有两种，即先声明数组再初始化和在声明的同时进行初始化。

1）先声明数组再初始化

先声明数组再初始化是通过两条语句来实现的，第一条语句声明数组，第二条语句使用 new 运算符初始化数组。使用 new 运算符初始化一维数组的格式如下：

```
数组名 =new 数据类型 [ 数组长度 ];
```

其中，数组长度就是数组中存放的元素个数，它必须是一个正整数或值为正整数的一个变量。

例如，先声明一个存放浮点数的数组 score，再初始化一维数组的长度为 5。

```
double[] score;
score=new double[5];
```

使用 new 运算符初始化数组后，数组中每个元素即被赋予了初值。整型数组的默认值为 0，浮点型数组的默认值为 0.0，布尔型数组的默认值为 false，字符型数组的默认值为 '\0'，引用型数组的默认值为 null。

2）声明的同时初始化数组

可以用一条语句声明并初始化数组，即将声明语句和初始化语句合并为一条语句，格式如下：

```
数据类型 [] 数组名 =new 数据类型 [ 数组长度 ];
```

或

```
数据类型 数组名 []=new 数据类型 [ 数组长度 ];
```

例如，创建一个存放 5 个学生浮点数成绩的一维数组 score。

```
double[] score=new double[5];
```

2. 声明的同时赋初值初始化数组

可以在声明数组的同时给数组元素赋初值，所赋初值的个数决定了数组的长度。格

式如下：

数据类型 [] 数组名 ={ 值 1, 值 2,…, 值 n};

或

数据类型 数组名 []={ 值 1, 值 2,…, 值 n};

例如，声明一维数组 score，并同时将 5 个学生的浮点数成绩存入该一维数组中。

```
double[] score={92.5,65,75,87,90};
```

【注意】以下方式为数组赋初值会出现语法错误。

```
double[] score;
score={92.5,65,75,87,90};                //编译报错
```

4.1.3 一维数组的基本操作

声明并初始化一个数组后，就可以对其进行各种操作。对数组的操作主要是对数组元素进行操作。数组元素的下标可以使用变量，将其与循环语句结合起来使用，可以发挥巨大作用。

1. 一维数组元素的访问

数组元素可以通过数组名和不同的下标值唯一确定。访问一维数组元素的格式如下：

数组名 [下标值]

其中，下标值必须从 0 开始。比如有 n 个元素的数组，其下标值是 0 ~ n-1，下标值不能取到 n，否则会出现下标越界的错误。

数组初始化后，可以通过属性 length 获取一维数组的长度值，格式如下：

数组名 .length

【例 4-1】创建数组并输出每个元素的值。

```
//CH04_01.java
public class CH04_01 {
    public static void main(String[] args){
        int[] a=new int[5];
        for(int i=0;i<a.length;i++){          //循环数组的下标值
            System.out.print(a[i]+" ");     //输出各数组元素
        }
    }
}
```

程序执行结果如下：

```
0 0 0 0 0
```

2. 接收键盘输入数据为数组元素循环赋值

通过 new 运算符初始化数组后，数组元素被赋予了默认值，编程者可以通过从控制台接收键盘输入的数据，为数组元素进行动态赋值。

【例 4-2】求 5 个 Java 工程师的平均工资。

```
//CH04_02.java
import java.util.Scanner;
public class CH04_02 {
    public static void main(String[] args){
        Scanner in=new Scanner(System.in);
        double[] salary=new double[5];
        double sum=0;
        for(int i=0;i<salary.length;i++){
            System.out.println("请输入第"+(i+1)+"个 Java 工程师的工资：");
            salary[i]=in.nextDouble();
            sum+=salary[i];
        }
        System.out.println("平均工资 ="+(sum/salary.length));
    }
}
```

程序执行结果如下：

```
请输入第1个Java工程师的工资：
9000
请输入第2个Java工程师的工资：
10000
请输入第3个Java工程师的工资：
8800
请输入第4个Java工程师的工资：
9500
请输入第5个Java工程师的工资：
8600
平均工资=9180.0
```

4.2 二维数组

视频讲解

实际应用中涉及的许多数据由若干行和若干列所组成，例如行列式、矩阵、二维表格等，为了描述和处理其中的数据，需要两个下标，即行下标和列下标。在 Java 中可以通过二维数组解决此类问题。

4.2.1 二维数组的声明

二维数组的声明方式与一维数组类似，只是要给出两对方括号。二维数组声明的格式如下：

```
数据类型 [][] 数组名；
```

或

```
数据类型 数组名 [][];
```

例如：声明存放整数的二维数组 num。

```
int[][] num;
```

或

```
int num[][];
```

4.2.2 二维数组的初始化

和一维数组一样，二维数组声明后并没有在内存中分配具体的存储空间，也没有设定数组的长度，需要进一步对二维数组进行初始化操作。

1. 使用 new 运算符初始化数组

二维数组可以看作一个一维数组，它的每个元素又是一个一维数组。按照每行的列数，又可分为等长数组和不等长数组两种。

1）先声明数组再初始化

① 等长数组初始化的格式如下：

```
数组名 =new 数据类型 [ 行数 ][ 列数 ];
```

例如：创建存放整数的 2 行 3 列的二维数组 a。

```
int[][] a;
a=new int[2][3];
```

② 不等长数组初始化的格式如下：

```
数组名 =new 数据类型 [ 行数 ][];                    // 只给出行数
数组名 [0]=new 数据类型 [ 列数 ];                   // 第 1 行列数
数组名 [1]=new 数据类型 [ 列数 ];                   // 第 2 行列数
 ⋮
数组名 [n-1]=new 数据类型 [ 列数 ];                 // 第 n 行列数
```

例如：创建存放整数的二维数组 b，2 行，第 1 行 4 列，第 2 行 3 列。

```
int[][] b;
b=new int[2][];
b[0]=new int[4];
b[1]=new int[3];
```

2）声明的同时初始化数组

① 等长数组初始化的格式如下：

```
数据类型 [][] 数组名 =new 数据类型 [ 行数 ][ 列数 ];
```

例如：创建存放整数的 2 行 3 列的二维数组 a。

```
int[][] a=new int[2][3];
```

② 不等长数组初始化的格式如下：

```
数据类型 [][] 数组名 =new 数据类型 [ 行数 ][];
数组名 [0]=new 数据类型 [ 列数 ];
```

```
数组名[1]=new 数据类型[列数];
⋮
数组名[n-1]=new 数据类型[列数];
```

例如：创建存放整数的二维数组 b，2 行，第 1 行 4 列，第 2 行 3 列。

```
int[][] b=new int[2][];
b[0]=new int[4];
b[1]=new int[3];
```

2. 声明的同时赋初值初始化数组

可以在声明二维数组的同时给数组元素赋初值，通过初值的组数和每组数值的个数决定二维数组的行数和每行的列数。其格式如下：

```
数据类型[][] 数组名={{初值表},{初值表},…,{初值表}};
```

数组元素的值使用两个大括号嵌套实现，各组值间用逗号分隔，初值表中的初始值也使用逗号分隔。例如：

```
int[][] c={{1,2,3},{4,5,6},{7,8,9}};
```

4.2.3 二维数组的基本操作

二维数组创建后，可以通过下标访问数组元素，并遍历输出各数组元素的值。

1. 二维数组元素的访问

二维数组有两个下标，所以访问数组元素的格式如下：

```
数组名[行下标值][列下标值]
```

其中，行下标值和列下标值必须从 0 开始。在使用下标值时，要防止下标越界的错误。

数组初始化后，可以通过属性 length 获取二维数组的行数值，格式如下：

```
数组名.length
```

获取二维数组每行的列数值，格式如下：

```
数组名[行下标值].length
```

例如：下面语句获取了二维数组 d 的行数值和第 3 行的列数值。

```
int[][] d={{1,2,3},{4,5,6,7},{8,9,7,6,5}};
int row=d.length;                         //row=3
int col=d[2].length;                      //col=5
```

2. 二维数组的遍历

二维数组的遍历需要使用双层循环，外层循环控制二维数组的行数，内层循环控制每行的元素个数，即每行的列数。

【例 4-3】遍历输出二维数组各元素的值。

```
//CH04_03.java
public class CH04_03 {
```

```
    public static void main(String[] args){
        int[][] array={{1,2},{3,4,5},{6,7,8,9}};
        for(int i=0;i<array.length;i++){
            for(int j=0;j<array[i].length;j++) {
                System.out.print(array[i][j] + " ");
            }
            System.out.println();    //输出一行后换行
        }
    }
}
```

程序执行结果如下：

```
1 2
3 4 5
6 7 8 9
```

4.3 数组的应用

视频讲解

数组是 Java 中重要的数据结构，是程序设计的重要组成部分。为了方便编程者对数组进行遍历、排序、查找等操作，Java 提供了增强的 for 循环结构和 Arrays 类。

4.3.1 增强 for 循环

增强 for 循环在遍历数组、集合方面为编程者提供了极大的方便。增强 for 可以使循环自动化，不用编程者设置循环的计数值、起始值和循环条件，也不用设置数组的下标值，好处是避免了下标越界的问题。增强 for 循环的格式如下：

```
for(数据类型 变量 : 数组名或集合名){
    循环体
}
```

数据类型是数组或集合中元素的类型，变量在循环时用来保存每个元素的值，冒号后面是要循环的数组或集合的名称。

例如，逐个输出一维数组的元素值。

```
int[] a={1,2,3};
for(int x: a){
    System.out.print(x+" ");
}
```

再如，逐个输出二维数组的元素值。

```
int[][] a={{1,2,3},{4,5,6}};
for(int[] row: a){
    for(int x: row){
```

```
            System.out.print(x+" ");
        }
        System.out.println();
    }
```

4.3.2 Arrays 类

Java 在 java.util 程序包中提供的 Arrays 类能方便地操作数组，它所有的方法都是静态的，可以使用“Arrays. 方法名 ()”直接调用。下面介绍 Arrays 类中常用的几个方法。

1. toString() 方法

toString() 方法调用的格式如下：

```
Arrays.toString(数组名)
```

作用是将指定的数组转换成一个字符串。

2. sort() 方法

sort() 方法调用的格式如下：

```
Arrays.sort(数组名)
```

作用是对指定的数组元素进行从小到大的排序。

例如，对数组进行升序排序并输出。

```
int[] a={7,10,6,1};
Arrays.sort(a);
System.out.println(Arrays.toString(a));      //输出结果是 [1, 6, 7, 10]
```

3. binarySearch() 方法

binarySearch() 方法调用的格式如下：

```
Arrays.binarySearch(数组名,要查找数据)
```

作用是对数组进行二分查找指定的数据，若找到，返回该数据在数组中的下标值，否则，返回一个小于 0 的值。

注意，使用 binarySearch() 方法的前提是数组中的元素已按升序排序。

例如，在数组中查找指定的元素。

```
int[] a={14,3,12,10};
Arrays.sort(a);
int i=Arrays.binarySearch(a,10);              //i=1
```

4. equals() 方法

equals() 方法调用的格式如下：

```
Arrays.equals(数组名1, 数组名2)
```

作用是比较两个数组是否相等，相等则返回值 true，否则返回值 false。

例如，判断指定的两数组是否相等。

```
String[] a={"abc","bcd"};
String[] b={"abcd","bcde"};
System.out.println(Arrays.equals(a,b));                    //输出结果为 false
```

5. fill() 方法

fill() 方法调用的格式如下：

```
Arrays.fill(数组名，数值)
```

作用是把数组中所有的元素都赋值为所指定的数值。

例如，将数组 a 中元素的值均设置为 6。

```
int[] a={1,2,3,4};
Arrays.fill(a,6);
System.out.println(Arrays.toString(a));                    //输出结果为 [6, 6, 6, 6]
```

4.3.3 数组应用举例

前面主要介绍了一维数组和二维数组的声明及其工作原理，下面通过几个典型示例说明数组的具体应用。

【例 4-4】使用冒泡排序法，对一维数组元素按照从大到小的顺序排列。

对数组元素排序是实现很多数组操作的基础。冒泡排序是常用的排序方法之一，其算法思路是比较相邻的两个数，将小的数和大的数交换位置。

```
//CH04_04.java
import java.util.Arrays;
public class CH04_04 {
    public static void main(String[] args){
        int[] a={8,6,3,9,1};
        for(int i=1;i<a.length;i++){                      //i 为排序的趟数
            for(int j=0;j<a.length-i;j++){                //j 为第 i 趟比较的次数
                if(a[j]<a[j+1]){                          //如果右侧元素大于左侧元素
                    int temp=a[j];                        //则交换两个元素的位置
                    a[j]=a[j+1];
                    a[j+1]=temp;
                }
            }
            System.out.println("第"+i+"趟排序的结果："+Arrays.toString(a));
        }
    }
}
```

程序执行结果如下：

```
第1趟排序的结果：[8, 6, 9, 3, 1]
第2趟排序的结果：[8, 9, 6, 3, 1]
第3趟排序的结果：[9, 8, 6, 3, 1]
第4趟排序的结果：[9, 8, 6, 3, 1]
```

【例 4-5】求矩阵对角线元素之和。

数学中的矩阵在 Java 中用二维数组实现。矩阵对角线元素在数组中的行号和列号相同，对角线之和就是数组中行号和列号相同的元素的值的和。

```
//CH04_05.java
import java.util.Arrays;
import java.util.Scanner;
public class CH04_05 {
    public static void main(String[] args) {
        Scanner in = new Scanner(System.in);
        int[][] a=new int[3][3];
        int s=0;
        System.out.println(" 请输入 9 个整数：");
        for(int i=0;i<a.length;i++){
            for(int j=0;j<a[i].length;j++){
                a[i][j]=in.nextInt();
                if(i==j){              // 如果是对角线元素，则累加求和
                    s=s+a[i][j];
                }
            }
        }
        System.out.println(" 输入的 3×3 矩阵是：");
        for(int[] r:a){
            System.out.println(Arrays.toString(r));
        }
        System.out.println(" 对角线之和是："+s);
    }
}
```

程序执行结果如下：

```
请输入9个整数：
1 2 3 4 5 6 7 8 9
输入的3X3矩阵是：
[1, 2, 3]
[4, 5, 6]
[7, 8, 9]
对角线之和是：15
```

4.4 字符串

视频讲解

在 Java 语言中将字符串分为字符串 String 类和字符串缓冲区 StringBuffer 类两种，两者的差异在于 String 类不能变动和更改字符串内容，而 StringBuffer 类可以更改字符串内容。

4.4.1 String 类

String 类字符串对象与 StringBuffer 类字符串对象相比，前者使用的内存较少并且处理的速率较高，所以 Java 中较常使用 String 类表示字符串。

1. 创建字符串

Java 语言中的字符串是用双引号括起来的字符序列。创建字符串对象有两种方式。

①直接赋值创建对象格式：

```
String 变量名 =" 字符串内容 ";
```

②通过构造方法创建对象格式：

```
String 对象名 =new String(String s);
```

例如，使用以上两种方式分别创建并初始化字符串对象 s。

```
String s="China";
String s=new String("China");
```

2. String 类的常用方法

String 类中有很多成员方法，通过这些成员方法可以对字符串进行操作。String 类中常用的成员方法、说明及示例如表 4-1 所示。

表 4-1 String 类常用的成员方法

成 员 方 法	说　　明	示　　例
int length()	返回字符串的长度	String s=" 中国 China"; int n=s.length(); //n=7
char charAt(int n)	返回字符串中下标 n 中的字符	String s="Java World"; char n=s.charAt(5); //n='W'
int indexOf(char c)	返回字符串中字符 c 第一次出现的下标值，未找到则返回 –1	String s="Java World"; int n=s.indexOf('a'); //n=1
int indexOf(String s)	返回字符串中字符串 s 第一次出现的下标值，未找到则返回 –1	String s="Java World"; int n=s.indexOf("or"); //n=6
int indexOf(String s[,int i])	返回字符串中字符串 s 从下标 i 开始第一次出现的下标值，未找到则返回 –1	String s="Java World Java"; int n=s.indexOf("va",3); //n=13
boolean contains(String s)	如果字符串中包含字符串 s，则返回值为 true，否则为 false	String s="Java World"; boolean n=s.contains("or"); //n=true
String substring(int m,int n)	返回字符串中下标 m 与 n–1 之间的子字符串	String s="Java World"; String n=s.substring(6,8); //n="or"
String[] split(String s)	根据字符串 s 将原字符串分隔后返回字符串数组	String s="Java,World"; String[] n=s.split(","); //n[0]="Java" n[1]="World"

续表

成员方法	说明	示例
String replace(String s1,String s2)	将字符串 s1 所表示的子串替换为 s2 所表示的子串	String s="Java World"; String s1=s.replace("Java","C"); //s1="C World"

boolean equals(Object obj)	将字符串与 obj 表示的字符串进行比较，如果两者相等返回 true，否则返回 false	String s="Java";
		boolean b=s.equals("java");
		//b=false

boolean equalsIgnoreCase(String s)	比较字符串是否与 s 所表示的字符串相等，但不区分大小写	String s="C";
		boolean b=s.equalsIgnoreCase("c");
		//b=true

int compareTo(String s)	比较两个字符串的大小，返回 0 表示相等；大于 0 表示原字符串比字符串 s 大；小于 0 则相反。返回值为两个字符串中第一对不相等字符的 ASCII 编码的差值	String s="Java";
		int n=s.compareTo("java");
		//n=-32

String toUpperCase()	将字符串内的字母转换为大写字母后返回	String s="Java"; String n=s.toUpperCase(); //n="JAVA"
String toLowerCase()	将字符串内的字母转换为小写字母后返回	String s="Java"; String n=s.toLowerCase(); //n="java"
String valueOf(s)	将 s 所代表的整型、浮点型、字符型、布尔型数据及字符数组等转换为字符串	char[] c={'J','a','v','a'}; String s=String.valueOf(c); //s="Java"

char[] toCharArray()	将字符串以字符数组的方式返回	String s="Java";
		char[] c=s.toCharArray();
		//c[0]='J' c[1]='a' c[2]='v' c[3]='a'

byte[] getBytes()	将字符串转换为一个 byte 类型的数组	String s="Java";
		byte[] b=s.getBytes();
		//b[0]=74 b[1]=97 b[2]=118 b[3]=97

【例 4-6】统计段落中“软件”词语的个数。

```
//CH04_06.java
public class CH04_06 {
    public static void main(String[] args){
        String s1="Java 是什么？它是一种计算机编程语言、一种软件开发平台、软件运行平台和软件部署环境。 ";
        String s2=" 软件 ";
        int cnt=0;          // 计数变量
        int start=0;        // 标识字符串中查找的位置
        while(s1.indexOf(s2,start)>=0 && start<s1.length()){
```

```
            cnt++;   //找到s2字符串后，将查找位置start移到找到的字符串之后开始
            start=s1.indexOf(s2,start)+s2.length();
        }
        System.out.println(s2+"词语的个数是："+cnt);
    }
}
```

程序执行结果如下：

```
软件词语的个数是：3
```

通过 String.valueOf() 方法可以将 int、long、float、double、boolean 等基本类型数据转换为 String 类型的字符串。将字符串数据转换为其他基本类型数据的方法如表 4-2 所示。

表 4-2 将字符串数据转换为其他基本类型数据的方法

方　　法	返回值类型
Boolean.parseBoolean(布尔值字符串)	boolean
Integer.parseInt(整数字符串)	int
Long.parseLong(长整数字符串)	long
Float.parseFloat(单精度浮点数字符串)	float
Double.parseDouble(双精度浮点数字符串)	double

【例 4-7】将所给的两个数字字符串中的偶数用 0 替代后，相加求和。

```
//CH04_07.java
public class CH04_07 {
    public static void main(String[] args){
        String s1="12345678";
        String s2="87654321";
        char[] c1=s1.toCharArray();
        char[] c2=s2.toCharArray();
        for(int i=0;i<8;i++){
            if(c1[i]%2==0){
                c1[i]='0';
            }
            if(c2[i]%2==0){
                c2[i]='0';
            }
        }
        long n1=Long.parseLong(String.valueOf(c1));
        long n2=Long.parseLong(String.valueOf(c2));
        long s=n1+n2;
        System.out.println("相加和是："+s);
    }
}
```

程序执行结果如下：

```
相加和是：17355371
```

4.4.2 StringBuffer 类

StringBuffer 类应用于字符串需要经常改变内容的情况。通过 StringBuffer 类创建的字符串不限定字符串的长度和内容，而且不会创建另一个新的对象，这是与 String 类的主要差异。

1. 创建 StringBuffer 类对象

StringBuffer 类没有使用字符串常量的创建方式，只有通过构造方法创建类对象的方式，StringBuffer 类最常用的构造方法如下：

格式 1：

```
StringBuffer 对象名 =new StringBuffer();
```

创建了一个空的 StringBuffer 类对象，初始容量为 16 个字符。当存放的字符序列长度大于 16 时，容量会自动增加，以便存放增加的字符。

格式 2：

```
StringBuffer 对象名 =new StringBuffer(String s);
```

以 String 类对象为参数创建一个 StringBuffer 类对象，初始容量为参数字符串 s 的长度再加上 16 个字符。当存放的字符序列长度大于 s.length()+16 时，容量会自动增加，以便存放增加的字符。

例如，使用以上两种方式分别创建字符串对象 s。

```
StringBuffer s1=new StringBuffer();
StringBuffer s2=new StringBuffer("China");
```

2. StringBuffer 类的常用方法

StringBuffer 类因为可以更改字符串内容，所以常用的成员方法主要用于变更字符串内容。StringBuffer 类中常用的成员方法、说明及示例如表 4-3 所示。

表 4-3 StringBuffer 类中常用的成员方法、说明及示例

成员方法	说明	示例

StringBuffer append（各种数据类型参数）	将各种数据类型参数的内容转换成字符串后，添加到原字符串的末尾	StringBuffer s=new StringBuffer("Java");
		s.append("World");
		//s="JavaWorld"

StringBuffer insert（int n, 各种数据类型参数）	将各种数据类型参数的内容转换成字符串后，插入到原字符串下标为 n 的位置处	StringBuffer s=new StringBuffer("Java");
		s.insert(0,"Hello");
		//s="HelloJava"

续表

成员方法	说　明	示　例
StringBuffer delete(int m,int n)	删除原字符串中下标 m 与 n-1 之间的子串	StringBuffer s=new StringBuffer("abcd"); s.delete(1,3);　　//s="ad"
StringBuffer replace(int m,int n,String s)	用新的字符串 s 替换原字符串中下标 m 与 n-1 间的子串	StringBuffer s=new StringBuffer("abcd"); s.replace(1,3,"BC"); //s="aBCd"
StringBuffer reverse()	将原字符串内容反转过来	StringBuffer s=new StringBuffer("abcd"); s.reverse();　　//s="dcba"

【例 4-8】将字符串“我爱我的祖国”改为“伟大的祖国我爱你”。

```
//CH04_08.java
public class CH04_08 {
    public static void main(String[] args){
        StringBuffer s=new StringBuffer(" 我爱我的祖国 ");
        s.delete(0,3);
        s.insert(0," 伟大 ");
        s.append(" 我爱你 ");
        System.out.println(s);
    }
}
```

程序执行结果如下：

伟大的祖国我爱你

4.5 小结

本章介绍了一种用于存储大量同类型数据的数据结构——数组。首先详细介绍了一维数组和二维数组的声明及初始化，并通过典型的应用实例介绍了数组的使用过程，最后介绍了数组 Arrays 类、字符串 String 类和 StringBuffer 类。通过本章的学习，读者应掌握一维数组、二维数组、Arrays 类的使用，以及通过 String 类和 StringBuffer 类对字符串的处理操作。

习题四

一．选择题

1. 数组定义语句 int a[] = {1, 2, 3}; 对此语句的叙述错误的是（　）。

A. 定义了一个名为 a 的一维数组　　B. a 数组元素的下标为 1~3

C. a 数组有 3 个元素　　D. 数组中每个元素的类型都是整数

2. 执行语句“int[] x=new int[20];”后，下面说法中，正确的是（　）。

A. x[19] 为空　　B. x[19] 为 0　　C. x[19] 未定义　　D. x[19] 为空

3. 下列关于 Java 语言的数组描述中，错误的是（　）。

A. 数组的长度通常用 length 表示　　B. 数组下标从 0 开始

C. 数组元素是按顺序存放在内存中的　　D. 数组空间大小可以任意扩充

4. 下列关于数组的定义形式，错误的是（　）。

A. int[] a; a=new int[5];　　B. char b[]; b=new char[80];

C. int[] c; c=new char[10];　　D. int[] d[3]=new int[2][];

5. 以下数组初始化形式正确的是（　）。

A. int t1[][]={{1,2},{3,4},{5,6}};　　B. int t2[][]={1,2,3,4,5,6};

C. int t3[3][2]={1,2,3,4,5,6};　　D. int t4[][]; t4={1,2,3,4,5,6};

6. 关于数组，下列说法中不正确的是（　）。

A. 数组是最简单的复合数据类型，是一系列数据的集合

B. 定义数组时必须分配内容

C. 数组元素可以是基本数据类型、类对象或其他数组

D. 一个数组中的所有元素都必须具有相同的数据类型

7. 某个 main() 方法中的代码如下：

```
double[] n1;
double n3=2.0;
int n2=5;
n1=new double[n2+1];
n1[n2]=n3;
```

请问以上程序编译运行后的结果是（　）。

A. n1 指向一个有 5 个元素的 double 型数组

B. n2 指向一个 5 个元素的 int 型数组

C. n1 数组的最后一个元素的值为 2.0

D. n1 数组的第 3 个元素的值为 5

8. 已知 str1="Welcome to Java World"，n1 = str1.indexOf('o')，n1 的值为（　）。

A. 4　　B. 5　　C. 9　　D. 0

9. 某个 main() 方法中的代码如下：

```
String str = "123";
int x = 4,y = 5;
str = str + (x + y);
System.out.println(str);
```

请问以上程序编译运行后的结果是（　）。

A. 1239　　B. 123+4+5　　C. 会产生编译错误　　D. 12345

10. 某个 main() 方法中的代码如下：

```
StringBuffer str=new StringBuffer("Hello");
str.replace(4,5,"a");
str.append("World");
```

执行以上程序段之后，字符串 str 的值为（　）。

A. Hello　　B. HellaWorld　　C. HelloWorld　　D. Hella

11. 下列 String 字符串类的（　）实现了“将一个字符串按照指定的分隔符分隔，返回分隔后的字符串数组”的功能。

A. substring()　　B. split()　　C. valueOf()　　D. replace()

二. 判断题

1. Java 中数组元素的下标是从 1 开始的。

2. “int[][] x=new int[3][5];”定义的二维数组对象含有 15 个 int 型元素。

3. 声明数组时就已经分配了连续的存储空间。

4. Java 中不能创建不等长的二维数组。

5. Java 中规定声明数组时数据类型是任意的。

三. 编程题

1. 编写程序，从键盘上输入若干学生（假设不超过 100 人）的成绩，计算平均成绩，并输出高于平均分的学生人数及成绩。这里约定输入成绩为负时结束。

2. 编程实现输出 Fibonacci 数列（要求利用数组实现）的前 30 项。

提示：Fibonacci 数列如 1，1，2，3，5，8，13，…，分析其存在的规律。

3. 编程统计用户输入的字符串中字母、数字和其他字符的个数。

4. 按照以下格式打印杨辉三角形（打印 10 行）。

1

1 1

1 2 1

1 3 3 1

1 4 6 4 1

1 5 10 10 5 1

……

5. 编写加密程序，实现输入原始字符串，输出加密字符串。加密规则是按照英文字母表的顺序，将每个字母转换为下一个字母表示，如果原始字符为 a，则转换为 b；原始字符为 A，则转换为 B；如果原始字符为 z，则转换为 a。

四. Java 程序员面试题

1. 简述 Java 中数组的初始化方法。

2. 数组有没有 length() 方法? String 有没有 length() 方法?

3. 如果执行了下面这两条语句:

```
String s="Hello";
s=s+"World!";
```

原始的 String 对象中的内容是否被改变了?

4. 简述 String 类和 StringBuffer 类的区别。

5. 如何把一段逗号分隔的字符串转换成一个字符串数组?

Java

第5章 类和对象

面向对象程序设计（object-oriented programming，OOP）是一种基于对象概念的软件开发方法，目前已经成为一种主流的程序设计模式。类是数据及对数据操作的封装体，具有封装性。封装性是面向对象方法的基础。对象是类的具体实例，对象与类的关系恰如变量和数据类型的关系。

5.1 面向对象概述

面向对象程序设计方法是在结构化设计方法（如C语言即使用此方法）出现大量问题的情况下应运而生的。随着实际问题规模不断增加，应用系统越来越复杂，需求变更越来越频繁，结构化设计方法面临着维护和扩展的困难，甚至一个微小的变动，都会波及整个系统。这驱使人们寻求一种新的程序设计方法，以适应现代社会对软件开发的更高要求，面向对象程序设计方法由此产生。Java正是一种纯面向对象的程序设计语言。

视频讲解

1. 面向对象程序设计思想

面向对象的思想是将所有问题都看作“对象”。现实世界中任何事物都可以作为“对象”，比如人、动物、汽车、手机等。每种事物都有自己的属性和行为，比如人，具有的属性有姓名、性别、年龄、身高、体重等，具有的行为有吃饭、睡觉、学习、打球等。正是因为每种事物都有自己的属性和行为，人们才能对现实中的“对象”进行分类。

面向对象程序设计是对现实世界的模拟，从人类考虑问题的角度出发，把人类解决问题的思维过程转变为程序能够理解的过程。面向对象编程的主要任务是建立模拟问题领域的对象模型，并通过程序代码实现对象模型，然后把问题领域中每个具体的事物分别抽象为一个个对象。比如要处理学生数据，首先应刻画出一个学生模型，包括学生共有的属性和行为，然后根据学生模型生成张三、李四等具体的学生对象。

面向对象编程更加符合人的思维习惯，使编程者更容易写出易维护、易扩展、易复用的程序。面向对象程序设计方法更利于复杂系统的分析、设计和编程实现，通过封装技术及消息机制可以像搭积木一样快速开发出一个全新的系统。

2. 面向对象的特性

面向对象编程主要有以下 3 个特性。

1）封装性

封装是通过类来实现的。封装有两层含义：一是类中封装了该类型对象所具有的属性和行为；二是隐蔽类的内部实现细节，与外部的联系只能通过外部接口实现。如图 5-1 所示。

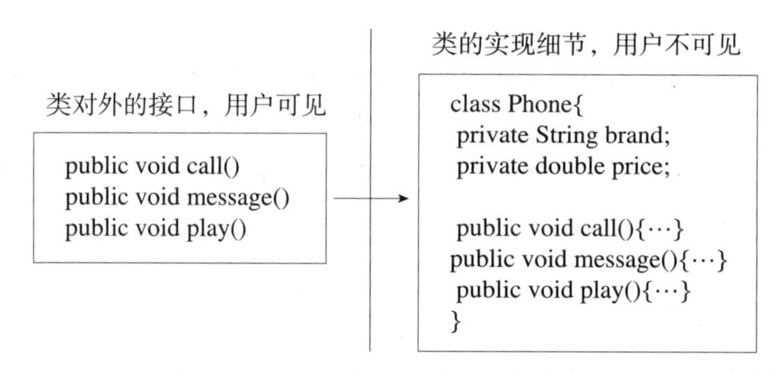

图 5-1 类的封装性示例

通过将类中属性的访问权限设置为私有的（private），对象的属性值只能由该对象的行为进行读取和修改，阻止了对象以外的代码随意访问对象内部的属性，从而使程序数据更加安全；也有效地避免了外部错误对它的影响，大大减少了查错和排错的难度。

封装的信息隐蔽，使用户只关心类对外提供的接口，即它能做什么；而无须关心其内部实现细节，即如何提供这些服务。比如手机，人们只关心它对外提供哪些功能，如打电话、收发短信、播放音乐等，而不关心它的内部有哪些部件以及功能是如何实现的。

2）继承性

继承指子类拥有父类的属性和行为。继承意味着“自动拥有”，即子类中不必重新定义父类中已定义过的属性和行为，它会自动地、隐含地拥有父类的属性与行为；同时子类又可以新增自己的属性和行为。比如，“学生”类继承了“人”类的属性和行为，如姓名、性别、吃饭、睡觉等，同时又新增了自己新的属性和行为，如学号、专业、考试、上课等。

在软件开发过程中，继承实现了软件模块的可重用性，缩短了开发周期，提高了软件开发效率，使软件更易于维护和修改。这是因为，要修改或增加某一属性或行为，只需要在相应的类中进行改动，由它派生的所有类就会自动地、隐含地做相应的改动。

3）多态性

多态的表现形式有两种。第一种是行为名称的多态，即有多个行为具有相同的名字，但这些行为所接收的消息类型必须不同，对象会根据传递的消息产生一定的行为。例如"求面积"的行为，当接收一个数据时求的是圆的面积，接收两个数据时求的是长方形的面积。第二种是同一继承体系中，同一个操作被不同对象调用时产生不同的行为。例如"动物"类都有"叫"的行为，子类"狗"和"猫"都继承了"动物"类的叫的行为，但一个叫的声音是"汪汪……"，另一个叫的声音是"喵喵……"。

在Java中，行为名称的多态通过方法重载实现，子类继承的多态通过方法重写实现。

5.2 类和对象概述

任何面向对象程序中最主要的单元是对象。对象并不会凭空产生，它必须有一个可以依据的原型，而这个原型就是面向对象程序设计中所谓的类。类是一种用来具体描述对象属性与行为的数据类型。例如，汽车是一个类，参照这个汽车类的属性和行为造出来的每一辆汽车都被称为汽车类的对象。因此可以说，类是一个模型或蓝图，按照这个模型或蓝图所"生产"或"创建"出来的实例则被称为对象。

视频讲解

5.2.1 面向对象的基本概念

面向对象程序设计中最主要的两个概念是类和对象。

1. 类

在面向对象技术中，将客观世界中的一个事物作为一个对象看待，每个事物都有自己的属性和行为。在面向对象的程序设计方法中，将属性和行为合起来定义为类。类是定义一组具有共同属性和行为的对象的模板。

从程序设计的角度看，事物的属性可以用变量描述，行为可以用方法描述。类中的变量称为成员变量，类中的方法称为成员方法。成员变量反映类的状态和特征，成员方法表示类的行为能力。不同的类具有不同的属性和行为。

2. 对象

类是定义属性和行为的模板，但仅有类是不够的，还必须创建属于类的对象。对象是类的具体实例，对象与类的关系恰如变量和数据类型的关系一样。例如，int型变量i可以存放整数值13，可以对i进行加、减、乘、除等操作；根据Person类创建zhangSan对象，用于存放"张三"的姓名、性别、身高等属性及阅读、开车、游泳等行为操作。

5.2.2 类的声明

类是组成Java程序的基本要素，每个程序中至少要包含一个类。类的定义包括两部分：类声明和类体。类体中包含了属性的定义和行为的定义，属性通过变量来刻画，行为通过方法来实现。

在 Java 语言中，类的声明格式如下：

```
[访问权限修饰符]  class 类名{
    成员变量;
    成员方法;
}
```

其中，[] 表示该项为可选项，如果选择书写时要去掉 []。

定义类的基本要求如下：

（1）class 是声明类的关键字，class 后的类名的命名需要遵循标识符的命名规则，即类名应由字母、数字、下画线和美元符号组成，且首字母要大写，如 Person、Student。

（2）类的访问权限只有两种，即 public 和默认。

public 指明该类是公共类，可以被所有的类使用。一般将包含 main() 方法的类定义为 public 类，保存的源程序文件名必须与 public 类的类名相同，而且该源程序文件中其他类不能再用 public 修饰。

默认即不给修饰符，该类只能被同一源程序文件中的类或同一个包中的其他类使用。

（3）类的具体定义包含在一对花括号内，包括成员变量和成员方法的声明。

① 成员变量

成员变量的声明格式如下：

```
[修饰符] 数据类型 变量名[=值];
```

其中，数据类型可以是 Java 中的任意类型，包括基本数据类型和引用数据类型。修饰符的内容会在后文中详细介绍。

② 成员方法

成员方法的声明格式如下：

```
[修饰符] 返回值数据类型 方法名([形参列表]){
      方法体;
}
```

其中，返回值类型为方法返回值的数据类型，可以是任何数据类型。如果方法有返回值，则方法体中至少有一条 return 语句，其格式为“return 表达式;”，而且 return 语句后的表达式类型要与返回值类型保持一致。如果方法没有返回值，则返回值类型为 void（无类型），方法体中不必使用 return 语句。

形参列表用于在调用方法时，接收实参传递过来的参数值。方法可以没有形参，也可以有一个或多个形参。如果有多个形参，各形参声明时需要用逗号分隔，而且每个形参都必须包括数据类型和参数名。

【例 5-1】根据类的结构定义学生类 Student。

```
class Student{                              //定义名为Student的类
    String name;                            //成员变量-姓名
    int age;                                //成员变量-年龄
    void introduce(){                       //成员方法-自我介绍
       System.out.println("姓名："+name+" 年龄："+age);
    }
    void haveClass(String course){  //成员方法-上课
       System.out.println(name+"正在上"+course+"课，这门课真有趣！");
    }
}
```

5.2.3 对象的创建和使用

类和对象的关系是模具和产品的关系，模具的作用是生成产品，定义类的目的是创建具有相应属性和行为的对象。由类生成对象的过程，也称为类的实例化过程。一个类可以生成多个对象。

1. 对象的创建

对象的创建包括声明和初始化两项工作，可以通过两条语句分别完成声明和初始化工作，也可以通过一条语句同时完成声明和初始化工作。

创建对象的格式如下：

```
类名 对象名;
对象名=new 类名([实参列表]);
```

或

```
类名 对象名=new 类名([实参列表]);
```

new运算符的作用是初始化对象，为对象在内存中申请存储空间，并同时自动调用类的构造方法为对象的属性赋初值。

例如，语句Student liMing=new Student();创建了Student类的对象liMing。

2. 对象的使用

创建一个对象后，该对象就具有了所属类的成员变量和成员方法。对象可以通过点运算符"."实现对成员变量的访问和成员方法的调用。

对象引用成员变量的格式如下：

```
对象名.成员变量名
```

对象调用成员方法的格式如下：

```
对象名.成员方法名([实参列表])
```

其中，实参是传递给该方法形参的值，实参可以是常量、变量或表达式。多个实参间用逗号分隔。实参的个数、顺序、类型和形参要一一对应。

【例5-2】定义测试类CH05_02，创建并使用Student类的对象。

```
//CH05_02.java
class Student{
    String name;
    int age;
    void introduce(){
        System.out.println("姓名："+name+" 年龄："+age);
    }
    void haveClass(String course){  //course 为形参变量
        System.out.println(name+" 正在上 "+course+" 课，这门课真有趣！ ");
    }
}
public class CH05_02 {                  //只能有一个 public 类
    public static void main(String[] args){
        Student zhangSan=new Student();     //创建第一个学生对象
        Student liSi=new Student();         //创建第二个学生对象
        zhangSan.name=" 张三 ";              //为对象的成员变量赋值
        zhangSan.age=18;
        liSi.name=" 李四 ";
        liSi.age=20;
        zhangSan.introduce();               //调用对象的成员方法
        liSi.haveClass("JAVA");             //"JAVA" 为实参
    }
}
```

程序执行结果如下：

```
姓名：张三 年龄：18
李四正在上JAVA课，这门课真有趣！
```

5.2.4 构造方法和对象的初始化

在例 5-2 中，创建学生对象后，都需要引用成员变量为姓名和年龄属性赋初值。如果在创建对象的同时即为属性赋初值，该如何实现呢？类的构造方法可以实现这种要求。

构造方法是类的一种特殊的成员方法，作用是在创建对象时初始化对象，即给对象的各成员变量赋初值。构造方法定义的格式如下：

```
构造方法名([形参列表]){
    //对象属性赋初值的语句
}
```

使用构造方法时，需要注意以下几方面：

① 构造方法名必须与类名相同。

② 构造方法没有返回值，前面不能有返回值类型，也不能有 void。

③ 构造方法是在用 new 运算符创建对象时，被系统自动调用的，不能像普通成员方法那样被显式地直接调用。

④ 构造方法中除了初始化对象属性值的语句外，不建议包含其他语句。

【例 5-3】通过设计构造方法实现例 5-2。

```
//CH05_03.java
class Student1{
    String name;
    int age;
    Student1(String n,int a){                    //构造方法
        name=n;                                  //为成员变量赋初值
        age=a;
    }
    void introduce(){
        System.out.println("姓名："+name+" 年龄："+age);
    }
    void haveClass(String course){
        System.out.println(name+"正在上"+course+"课，这门课真有趣！");
    }
}
public class CH05_03 {
    public static void main(String[] args){
        //创建对象时自动调用构造方法初始化对象的属性值
        Student1 zhangSan=new Student1("张三",18);
        Student1 liSi=new Student1("李四",20);
        zhangSan.introduce();
        liSi.haveClass("JAVA");
    }
}
```

程序执行结果如下：

```
姓名：张三 年龄：18
李四正在上JAVA课，这门课真有趣！
```

1. 默认构造方法

在例 5-2 的程序中，并没有显式地为 Student 类定义构造方法，那么在用 new 运算符创建对象时，系统自动调用的是哪一个构造方法呢？

在定义一个类时，如果没有显式地定义构造方法，系统将自动为该类创建一个默认构造方法。默认的构造方法没有参数，方法体中没有任何代码。

如果例 5-2 中 Student 类没有显式定义构造方法，系统则会自动创建如下的构造方法：

```
public Student(){
}
```

在使用 new Student() 创建 Student 类的对象时，系统自动调用了这个默认构造方法。

2. 带参数的构造方法

由于系统自动创建的默认构造方法往往不能满足使用要求，因此可以在设计类的时候显式定义构造方法，如，例 5-3 Student1 类中增加了一个构造方法，通过构造方法初始化对象的成员变量。需要注意的是，如果类中定义了带参数的构造方法，系统将不再自动创建默认构造方法。如，例 5-3 中只提供了带参数的构造方法，如果将“Student1 zhangSan=new Student1(" 张三 ",18);”改为如下语句：

```
Student1 zhangSan=new Student1();
```

编译器将会提示如下错误：

```
java: 无法将类 CH05.Student1中的构造器 Student1应用到给定类型;
  需要: java.lang.String,int
  找到:    没有参数
  原因: 实际参数列表和形式参数列表长度不同
```

3. 构造方法重载

如果要使用多种方式创建对象，则可以使用重载构造方法。重载构造方法在一个类中声明多个构造方法，但各构造方法的参数个数和参数类型不能相同。在使用 new 运算符创建对象时，系统会根据给出的参数个数和类型调用对应的构造方法。

【例 5-4】构造方法重载示例。

```
//CH05_04.java
class Rectangle{
    double length;
    double width;
    Rectangle(){                                  // 无参数构造方法
        length=2;
        width=5;
    }
    Rectangle(double len,double wid){             // 有参数构造方法
        length=len;
        width=wid;
    }
    double area(){
        return length*width;
    }
}
public class CH05_04 {
    public static void main(String[] args){
        Rectangle r1=new Rectangle();
        Rectangle r2=new Rectangle(10,20);
        System.out.println(" 第一个长方形 r1 的面积 ="+r1.area());
```

```
        System.out.println("第一个长方形 r2 的面积="+r2.area());
    }
}
```

程序执行结果如下：

```
第一个长方形r1的面积=10.0
第一个长方形r2的面积=200.0
```

5.2.5 this 关键字的使用

this 是 Java 的一个关键字，表示当前对象。可以使用 this 引用当前对象的成员变量、成员方法和构造方法。注意，this 只能出现在非静态成员方法（即没有被 static 修饰的方法）中。

1. 使用 this 区分成员变量与方法形参

当成员方法中存在与类中成员变量同名的参数时，引用成员变量时其名称前必须加上 this，因为成员方法中默认的变量是方法的参数变量。但如果成员方法中没有与成员变量同名的参数时，this 可以省略。通过 this 引用成员变量的格式如下：

```
this.成员变量名
```

2. 使用 this 调用其他构造方法

如果一个类中有多个构造方法，有时会用某个构造方法完成初始化工作，其余的构造方法再调用此构造方法，从而避免了重复编写相同的代码。可以利用 this 在一个构造方法中调用另一个构造方法。通过 this 调用构造方法的格式如下：

```
this.构造方法([实参列表])
```

3. 使用 this 调用成员方法

this 表示当前对象，也就是调用成员方法的这个对象。可以利用 this 在一个成员方法中调用其他的成员方法。通过 this 调用成员方法的格式如下：

```
this.成员方法名([实参列表])
```

其中，成员方法名前的 this 可以省略。

【例 5-5】this 使用示例。

```
//CH05_05.java
class Rectangle1{
    double length;                  //成员变量
    double width;
    Rectangle1(double length,double width){
        this.length=length;         //区分成员变量与方法的形参
        this.width=width;
    }
    Rectangle1(){
```

```
        this(4,5);              // 调用上面带有 2 个参数的构造方法
    }
    double area(){
        return length*width;
    }
    void outArea(){
        System.out.println(" 面积 ="+this.area());     //this 可省略
    }
}
public class CH05_05 {
    public static void main(String[] args){
        Rectangle1 r=new Rectangle1();
        r.outArea();
    }
}
```

程序执行结果如下：

```
面积=20.0
```

5.2.6 成员方法的参数传递

在调用一个带有形参的方法时，必须为方法提供实参，完成实参与形参的结合，这个过程称为参数传递。方法中形参的数据类型可以是基本数据类型，也可以是引用数据类型。基本数据类型的参数传递是以传值方式进行的，而引用数据类型的参数传递是以传地址方式进行的。

1. 基本数据类型参数传递

对于基本数据类型的形参，方法的形参接收实参的值。在方法中改变形参的值，并不会影响到实参的值，因为实参和形参的传值是单向的，形参不会把值再传回给实参。

【例 5–6】基本数据类型参数传递示例，交换两个变量的值。

```
//CH05_06.java
class Swaping{
    void swap(int m,int n){             //m 和 n 是形参
        System.out.println(" 交换之前的数据，m="+m+"  n="+n);
        int t=m;                        // 实现数据交换
        m=n;
        n=t;
        System.out.println(" 交换之后的数据，m="+m+"  n="+n);
    }
}
public class CH05_06 {
    public static void main(String[] args){
        int a=10,b=20;
```

```
        Swaping s=new Swaping();
        System.out.println("调用swap()方法之前的a="+a+" b="+b);
        s.swap(a,b);                          //a和b是实参
        System.out.println("调用swap()方法之后的a="+a+" b="+b);
    }
}
```

程序执行结果如下：

```
调用swap()方法之前的a=10 b=20
交换之前的数据，m=10 n=20
交换之后的数据，m=20 n=10
调用swap()方法之后的a=10 b=20
```

2. 引用数据类型参数传递

如果实参是引用数据类型，并且已经指向一个对象，那么方法被调用时，传递给方法形参的是实参所指向的对象在内存中的地址，即形参和实参指向同一个对象，如果在方法体中通过形参改变了对象，那么，实参所指向的对象也一样被改变了。

【例5-7】数组参数的传递示例。

数组作为参数，要注意两点：在形参表中，数组名后的方括号必须给出，而且方括号个数和实参数组的维数相等，但不要给出数组的长度；在实参表中，数组名后不能给出方括号。

```
//CH05_07.java
import java.util.Arrays;
class ArraySort{
   void sort(int b[]){       //形参数组b后必须有[]
         Arrays.sort(b);
   }
}
public class CH05_07 {
   public static void main(String[] args){
      int[] a={9,1,6,4,3,2};
      ArraySort arr=new ArraySort();
      System.out.println("调用sort()方法前数组a的值："+Arrays.toString(a));
      arr.sort(a);           //实参数组a后不能有[]
      System.out.println("调用sort()方法后数组a的值："+Arrays.toString(a));
   }
}
```

程序执行结果如下：

```
调用sort()方法前数组a的值：[9, 1, 6, 4, 3, 2]
调用sort()方法后数组a的值：[1, 2, 3, 4, 6, 9]
```

【例5-8】类对象参数的传递示例。

```
//CH05_08.java
class Student_2 {
    String name;
    double score;
    Student_2(String name, double score) {
        this.name = name;
        this.score = score;
    }
}
class Change{
    void changeScore(Student_2 s){          //类对象 s 为形参
       if(s.score>=95){
           s.score=100;
       }
       else{
           s.score=s.score+5;
       }
    }
}
public class CH05_08 {
    public static void main(String[] args){
        Student_2 student=new Student_2("张三",85);
        System.out.println("调用changeScore()方法前"+student.name+
"的成绩是:"+student.score);
        Change ch=new Change();
        ch.changeScore(student);          //类对象 student 为实参
        System.out.println("调用changeScore()方法后"+student.name+
"的成绩是:"+student.score);
    }
}
```

程序执行结果如下：

```
调用changeScore()方法前张三的成绩是：85.0
调用changeScore()方法后张三的成绩是：90.0
```

5.2.7 成员方法的递归调用

递归就是用自身的结构来描述自身，最典型的例子是阶乘运算的定义，阶乘运算的定义如下：

$$\begin{cases} n!=n\times(n-1)! \\ 1!=1 \end{cases}$$

用阶乘本身来定义阶乘，这样的定义称为递归定义。

在 Java 中，不仅允许一个方法在其定义的内部调用其他方法，而且允许一个方法在自身定义的内部调用自己，这样的方法称为递归方法。在编写递归方法时，只要知道递归定义的公式和递归终止的条件，就能容易地写出相应的递归方法。

【例 5-9】采用递归算法求 n!。

根据阶乘的概念，写出求 n! 的递归定义：

$$\begin{cases} fac(n)=1, & n=1 \\ fac(n)=n \times fac(n-1), & n>1 \end{cases}$$

采用递归算法的程序如下：

```
//CH05_09.java
import java.util.Scanner;
class Factorial{
    long fac(int n){
        if(n==1){
            return 1;
        }
        else{
            return n*fac(n-1);        // 递归调用
        }
    }
}
public class CH05_09 {
    public static void main(String[] args){
        Factorial factorial=new Factorial();
        Scanner in=new Scanner(System.in);
        System.out.println(" 请输入 n 值: ");
        int n=in.nextInt();
        long f=factorial.fac(n);
        System.out.println(n+"!="+f);
    }
}
```

程序执行结果如下：

```
请输入n值：
5
5!=120
```

5.3 类的封装

封装性是面向对象的核心特征之一，它提供了一种信息隐藏技术。类的封装包含两层含义，一是将数据和对数据的操作组合起来构成类，类是一个不可分割的独立单位；二是类中既要提供与外部联系的接口，同时又要尽可能隐藏类的实现细节。本节主要介绍解决类命名冲突的包机制、类及其成员访问权限等内容。

视频讲解

5.3.1 包

Java 为了更好地管理类，引入了包（package）的概念。可以把不同的类放到不同的包中，进行分类管理，也可以把相同名字的类放到不同包中，避免同名问题。

1. 包的作用

一个 Java 源程序文件（即 .java 文件）包含了一个或多个类，经过编译后，文件中的每个类都将生成一个与类名一致的字节码文件（即 .class 文件）。例如，一个 Java 源程序文件定义了类 Student、类 Teacher、类 Course、类 Test，编译后，会在 Java 源程序文件所在的文件夹下生成 Student.class、Teacher.class、Course.class、Test.class 四个字节码文件。如果多个 Java 源程序文件中有同名的类，编译后生成的字节码文件会出现命名冲突的问题。为了解决类的命名冲突问题，Java 提供了包机制。

一个包实际上就是操作系统下的一个文件夹。一个包中不允许有同名的类存在，但不同的包中允许有同名的类。包中还可以再建立多个子包，包含子包的包称为父包，父包和子包形成了一种层次结构。

包的作用主要有两个：

① 解决类的命名冲突问题。

② 将类按照类别放到不同的包中，方便对类的管理、维护和保护。

2. 创建包

通过关键字 package 创建包，其格式如下：

```
package 包名；
```

创建包时，需要注意以下几方面：

① 一个源程序文件中只能有一条 package 语句，并且必须是第一条语句，用于指明该源程序文件定义的类所在的包。

② 包的名字有层次关系，父包和子包之间以“.”分隔。

③ 包名由小写字母组成。在自己设定的包名之前最好加上唯一的前缀，通常使用组织倒置的网络域名，如 cn.edu.tsinghua。

例如：

```
package cn.edu.tsinghua;
class Student{
  ⋮
}
```

以上代码表明 Student 类所在的包为 cn.edu.tsinghua，即 Student 的命名为 cn.edu.tsinghua.Student。

3. 导入包中的类

为了使用不在同一个包中的类，需要在源程序中使用 import 关键字导入这个类。导入的两种格式如下：

```
import 包名.类名;
import 包名.*;
```

用 import 导入包中的类，需要注意以下两点：

①“*”表示包中所有的类，即导入指定包中的所有类。

② 一个源程序文件可以包含多条 import 语句，但其必须位于其他类声明之前，package 语句之后。

import 不仅可以导入 Java 类库中的类，也可以导入编程者自己编写的类。

1）导入 Java 类库中的类

Java 本身提供了许多类，这些类都放在不同的包中。如果编程者需要使用 Java 类库中的类，就必须用 import 语句将其导入。使用已经存在的类，避免一切从头做起，是面向对象编程的一个重要方面。

Java 提供的常用包如下：

① java.lang：该包是 Java 语言的核心包，系统自动为程序导入包中的类（如 System、String 等），不需要使用 import 导入即可使用。

② java.util：实用包。提供了各种实用功能的类，如 Scanner、Arrays 等。

③ javax.swing：轻量级窗口工具包。它是目前使用最广泛的 GUI 程序设计包。

④ java.io：输入输出包。提供了系统输入输出类。

⑤ java.sql：数据库连接包。提供了操作数据库的类。

⑥ java.net：网络方法包。提供了实现网络应用与开发的类。

例如，导入 java.util 包中的所有类：

```
import java.util.*;
```

使用 import 语句导入整个包中的类，可能会增加编译时间，但是不会影响程序的运行性能，因为程序运行时只加载真正使用的类的字节码文件。

2）导入自定义包中的类

如果要导入编程者在其他包中声明的类，也需要使用 import 语句。同一包下的类不需要导入，可以直接使用。

例如，导入包 cn.edu.tsinghua 中的类 Student：

```
import cn.edu.tsinghua.Student;
```

4. 包的应用举例

在软件开发过程中，可以将有价值的类打包，形成“软件产品”，供其他软件开发者使用。

【例 5-10】创建 Area 类，该类可以求圆、长方形或三角形的面积，将源程序文件 Area.java 保存在 D:\CH05\mypackage 中。创建 CH05_10 类，使用 import 语句导入 Area 类，计算不同图形的面积，源程序文件 CH05_10.java 保存在 D:\CH05 中。

```
//Area.java
package CH05.mypackage;              // 创建自定义包
public class Area {
    public double area(double r){    // 思考，public 是否可以省略
        return 3.14*r*r;
    }
    public double area(double length,double width){
        return length*width;
    }
    public double area(double a,double b,double c){
        double p=(a+b+c)/2;
        return Math.sqrt(p*(p-a)*(p-b)*(p-c));
    }
}
//CH05_10.java
package CH05;
import CH05.mypackage.Area;          // 导入其他包中的类
public class CH05_10 {
    public static void main(String[] args){
       Area graph=new Area();
       System.out.println("半径为 5 的圆的面积 ="+graph.area(5));
       System.out.println("长为 5 宽为 6 的长方形面积 ="+graph.area(5,6));
       System.out.println("三边为 5、6、7 的三角形面积 ="+graph.area(5,6,7));
    }
}
```

程序执行结果如下：

```
半径为5的圆的面积=78.5
长为5宽为6的长方形面积=30.0
三边为5、6、7的三角形面积=14.696938456699069
```

5.3.2 访问权限

按照类的封装性原则，类的设计者既要提供类与外部的接口，又要尽可能地隐藏类的实现细节。具体方法是为类及其成员变量和成员方法分别设置合理的访问权限，从而只向使用者提供接口，但隐藏了实现细节。

1. 类的访问权限

声明一个类可以使用的权限修饰符只有 public 和默认两种。public 指明该类是公共类，

可以被同一个包中的类或不同包中的其他类使用。默认的类只能被同一源程序文件中的类或同一个包中的其他类使用。类的访问权限总结如表 5-1 所示。

表 5-1　类的访问权限

权限修饰符	同一个包的类	不同包的类
public	√	√
默认	√	×

虽然一个 Java 源程序文件中可以包含多个类，但只能有一个 public 类，而且该类的名字要与源程序文件的名字相同。

2. 类中成员的访问权限

类的成员包括成员变量和成员方法，成员的访问权限有 4 种，控制级别从强到弱依次为 public、protected、默认和 private。

1）公共访问权限控制符 public

public 访问权限最宽松。如果类的成员变量或成员方法被 public 修饰，则任何类均可访问类中的 public 成员。

2）保护访问权限控制符 protected

protected 设置了中间级的访问权限，被其修饰的成员变量或成员方法可以被同一个包中的类或不同包中的子类访问，但不能被不同包中的非子类访问。

3）默认访问权限控制符

默认指不使用权限修饰符。不使用权限修饰符修饰的成员变量或成员方法，可以在声明它的类中被访问，也可以被同一包中的类访问，但不能被其他包中的类访问。

4）私有访问权限控制符 private

如果类的成员变量或成员方法被 private 修饰，则只能在声明它们的类中被访问，而其他任何类，包括该类的子类都不能访问。

类成员的 4 种访问权限总结如表 5-2 所示。

表 5-2　类的访问权限

权限修饰符	同一个类	同一个包中的类	不同包中的子类	不同包中的非子类
public	√	√	√	√
protected	√	√	√	×
默认	√	√	×	×
private	√	×	×	×

在声明类时，通常将成员变量声明为 private 权限，仅允许本类的方法访问成员变量，而将成员方法声明为 public 权限，供其他类调用。其他类通过调用具有 public 权限的方

法，以其作为接口使用具有 private 权限的成员变量，从而实现了信息封装。

一个类可以供其他类使用，在创建该类的对象时，要调用构造方法，所以构造方法都声明为 public 权限。

【例 5-11】使用封装性将属性私有化、方法公共化示例。

```
//CH05_11.java
class Cat{
    private String name;                    //成员变量为私有的
    private int age;
    public Cat(String name,int age){        //构造方法为公有的
        this.name=name;
        this.age=age;
    }
    public void showMessage(){              //成员方法为公有的
        System.out.println(name+age+"岁了！ ");
    }
}
public class CH05_11 {
    public static void main(String[] args){
        Cat cat=new Cat("小黑",3);
        cat.showMessage();
    }
}
```

程序执行结果如下：

```
小黑3岁了!
```

5.3.3 实例成员和用 static 修饰的类成员

Java 的类中可以包含两种成员：实例成员和类成员。

实例成员是属于对象的，包括实例成员变量和实例成员方法。只有创建对象之后，才能通过对象访问实例成员变量，调用实例成员方法。前面章节中讨论的类中的成员变量都是实例成员变量。

类成员是属于类的，需要使用 static 修饰，类成员也称为静态成员。类成员包括类成员变量和类成员方法。通过类名可以直接访问类成员变量，调用类成员方法。即使没有创建对象，也可以引用类成员。类成员也可以通过对象名引用。

1. 类变量和实例变量的区别

类变量和实例变量的区别如下：

① 在类中声明变量时，没有使用 static 修饰的变量为实例变量，使用 static 修饰的变量为类变量。

② 不同对象的实例变量互不相同，会被分配不同的内存空间。改变其中一个对象的

实例变量，并不会影响其他对象的实例变量。

所有对象共享一个类变量，系统仅为类变量分配一个存储空间。在某个对象修改了类变量的值后，所有对象都将使用修改了的类变量值。

③ 实例变量属于对象，只能通过对象引用；类变量属于类，既可以通过类名访问，也可以通过对象名访问。

实例变量的访问格式如下：

```
对象名 . 实例变量名
```

类变量的访问格式如下：

```
类名 . 类变量名
```

或

```
对象名 . 类变量名
```

【例 5-12】类变量和实例变量的区别示例。

```
//CH05_12.java
class Student2{
    private String name;     //实例变量
    static int cn=0;         //类变量
    public Student2(String name){
       this.name=name;
       cn=cn+1;              //创建一个学生对象，人数加 1
    }
    public String getName(){
        return name;
    }
}
public class CH05_12 {
    public static void main(String[] args){
       Student2 s1=new Student2("张三");
       System.out.println(s1.getName()+"是创建的第"+Student2.cn+"个学生");
       Student2 s2=new Student2("李四");
       System.out.println(s2.getName()+"是创建的第"+s2.cn+"个学生");
    }
}
```

程序执行结果如下：

```
张三是创建的第1个学生
李四是创建的第2个学生
```

2. 类方法与实例方法的区别

类方法和实例方法的区别如下：

① 在类中声明方法时，没有使用 static 修饰的方法为实例方法，使用 static 修饰的方

法为类方法。

② 类方法不可以操作实例变量，也不可以调用实例方法，只能操作类变量和类方法。实例方法既可以操作实例变量和调用实例方法，也可以操作类变量和调用类方法。

③ 实例方法属于对象，只能通过对象引用；类方法属于类，既可以通过类名访问，也可以通过对象名访问。

实例方法的访问格式如下：

```
对象名 . 实例方法名 ([ 参数列表 ])
```

类方法的访问格式如下：

```
类名 . 类方法名 ([ 参数列表 ])
```

或

```
对象名 . 类方法名 ([ 参数列表 ])
```

【例 5-13】类方法和实例方法的区别示例。

```
//CH05_13.java
public class CH05_13 {
    public static int square(int x){                //类方法，用于计算 x 的平方
        return x*x;
    }
    public static void main(String[] args){
        int a=5;
        //main() 是类方法，直接调用的 square() 方法必须为类方法
        System.out.println(a+" 的平方 ="+square(a));
        a=7;
        System.out.println(a+" 的平方 ="+square(a));
    }
}
```

程序执行结果如下：

5的平方=25

7的平方=49

【例 5-14】使用类成员统计学生考试成绩的平均分。

```
//CH05_14.java
class Course{
    private String no;                      // 实例变量：课程编号
    private double score;                   // 实例变量：成绩
    static double s=0;                      // 类变量：总成绩
    static int cn=0;                        // 类变量：成绩个数
    public Course(String no,double score){
        this.no=no;
        this.score=score;
    }
```

```
    public double getScore(){                    //实例方法
        return score;
    }
    public static void sumScore(double grade){   //类方法
        s=s+grade;
    }
    public static void sumCount(){          //类方法
        cn=cn+1;
    }
}
public class CH05_14 {
    public static void main(String[] args){
        Course c1=new Course("C101",90);
        Course.sumScore(c1.getScore());     //类名调用类方法
        Course.sumCount();
        Course c2=new Course("C305",87);
        c2.sumScore(c2.getScore());         //对象调用类方法
        c2.sumCount();
        System.out.println("成绩的平均分="+(Course.s/Course.cn));

    }
}
```

程序执行结果如下：

```
成绩的平均分=88.5
```

5.4 小结

本章详细介绍了类的结构，包括成员变量和成员方法；介绍了构造方法和对象的创建，通过案例对类和对象的定义及使用进行详解。同时，介绍了 static 关键字、包的创建使用和访问权限等知识。通过本章的学习，读者应掌握面向对象设计的过程和类的结构，构造方法的定义和对象的创建使用，封装的概念及使用，static 关键字，包和访问权限的控制。

习题五

一．选择题

1. 下面关于类的说法，不正确的是（　）。

A. 类是同种对象的集合和抽象　　B. 类属于 Java 语言中的引用数据类型

C. 类就是对　　D. 对象是 Java 语言中的基本结构单位

2. 定义了一个猫类 Cat，包含的属性有名字 name、年龄 age、毛色 color，现在要在 main() 方法中创建 Cat 类对象，在下列代码中，（　）是正确的。

A. Cat cat=new Cat;
cat.color=" 白色的 ";

B. Cat cat=new Cat();
cat.color=" 白色的 ";

C. Cat cat;
cat.color=" 白色的 ";

D. Cat cat=new Cat(白色的);

3. 构造方法的作用是（　　）。

A. 访问类的成员变量
B. 初始化成员变量
C. 描述类的特征
D. 保护成员变量

4. 构造方法在（　　）时被调用。

A. 类定义
B. 创建对象
C. 调用对象方法
D. 使用对象的变量

5. 下列构造方法的描述中，正确的是（　　）。

A. 一个类只能有一个构造方法
B. 构造方法没有返回值，应声明返回类型为 void
C. 一个类可包含多个构造方法
D. 构造方法可任意命名

6. 下列命题为真的是（　　）

A. 所有类都必须定义一个构造函数
B. 构造函数必须有返回值
C. 构造函数可以访问类的非静态成员
D. 构造函数必须初始化类的所有数据成员

7. 有一个类 B，下面为其构造方法的声明，正确的是（　　）。

A. void B(int x) { }　　B. B(int x) { }　　C. b(int x) { }　　D. void b(int x) { }

8. 下面关于类的定义，说法正确的是（　　）。

```
import java.util.*;
import java.io.*;
package com.abc.exam;
Class A{ }
```

A. 该类定义错误，没有使用 public 修饰符修饰类 A
B. 该类定义错误，必须要导入 java.lang 包
C. 该类定义错误，package 声明应该是第一个有效语句
D. 该类定义正确

9. 访问修饰符作用范围由强到弱的是（　　）。

A. private– 默认 –protected–public
B. public– 默认 –protected–private
C. private–protected– 默认 –public
D. public–protected– 默认 –private

10. 下面关于方法的说法，不正确的是（　）。

A. Java 中的构造方法名必须和类名相同

B. 方法体是对方法的实现，包括变量声明和合法语句

C. 如果一个类定义了构造方法，也可以用该类的默认构造方法

D. 类的私有方法不能被其他类直接访问

11. 若一个无返回值无参数的方法 method() 是类方法，则该方法正确的定义形式为（　）。

A. public void method(){ }　　B. static void method(){ }

C. abstract void method(){ }　　D. void method(){ }

12. Java 语言中，只限子类或者同一包中类的方法能够访问的访问权限是（　）。

A. public　　B. private　　C. protected　　D. 默认

13. 如果一个类的成员变量只能在本类中使用，则该成员变量的修饰符必须是（　）。

A. public　　B. private　　C. protected　　D. static

14. 给出下面的程序代码：

```
public class Test{
   private float a;
   public static void m ( ){ }
}
```

如何使成员变量 a 被方法 m( ) 访问？（　）。

A. 将 private float a 改为 protected float a　　B. 将 private float a 改为 public float a

C. 将 private float a 改为 static float a　　D. 将 private float a 改为 float a

15. 假设类 A 有如下定义：

```
class A{
   int i;
   static String s;
   void method1(){ }
   static void method2(){ }
}
```

设 a 是类 A 的一个对象，下列语句调用错误的是（　）。

A. System.out.println(a.i);　　B. a.method1();

C. A.method1();　　D. A.method2();

16. 给定一个 Java 程序代码如下：

```
public class Test {
    int count=9;
    public void count(){
        System.out.println("count="+count++);
```

```
    }
    public static void main(String[] args){
        new Test().count();
        new Test().count();
    }
}
```

则编译运行后，输出结果是（ ）。

A. count=9
count=9

B. count=10
count=9

C. count=10
count=10

D. count=9
count=10

二．判断题

1. Java 类中不能存在同名的两个方法。

2. 无论 Java 源程序包含几个类的定义，若该源程序文件以 A.java 命名，编译后生成的都只有一个名为 A 的字节码文件。

3. Java 中类方法可以调用类变量，也可以调用实例变量。

4. Java 通过关键字 package 声明包，package 语句必须位于非空行和非注释行第一句。

5. 构造方法可以有返回值。

三．阅读程序题

1. 下列类 Test 的类体中代码 1~ 代码 5 哪些是错误的？

```
class Tom{
    private int x=120;
    protected int y=20;
    int z=11;
    private void f(){
        x=200;
        System.out.println(x);
    }
    void g(){
        x=200;
        System.out.println(x);
    }
}
public class Test {
    public static void main(String[] args){
        Tom tom=new Tom();
        tom.x=22;          //【代码 1】
        tom.y=33;          //【代码 2】
        tom.z=55;          //【代码 3】
        tom.f();           //【代码 4】
        tom.g();           //【代码 5】
```

```
    }
}
```

2. 请给出程序输出结果。

```
class B{
    int x=100,y=200;
    public void setX(int x){
        x=x;
    }
    public void setY(int y){
        this.y=y;
    }
    public int getXYSum(){
        return x+y;
    }
}
public class Test {
    public static void main(String[] args){
        B b=new B();
        b.setX(-100);
        b.setY(-200);
        System.out.println("sum="+b.getXYSum());
    }
}
```

3. 请给出程序输出结果。

```
class B{
    int n;
    static int sum=0;
    void setN(int n){
        this.n=n;
    }
    int getSum(){
        for(int i=1;i<=n;i++){
            sum=sum+i;
        }
        return sum;
    }
}
public class Test {
    public static void main(String[] args){
        B b1=new B(),b2=new B();
        b1.setN(3);
        b2.setN(5);
        int s1=b1.getSum();
```

```
        int s2=b2.getSum();
        System.out.println("sum="+(s1+s2));
    }
}
```

四. 编程题

1. 编写一个类 Book，代表教材。

（1）具有属性：名称（title）、页数（pageNum）和类型（type）。

（2）具有方法 detail()：用来输出每本教材的名称、页数和类型。

（3）具有两个构造方法：无参构造方法（3 个属性用常量赋值）和包含 3 个参数的构造方法（对 3 个属性初始化）。

编写测试类 CH05_P1，分别调用两个构造方法创建 Book 对象，并调用 detail() 方法进行功能测试。

2. 编写手机类（Phone），有以下属性和行为。

（1）具有属性：品牌（brand）、价格（price）、操作系统（os）和内存（memory）。

（2）具有功能：查看手机信息（about()）、打电话（call(String no)）和玩游戏（play(String game)）等。

编写主类 CH05_P2，测试手机的各项功能。

3. 用类描述计算机中 CPU 的速度和内存容量。要求创建 4 个类，名字分别为 Computer（计算机类）、CPU（CPU 类）、RAM（内存类）和 CH05_P3（测试类），其中 CH05_P3 为主类。

CPU 类的属性：速度（speed）。方法：setSpeed(int speed) 用于设置 CPU 速度，getSpeed() 用于获取 CPU 速度。

RAM 类的属性：容量（capacity）。方法：setCapacity(int capacity) 用于设置 RAM 容量，getCapacity() 用于获取 RAM 容量。

Computer 类的属性：RAM（ram）、CPU（cpu）。方法：setRAM(RAM ram) 用于设置计算机的 RAM，setCPU(CPU cpu) 用于设置计算机的 CPU，show() 用于显示计算机的信息。

要求：在主类 CH05_P3 的 main() 方法中完成如下操作。

（1）创建 CPU 对象，speed 设置为 2200。

（2）创建 RAM 对象，capacity 设置为 4。

（3）创建 Computer 对象，并把创建的 CPU 对象和 RAM 对象通过 set 方法传递给各自的属性。

（4）Computer 对象调用 show() 方法，输出该计算机的 CPU 速度和 RAM 容量。

五. Java 程序员面试题

1. 简述面向对象的基本特征。

2. 下面的代码是否正确？如有误请改正。

```
public class Test {
    public Test(int a){
        System.out.println("a="+a);
    }
    public static void main(String[] args){
        new Test();
    }
}
```

第6章 类的继承和多态机制

继承性和多态性是面向对象的两个核心特征。继承是从已有的类中派生出新的类：在现有类的基础之上，通过增加新的方法或者重写已有的方法，产生新的类。继承可以解决编程中代码冗余的问题，是实现代码重用的重要手段之一。多态指同一名称的方法可以有多种实现，程序运行时，根据调用方法的参数或调用方法的对象自动选择一个方法执行。多态是在封装和继承的基础上体现出来的，消除了类之间的耦合关系，使程序更加容易扩展。多态性包括方法的重载和覆盖。

6.1 类的继承

视频讲解

继承性是面向对象的核心特征之一。利用继承机制，可以先创建一个具有共性的一般类，根据该一般类再创建具有特殊性的新类。新类继承一般类的属性和行为，并根据需要增加自己的新属性和新行为。

6.1.1 继承的基本概念

继承是一种以现有类为基础建立新类的技术，新类自动继承现有类的属性和方法，新类的定义可以增加新的属性和方法。可以先定义一个车的类 Vehicle，包括的属性有车体大小、颜色、轮胎；再由车 Vehicle 这个类派生出轿车 Car 和卡车 Truck 两个类，为轿车 Car 类添加一个小后备厢，为卡车 Truck 类添加一个大货厢；最终 Car 类包括的属性有车体大小、颜色、轮胎、小后备厢，Truck 类的属性有车体大小、颜色、轮胎和大货厢。

继承所表达的是一种类之间的相交关系，它使得某类可以继承另外一个类的数据成员和成员方法。如果类 B 继承自类 A，则类 B 的对象便具有了类 A 的全部或部分数据属性和行为操作。称被继承的类 A 为父类、超类或基类，称继承类 B 为类 A 的子类或派生类。子类和父类的关系可以概括为 is-a 关系或者特殊和一般关系。例如，Car is a Vehicle，Student is a Person 等。

在面向对象程序设计中，运用继承的原则是：将一般类（如类 Vehicle）和所有特殊类（如类 Car 和类 Truck）共同具有的属性和操作一次性地在一般类中进行定义，在特殊类中不再重复定义一般类中已经定义的内容。但是在语义上，特殊类却自动地、隐含地拥有它的一般类中定义的属性和操作。

Java 继承具有以下特点：

（1）继承关系是传递的。若类 C 继承自类 B，类 B 继承自类 A，则类 C 既有从类 B 继承的属性与方法，也有从类 A 继承的属性与方法，还可以有自己新定义的属性和方法。继承是在一般类的基础上构造、建立和扩充新类的最有效的手段。

（2）继承简化了人们对事物的认识和描述，能清晰体现相关类间的层次结构关系。

（3）继承提供了软件重用功能。若类 B 继承自类 A，则建立类 B 时只需要再描述与其子类 A 不同的少量数据成员和成员方法即可。这种做法能够减少代码和数据的冗余度，大幅增加程序的重用性。

（4）继承通过增强一致性来减少模块间的接口，大幅增加了程序的易维护性。

6.1.2 继承的实现

在类的声明中，使用关键字 extends 来声明一个类继承另一个类。

1. 声明子类

在 Java 语言中，子类的声明格式如下：

```
[修饰符] class 类名 extends 父类名{
    成员变量;
    成员方法;
}
```

注意，Java 不支持多重继承，即一个类只能继承一个父类，但一个父类可以有多个子类。

例如，学生类继承人类，可以写为：

```
class Student extends People{
    ⋮
}
```

2. 继承原则

子类继承父类的成员变量和方法，那么子类是否可以继承父类中所有的成员变量和方法呢？答案是否定的。子类的继承性取决于子类和父类是否在同一包中。

① 如果子类和父类在同一包中，子类可以继承父类非 private 修饰的成员变量和成员方法。

② 如果子类和父类不在同一个包中，子类只能继承父类 public 和 protected 修饰的成员变量和成员方法。

③ 子类不能继承父类的构造方法，因为父类的构造方法用来创建父类对象。子类需要声明自己的构造方法，用来创建子类自己的对象。

【例 6-1】Student 和 Person 之间继承的实现。

```
//CH06_01.java
class Person{
    private String name;  //姓名
    public String getName(){
        return name;
    }
    public void setName(String name){
        this.name=name;
    }
}
class Student extends Person{
    private String school;  //学校
    public String getSchool(){
        return school;
    }
    public void setSchool(String school){
        this.school=school;
    }
}
public class CH06_01 {
    public static void main(String[] args){
        Student student=new Student();
        student.setName("张三");
        student.setSchool("清华大学");
        System.out.println("姓名："+student.getName());
        System.out.println("学校："+student.getSchool());
    }
}
```

程序执行结果如下：

```
姓名：张三
学校：清华大学
```

3. 变量隐藏和方法重写

子类中定义的成员变量和父类中定义的成员变量同名时（类型可以不同），子类就会隐藏继承的成员变量。当子类对象调用这个名称的成员变量时，调用的一定是在子类中声明定义的那个成员变量，而不是从父类继承的成员变量。

子类可以通过方法的重写隐藏继承的方法。当子类定义一个方法，这个方法的返回类型、方法名、参数列表与从父类继承的方法完全相同时，称为方法重写；子类重写父类方法时访问权限保持一致或者提高，不能降低。子类通过方法重写把父类的状态和行为改变为自身的状态和行为。子类一旦重写了父类的某个方法，子类对象再调用该方法时，调用的一定是重写后的方法。

【例 6–2】变量隐藏及方法重写示例。

```
//CH06_02.java
class Father{
    int a=100;
    public void printValue(){
        System.out.println(" 父类中变量 a="+a);
    }
}
class Son extends Father{
    double a=999;                          // 隐藏了父类的变量 a
    public void printValue(){              // 重写了父类的该方法
        System.out.println(" 子类中变量 a="+a);
    }
}
public class CH06_02 {
    public static void main(String[] args){
        Son son=new Son();
        son.printValue();
    }
}
```

程序执行结果如下：

```
子类中变量a=999.0
```

6.1.3 使用 super 关键字调用父类成员

在子类隐藏了父类的成员变量或重写了父类的方法后，子类对象将无法直接访问父类被隐藏的变量或父类被重写的方法。在程序设计中，有时需要在子类中访问父类被隐藏的变量或调用父类被重写的方法，因此，Java 语言提供了 super 关键字，用来访问父类的成员变量、成员方法和构造方法。

【注意】 super 关键字只能出现在子类中，而且只能出现在子类的实例方法和构造方法中，不能出现在子类的类方法中。

1. 在子类的构造方法中使用 super

因为子类不能继承父类的构造方法，所以子类的构造方法中总是需要使用 super 关键字调用父类的某个构造方法。其调用格式如下：

```
super( [参数表] )
```

1）调用父类的默认构造方法

在子类构造方法中，如果没有显式地使用 super() 方法调用父类的构造方法，则系统会默认先调用父类的无参构造方法，编译器将会在子类构造方法的第一句自动加上 super() 方法。

【例 6–3】调用父类默认构造方法示例。

```
//CH06_03.java
class Person1{
    private String name;
    public Person1(){
        name="李四";
    }
    public String getName(){
        return name;
    }
}
class Student1 extends Person1{
    private String school;
    public Student1(String school){     //先调用父类无参构造方法为name赋值
        this.school=school;
    }
    public String getSchool(){
        return school;
    }
}
public class CH06_03 {
    public static void main(String[] args){
        Student1 student1=new Student1("清华大学");
        System.out.println("姓名："+student1.getName());
        System.out.println("学校："+student1.getSchool());
    }
}
```

程序执行结果如下：

```
姓名：李四
学校：清华大学
```

2）调用父类的有参构造方法

如果子类的构造方法中通过 super 显式地调用父类的有参构造方法，则会先调用父类相应的构造方法。

【**注意**】super() 必须是子类构造方法体中的第一条语句。

【例 6–4】调用父类有参构造方法示例。

```
//CH06_04.java
class Person2{
    private String name;
```

```
    public Person2(String name){
        this.name=name;
    }
    public String getName(){
        return name;
    }
}
class Student2 extends Person2{
    private String school;
    public Student2(String name,String school){
        super(name);                    // 调用父类构造方法
        this.school=school;
    }
    public String getSchool(){
        return school;
    }
}
public class CH06_04 {
    public static void main(String[] args){
        Student2 student2=new Student2("王五","北京大学");
        System.out.println("姓名："+student2.getName());
        System.out.println("学校："+student2.getSchool());
    }
}
```

程序执行结果如下：

```
姓名：王五
学校：北京大学
```

2. 在子类的实例方法中使用 super

子类中一旦隐藏了父类的某个变量，子类的实例方法中就不能再使用该变量。如果子类实例方法想调用被隐藏的父类变量，则要使用 super 关键字，其格式为：

```
super.被隐藏的变量名
```

一旦子类重写了父类的某个方法，子类的实例方法中想调用该方法，就只能调用重写后的方法，父类的方法被隐藏。如果子类实例方法想调用重写前父类中的该方法，则也使用 super 关键字，其格式为：

```
super.被重写的方法名([参数表])
```

【例 6-5】子类实例方法中使用 super 示例。

```
//CH06_05.java
class Father1{
    int x=99;
```

```
    public void printX(){
        System.out.println("执行父类printX(), x="+x);
    }
}
class Son1 extends Father1{
    int x=11;
    public void printX(){
        System.out.println("执行子类printX(), x="+x);
    }
    public void printSon(){
        printX();                                 //调用子类重写后的printX()
        super.printX();                           //调用被隐藏的父类printX()
        System.out.println("子类的x="+x);
        System.out.println("父类的x="+super.x); //调用被隐藏的父类x
    }
}
public class CH06_05 {
    public static void main(String[] args){
        Son1 son1=new Son1();
        son1.printSon();
    }
}
```

程序执行结果如下：

```
执行子类printX(), x=11
执行父类printX(), x=99
子类的x=11
父类的x=99
```

6.1.4 final类和final成员

继承是面向对象的三大特性之一，是创造新类的主要方法，但是有时也需要对继承进行限制。例如，设计密码管理类或者数据库信息管理类时，为了安全考虑，不允许它们被其他类继承。Java语言提供了一个非常重要的关键字final，final具有“最终的，不可更改”的意思，用它可以修饰类及类中的成员变量和成员方法。用final修饰的类不能被继承，用final修饰的方法不能被覆盖，用final修饰的成员变量不能被修改。

1. final修饰的类

类被final修饰后，该类成为最终类，不能被继承，即不能有子类。

【例6-6】继承final修饰的类的示例。

```
//CH06_06.java
final class Vehicle{
    String name;
```

```
}
class Car extends Vehicle{                      //继承了final类Vehicle
    String color;
}
public class CH06_06 {
    public static void main(String[] args){
        Car c=new Car();
    }
}
```

程序编译时提示的错误信息如下：

```
java: 无法从最终CH06.Vehicle进行继承
```

2. final 修饰的方法

用 final 修饰的方法可以被子类继承，但不能被子类重写。这样可以确保调用的是正确的、原始的方法，而不是在子类中重新定义的方法。

【例 6-7】重写 final 修饰的方法的示例。

```
//CH06_07.java
class Vehicle1{
    String name;
    public Vehicle1(String name){
        this.name=name;
    }
    public final void printValue(){    //final修饰的方法
        System.out.println(name);
    }
}
class Car1 extends Vehicle1{   //继承了final类Vehicle
    String color;
    public Car1(String name,String color){
        super(name);
        this.color=color;
    }
    public void printValue(){          //重写父类的final修饰的方法
        System.out.println(name+" "+color);
    }
}
public class CH06_07 {
    public static void main(String[] args){
        Car1 c=new Car1("奔驰","白色");
        c.printValue();
    }
}
```

程序编译时提示的错误信息如下：

```
java: CH06.Car1中的printValue()无法覆盖CH06.Vehicle1中的printValue()
  被覆盖的方法为final
```

3. final 修改的变量

用 final 修饰的成员变量不能再改变，即 final 修饰的变量为常量。如果再次为该变量赋值，会产生编译错误。

【例 6-8】重写 final 修饰的变量的示例。

```
//CH06_08.java
public class CH06_08 {
    public static void main(String[] args){
        final double PI=3.14;
        PI=3.14159265;            //重写 final 变量 PI 值
        System.out.println(PI);
    }
}
```

程序编译时提示的错误信息如下：

```
java: 无法为 final 变量 PI 分配值
```

6.1.5 Object 类

Java 提供了一个比较特殊的类，即 Object 类。Object 类是所有类的父类，如果一个类没有使用 extends 关键字显式地标明继承自某个类，则这个类默认继承自 Object 类。例如：

```
public class Person{ ……}
```

上面的代码等价于：

```
public class Person extends Object{ …… }
```

Java 中任何一个类都是 Object 类的子类。因为所有的类都是从 Object 类继承而来的，所以所有的类都继承了 Object 类声明的接口和方法。下面主要介绍 Object 类中最常用的 toString() 方法。

Object 类的 toString() 方法是一个特殊的方法，它是一个自我描述方法，该方法通常用于通过打印对象直接打印出对象的自我描述信息，对象总是默认调用 toString() 方法。因为 Object 是所有类的父类，所以所有的类都具有 toString() 方法。

toString() 方法返回一个字符串，字符串由类名加上一个 @ 符号和十六进制数表示的散列码组成。

【例 6-9】打印对象。

```
//CH06_09.java
class Person3{
    String name;
```

```
    public Person3(String name){
        this.name=name;
    }
}
public class CH06_09 {
    public static void main(String[] args){
        Person3 p=new Person3("赵四");
        System.out.println(p);              //p 相当于 p.toString()
    }
}
```

程序执行结果如下：

```
Person3@2f4d3709
```

当然，所有的子类也可以对 toString() 方法进行重写，实现子类的自我描述。

【例 6-10】子类重写 toString() 方法示例。

```
//CH06_09.java
class Person4{
    String name;
    public Person4(String name){
        this.name=name;
    }
    public String toString(){                //注意方法的声明不要写错
        return "姓名："+name;
    }
}
public class CH06_10{
    public static void main(String[] args){
        Person4 p=new Person4("赵四");
        System.out.println(p);              //p 相当于 p.toString()
    }
}
```

程序执行结果如下：

```
姓名：赵四
```

toString() 方法是非常重要的调试工具，Java 很多标准类库中的类都定义了 toString() 方法，以便编程者获得有用的调试信息。

6.2 类的多态性

视频讲解

多态性是面向对象的核心特征之一。多态性指同一名称的方法可以有多种实现，即不同的方法体。程序运行时，系统根据调用方法的参数或调用方法的对象自动选择一个方法执行。类的多态性提供了方法设计的灵活性和执行的多样性。

Java 中的多态分为两种：一种是编译期多态，另一种是运行期多态。编译期多态通过方法重载（OverLoad）实现；运行期多态指不同类的对象在调用同一方法时呈现的多种不同行为，简而言之就是同一行为发生在不同对象中产生不同结果，通过方法重写（OverRide）来实现。

6.2.1 方法重载

方法重载指在一个类中，可以有多个方法具有相同的名字，但是这些方法的参数列表必须不同。参数列表不同指参数的个数不同，或者参数的类型不同，方法的返回类型和参数的名字不参与比较。

方法重载是面向对象多态性的一种体现。可以通过传递不同的参数，使同名的方法产生不同的行为，即表现出多态性。

通过方法重载，采用统一的方法名可以执行不同的方法体。如果不使用方法重载，则需要定义多个不同的方法名，调用时不方便。

【例 6-11】通过方法重载的方式计算圆、矩形和三角形面积。

```
//CH06_11.java
public class CH06_11{
    public double area(double r){
        return 3.14*r*r;
    }
    public double area(double l,double w){                  //方法重载
        return l*w;
    }
    public double area(double a,double b,double c){         //方法重载
        double p=(a+b+c)/2;
        return Math.sqrt(p*(p-a)*(p-b)*(p-c));
    }
    public static void main(String[] args){
        CH06_11 c=new CH06_11();
        System.out.println("圆面积="+c.area(5.5));
        System.out.println("矩形面积="+c.area(3,2));
        System.out.println("三角形面积="+c.area(9,12,8));
    }
}
```

程序执行结果如下：

```
圆面积=94.985
矩形面积=6.0
三角形面积=35.99913193397863
```

6.2.2 方法重写

在继承关系中，子类会自动继承父类中的方法。但有的时候，子类需要对继承的方

法进行修改，这就是方法重写，也称为方法覆盖。方法重写的概念已在 6.1.2 小节中进行了介绍，此处不再赘述。

1. 方法重写与方法重载的区别

重写表现为继承中方法的多态性。方法重写指子类重新定义与父类完全相同的方法，修改方法的实现，以达到改变继承来的行为的目的。例如，宠物都有叫声 cry() 方法，但猫的叫声是“喵喵喵”，狗的叫声是“汪汪汪”，所以，作为子类的猫 Cat 和狗 Dog 要重写父类宠物 Pet 的 cry() 方法。

重载表现为同一个类中方法的多态性。方法重载指同一个类中出现多个同名方法，要求方法名相同，但方法参数必须不同，即同一类中的同名方法通过传递不同的参数执行得到不同的结果。例如，例 6–11 中的 area() 方法，根据传递参数个数的不同，分别计算了圆、矩形和三角形的面积。

2. 方法重写实现多态

Java 中，多态的本质是多个功能相似的方法用同一个方法名向不同的对象发送同一个消息，不同对象在接收时会产生不同的行为，即每个对象可以用自己的方式去响应相同的消息。方法重写是实现多态的基础。下面通过示例进一步来认识什么是多态。

【例 6–12】实现宠物类及其子类猫和狗的叫声。

```
//CH06_12.java
class Pet{
    public void cry(){
        System.out.println("宠物的叫声！ ");
    }
}
class Dog extends Pet{
    public void cry(){
        System.out.println("狗的叫声：汪汪汪……");
    }
}
class Cat extends Pet{
    public void cry(){
        System.out.println("猫的叫声：喵喵喵……");
    }
}
public class CH06_12 {
    public static void main(String[] args){
        Dog dog=new Dog();
        dog.cry();
        Cat cat=new Cat();
        cat.cry();
```

```
    }
}
```

程序执行结果如下：

```
狗的叫声：汪汪汪……
猫的叫声：喵喵喵……
```

下面对例 6-12 中 main() 方法中的代码进行如下修改，也可以实现相同的功能。

【例 6-13】根据多态的本质修改例 6-12。

```
//CH06_13.java
class Pet{
    public void cry(){
        System.out.println("宠物的叫声！ ");
    }
}
class Dog extends Pet{
    public void cry(){
        System.out.println("狗的叫声：汪汪汪……");
    }
}
class Cat extends Pet{
    public void cry(){
        System.out.println("猫的叫声：喵喵喵……");
    }
}
public class CH06_13 {
    public static void main(String[] args){
        Pet pet;
        pet=new Dog();          //子类到父类的转换
        pet.cry();              //通过父类对象调用子类的方法
        pet=new Cat();
        pet.cry();
    }
}
```

程序执行结果如下：

```
狗的叫声：汪汪汪……
猫的叫声：喵喵喵……
```

3. 对象的向上转型

多态使用中，由于子类继承了父类的属性和行为，因此子类对象可以作为父类对象使用，即子类对象可以自动转换为父类对象，这种转换被称为“向上转型”。例如，“Pet pet=new Dog();”语句就实现了向上转型。

当一个类有多个子类，并且这些子类都重写了父类中的某个方法时，如果把子类创建的对象引用放到一个父类的对象中，就得到了该对象的一个“上转型对象”。如，上面语句中的对象引用 pet 即为上转型对象。

上转型对象的特点如下：

① 上转型对象可以操作子类继承或隐藏的成员变量，也可以使用子类继承或重写的方法。

② 上转型对象操作子类继承或重写的方法时，如果子类重写了父类的某个方法，那么上转型对象调用此方法时，调用的一定是重写后的方法。如例 6-13 中，pet 作为 Dog 类的上转型对象，调用的 cry() 方法是 Dog 重写后的方法，所以输出的是狗的叫声“汪汪汪……”。

③ 上转型对象不能操作子类新增的成员变量，也不能使用子类新增的成员方法。

6.2.3 多态的应用

多态使用的方式就是通过父类的引用指向子类对象，程序运行时通过动态绑定来实现对子类方法的调用。在多态的程序设计中，通常有以下两种主要的应用形式。

1. 使用父类作为方法的形参

使用父类作为方法的形参，是 Java 中实现和使用多态的主要方式。

【例 6-14】假如小鸟和小鸭被一个主人领养，主人可以控制动物叫的行为，实现一个主人类，在该类中定义控制动物叫声的方法。

```
//CH061-14.java
class Animal{
    public void cry(){
        System.out.println("动物发出欢快的叫声！");
    }
}
class Bird extends Animal{
    public void cry(){
        System.out.println("小鸟高兴地叫起来：啾啾……");
    }
}
class Duck extends Animal{
    public void cry(){
        System.out.println("小鸭子欢快地叫起来：嘎嘎……");
    }
}
class Host{
    public void letCry(Animal animal){
        animal.cry();                                  //调用动物叫声的方法
```

```
    }
}
public class CH06_14 {
    public static void main(String[] args){
        Host host=new Host();
        Animal animal;
        animal=new Bird();                              // 向上转型
        host.letCry(animal);                            // 父类对象作为方法形参

        animal=new Duck();
        host.letCry(animal);
    }
}
```

程序执行结果如下：

```
小鸟高兴地叫起来：啾啾……
小鸭子欢快地叫起来：嘎嘎……
```

主人控制动物叫声的letCry()方法并没有把动物的子类作为方法参数，而是使用Animal父类。当调用letCry()方法时，实际传入的参数是一个子类的动物，最终调用的也是这个子类动物的cry()方法。

2. 使用父类作为方法的返回值

使用父类作为方法的返回值，也是Java中实现和使用多态的主要方式。

【例6-15】假设主人可以将动物赠送给其他人，输出被送动物的叫声。

```
//CH06-15.java
class Animal1{
    public void cry(){
        System.out.println("动物发出欢快的叫声！ ");
    }
}
class Bird1 extends Animal1{
    public void cry(){
        System.out.println("小鸟叫声：喳喳……");
    }
}
class Duck1 extends Animal1{
    public void cry(){
        System.out.println("小鸭子叫声：嘎嘎……");
    }
}
class Host1{
    public  Animal1 donateAnimal(String type){       // 父类作为方法返回类型
        Animal1 animal;
```

```
        if(type=="bird"){
            animal=new Bird1();
        }else {
            animal=new Duck1();
        }
        return animal;
    }
}
public class CH06_15 {
    public static void main(String[] args){
        Host1 host=new Host1();
        Animal1 animal;
        animal=host.donateAnimal("bird");
        animal.cry();
        animal=host.donateAnimal("duck");
        animal.cry();
    }
}
```

程序执行结果如下：

小鸟叫声：喳喳……

小鸭子叫声：嘎嘎……

上述代码中将父类 Animal 作为赠送动物方法的返回类型，而不是具体的子类，调用者仍然可以控制动物的叫声，动物叫的行为则由具体的动物类型决定。

6.3 小结

本章主要包括继承和多态两个部分。对于继承，首先介绍了什么是继承及如何实现继承，然后介绍了继承中变量隐藏、方法重写以及继承关系中构造方法和子类对象的构造过程，最后讲解了 super 和 final 关键字的使用。对于多态，介绍了什么是多态，多态实现的两种方式——方法重载和方法重写，什么是上转型对象和多态的实现过程；通过多态的使用，减少了代码量，提高了代码的可扩展性和可维护性。通过本章的学习，读者应掌握继承的实现和继承的作用、变量隐藏和方法重写、继承中的构造方法及 super 和 final 关键字的使用、多态的含义及作用、上转型对象和多态的实现。

习题六

一. 选择题

1. 下列叙述中，错误的是（　）。

A. 父类不能替代子类　　B. 子类能够替代父类

C. 子类继承父类　　D. 父类包含子类

2. 下列关于类的继承性的描述中，错误的是（　）。

A. 继承是在已有类的基础上生成新类的一种方法

B. Java 语言要求一个子类只有一个父类

C. 父类中成员的访问权限在子类中将被改变

D. 子类继承父类的所有成员，但不包括私有的成员及方法

3. 下列（　）方法是方法 public void add(int a) 不合理的重载方法。

A. public void add(char a)　　B. public int add(int a)

C. public void add(int a,int b)　　D. public void add(float a)

4. 在 Java 类中，使用以下（　）声明语句来定义公有的 int 型常量 MAX。

A. public int MAX=100;　　B. final int MAX=100;

C. public static int MAX=100;　　D. public final int MAX=100;

5. 分析如下所示的代码，其中 this 关键字的意思是（　）。

```
public class Test{
    private String name;
    public String getName(){
        return name;
    }
    public void setName(String name){
        this.name=name;
    }
}
```

A. name 属性

B. Test 类的内部指代自身的引用

C. Test 类的对象引用 Test 类的其他对象

D. 指所在的方法

6. 在 Java 语言中，关于类的继承的描述中，以下说法正确的是（　）。

A. 一个类可以继承多个父类

B. 一个类可以具有多个子类

C. 子类中可以使用父类的所有方法

D. 子类一定比父类有更多的成员方法

7. Java 中，如果类 C 是类 B 的子类，类 B 是类 A 的子类，那么下面描述正确的是（　）。

A. C 不仅继承了 B 中的公有成员，同样也继承了 A 中的公有成员

B. C 只继承了 B 中的成员

C. C 只继承了 A 中的成员

D. C 不能继承 A 或 B 中的成员

8. 给定如下 Java 源文件 Child.java，编译并运行 Child.java，以下说法正确的是（　　）。

```
class Parent1{
    Parent1(String s){
        System.out.println(s);
    }
}
class Parent2 extends Parent1{
    Parent2(){
        System.out.println("parent2");
    }
}
public class Child extends Parent2{
    public static void main(String[] args){
        Child child=new Child();
    }
}
```

A. 编译错误，没有找到构造器 Child()

B. 编译错误，没有找到构造器 Parent1()

C. 正确运行，没有输出值

D. 正确运行，输出结果为：parent2

9. 下列选项中，关于 Java 中 super 关键字的说法，错误的是（　　）。

A. super 关键字是在子类对象内部指代其父类对象的引用

B. super 关键字不仅可以指代子类的直接父类，还可以指代父类的父类

C. 子类可以通过 super 关键字调用父类的方法

D. 子类可以通过 super 关键字调用父类的属性

10. Dog 是 Animal 的子类，下面代码错误的是（　　）。

A. Animal a=new Dog();

B. Animal a=(Animal)new Dog();

C. Dog d=new Animal();

D. Object o=new Dog();

二、判断题

1. 所有的 Java 类都直接或间接继承 Object 类。

2. 子类可以继承父类里的所有变量和方法，包括私有的属性和方法。

3. 一个 Java 类可以有多个父类。

4. 最终类不能派生子类，最终方法不能被覆盖。

5. 上转型对象能调用继承或重写的方法，也能调用子类新增的方法。

6. 任何类的对象都可以赋值给一个 Object 对象。

三. 阅读程序题

1. 请给出程序输出结果。

```
class A{
    void a(){
        System.out.println("a");
    }
}
public class B extends A{
    void a(){
        System.out.println("b");
    }
    public static void main(String[] args){
        A x=new B();
        x.a();
    }
}
```

2. 请给出程序输出结果。

```
class Base{
    Base(){
        System.out.println("Base");
    }
}
class Child extends Base{
    Child(){
        System.out.println("Child");
    }
}
public class Test extends Base{
    public static void main(String[] args){
        Child c=new Child();
    }
}
```

3. 请给出程序输出结果。

```
class A{
    double f(double x,double y){
        return  x+y;
    }
}
class B extends A{
    double f(int x,int y) {
        return x*y;
    }
}
```

```
public class Test{
    public static void main(String[] args){
        B b=new B();
        System.out.println(b.f(3,5));
        System.out.println(b.f(3.0,5.0));
    }
}
```

4. 请给出程序输出结果。

```
class A{
    double f(double x,double y){
        return  x+y;
    }
    static int g(int n){
        return n*n;
    }
}
class B extends A{
    double f(double x,double y) {
        double m=super.f(x,y);
        return m+x*x;
    }
    static int g(int n){
        int m=A.g(n);
        return m+n;
    }
}
public class Test{
    public static void main(String[] args){
        B b=new B();
        System.out.println(b.f(10.0,8.0));
        System.out.println(b.g(3));
    }
}
```

四. 编程题

1. 设计 Bird（鸟）、Fish（鱼）类，它们都继承自 Animal（动物）类。实现其方法 printInfo()，输出信息如下：

```
我是一只红色的鸟!
我今年4岁了!
我是一条5斤重的鱼!
我今年2岁了!
```

2. 利用多态性，编程创建一个手机类 Phones，定义打电话方法 call()。创建两个子类——苹果手机类IPhone和安卓手机类APhone，并在各自类中重写方法call()，编写程序入口main()方法，实现用两种手机打电话。

五. Java程序员面试题

1. 什么是继承？ Java继承有哪些特性？

2. 简述overload和override的区别。

3. 请指出下列程序的错误并改正。

```
class A{
    int fun1(){
        return 1;
    }
    void fun2(int a,String b){
        System.out.println("父类的fun2");
    }
    void fun3(){
        System.out.println("父类的fun3");
    }
    private void fun4(){
        System.out.println("父类的fun4");
    }
}
class B extends A{
    short fun1(){
        return 1;
    }
    void fun2(short a,String b){
        System.out.println("子类的fun2");
    }
    private void fun3(){
        System.out.println("子类的fun3");
    }
    void fun4(){
        System.out.println("子类的fun4");
    }
}
```

4. 构造函数是否能被继承？是否能被重载？

5. 下面代码是否正确？如果有误请改正。

```
class Base{
    public Base(int a){
        System.out.println("a="+a);
    }
}
```

```
class Sub extends Base{
    public Sub(){
        System.out.println(" 子类 Sub");
    }
}
```

第7章 抽象类和接口

从安全性和效率角度考虑，Java 只允许类的单重继承，但借助接口，可以实现多重继承。接口是一组常量和抽象方法的集合，抽象方法只声明方法头，而没有方法体。如果一个类包含抽象方法，那么这个类必须被定义为抽象类。

7.1 抽象类和抽象方法

视频讲解

抽象类是供子类继承却不能创建实例对象的类。抽向类用于描述抽象的概念，其中的抽象方法约定了多个子类共用的方法头，每个子类可以根据自身实际情况，给出抽象方法的具体实现。

例如，通过例 6-13 宠物类 Pet 的示例可知，父类 Pet 中定义了成员方法 cry()，其子类 Dog 和 Cat 都重写了该方法。实际上，父类 Pet 中的 cry() 方法不需要具体实现，只需要为子类提供共同行为的方法声明即可，子类再根据自身的特性重写方法，实现不同的行为。那么，可以将 Pet 类中的 cry() 方法声明为抽象方法，父类 Pet 则必须声明为抽象类。

抽象类提供了方法声明与方法实现相分离的机制，使各子类表现出共同的行为模式。抽象方法在不同的子类中表现出多态性。

7.1.1 抽象方法

在 Java 中，当一个类的方法被 abstract 关键字修饰时，该方法称为抽象方法。抽象方法所在的类必须声明为抽象类。

一个方法被声明为抽象方法，意味着该方法不会有具体的实现，而是在抽象类的子类中通过方法重写进行实现。声明抽象方法的格式如下：

```
[修饰符] abstract 返回值数据类型 方法名([形参列表]);
```

声明抽象方法的基本要求如下：

（1）抽象方法声明只需要给出方法头，不需要方法体，所以必须以“;”结束。

（2）不能使用 final 或 private 修饰抽象方法。因为修饰后的方法不能被子类继承。

（3）没有用 abstract 修饰的方法称为普通方法，普通方法有方法体，抽象方法没有方法体。

例如，将宠物类 Pet 中的 cry() 方法声明为抽象方法：

```
public abstract void cry();
```

7.1.2 抽象类

在 Java 中定义抽象类时，要在关键字 class 前面加上 abstract。声明抽象类的格式如下：

```
[修饰符] abstract class 类名{
   //类体
}
```

声明抽象类的基本要求如下：

（1）抽象类不能用 final 修饰，否则子类无法继承父类。

（2）抽象类中可以有抽象方法，也可以有普通方法。抽象类中不是必须包含抽象方法的，但有抽象方法的类必须声明为抽象类。

（3）抽象类必须被继承，子类必须重写父类中所有的抽象方法，否则，该子类仍然是抽象类。

（4）抽象类不能使用 new 运算符创建对象。只有它的非抽象子类可以创建对象。

（5）抽象类定义的对象可以用于指向子类对象，实现子类对象的向上转型。

例如，将宠物类 Pet 声明为抽象类：

```
abstract class Pet{
⋮
}
```

7.1.3 使用抽象类描述抽象事物

下面通过示例简单认识抽象类和抽象方法的用法。

有一个宠物类，宠物具体分为狗狗、猫咪等，实例化狗狗类、猫咪类是有意义的，而实例化宠物类则是不合理的。这里把宠物类声明为抽象类，避免宠物类被实例化。

【例 7-1】定义一个抽象的宠物类 Pet，测试类 Pet 是否能被实例化。

```
//CH07_01.java
abstract class Pet{
    private String name;
    public Pet(String name){
        this.name=name;
    }
    public void cry(){
        ;                       //不确定是哪种宠物的叫声，给了空语句
```

```
    }
}
public class CH07_01 {
    public static void main(String[] args){
        Pet pet=new Pet();
        pet.cry();
    }
}
```

程序编译时提示的错误信息如下：

java: CH07.Pet是抽象的; 无法实例化

上例的代码中，不可以直接实例化抽象类 Pet，但是它的非抽象子类可以被实例化。将宠物共有的叫的行为声明为抽象方法，由各子类宠物根据自己的叫声输出。

【例 7-2】定义 Pet 类为抽象类，cry() 方法为抽象方法。

```
//CH07_02.java
abstract class Pet{
    private String name;
    public Pet(String name){
        this.name=name;
    }
    public String getName(){
        return name;
    }
    abstract public void cry();        //抽象方法
}
class Dog extends Pet{
    public Dog(String name){
        super(name);
    }
    public void cry(){                          //重写抽象方法
        System.out.println(getName()+"的叫声是：汪汪汪……");
    }
}
public class CH07_02 {
    public static void main(String[] args){
        Dog dog=new Dog("贝贝");
        dog.cry();
        Pet pet=new Dog("欢欢");         //抽象类对象指向子类对象
        pet.cry();                        //通过抽象类对象调用子类重写的方法
    }
}
```

程序执行结果如下：

```
贝贝的叫声是：汪汪汪……
欢欢的叫声是：汪汪汪……
```

7.2 接口

Java 只支持类间的单继承，即一个类只有一个直接父类。但在实际生活中，一个类存在多个直接父类的情况并不少见，比如孩子既继承了父亲的某些特性也继承了母亲的某些特性。为了实现多重继承，Java 提供了接口机制。接口由若干常量和抽象方法组成，接口中不包括变量和有具体实现的方法。

从本质上讲，接口是一种特殊的抽象类，因为它只能包含常量和抽象方法。但是在面向对象编程的设计思想层面，两者还是有显著区别的。抽象类更侧重于对相似的类进行抽象，形成抽象的父类以供子类继承使用；而接口往往在程序设计的时候，定义模块与模块之间应满足的一套标准、约束与规范等，使各模块之间能协调工作。

例如，在现实生活中，USB 接口实际上是某些厂商和组织制定的一组规范和标准，规定了接口的大小、形状等。按照该约定设计的各种设备，如 U 盘、USB 风扇、USB 鼠标，都可以插到 USB 接口上正常工作。USB 提供的这组规范和标准，就是所谓的接口。USB 接口如图 7-1 所示。

USB 接口创建和使用步骤如下：

① 各相关组织、厂商约定 USB 接口标准；

② 相关设备制造商按照约定的接口标准制造 USB 设备；

③ 符合 USB 接口标准的设备可以连接到 USB 接口正常工作。

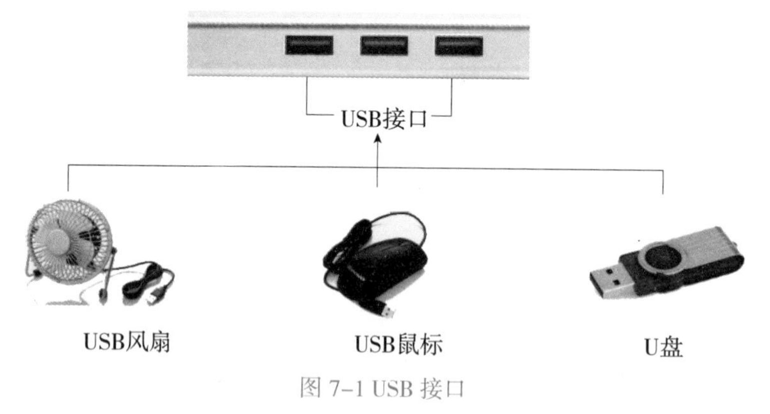

图 7-1 USB 接口

Java 中接口的作用和生活中的接口类似，它提供了一种约定，使得实现接口的类在形式上保持一致。

7.2.1 声明接口

接口由常量和抽象方法两部分组成，声明一个接口和创建一个类非常相似。接口需要使用关键字 interface 声明，其格式如下：

```
[public] interface 接口名 [extends 父接口名1,父接口名2,…]{
    [public] [static] [final] 数据类型 常量名=常量值;
    [public] [abstract] 返回值类型 方法名([形参列表]);
}
```

声明接口的基本要求如下：

（1）接口的访问权限只有 public 和默认权限，与类的访问权限类似。默认访问权限的接口，只能被同一个包中的其他类和接口使用。

（2）一个接口可以继承其他接口，它将继承父接口中所有的常量和抽象方法。如果继承的是多个父接口，即为多重继承。

（3）接口中常量的定义可以省略修饰符，此时系统会默认“public static final”属性。

（4）接口在定义抽象方法时也可以省略修饰符，系统会默认加上“public abstract”修饰符。

【例 7-3】声明一个用于计算圆形面积的接口，接口中定义一个常量 PI 和一个求面积的抽象方法。

```
//CH07_03.java
public interface CH07_03 {
    final double PI=3.1415;                  //省略了 public static
    double area(double r);                   //省略了 public abstract
}
```

7.2.2 实现接口

声明接口后，要想使用接口，则必须借助类来实现接口。在类中实现接口可以使用关键字 implements，其格式如下：

```
[修饰符] class 类名 [extends 父类名] implements 接口名1[,接口名2,…]{
  类体
}
```

在类中实现接口时，必须实现接口中所有的抽象方法，每个方法的名字、返回值类型、参数的个数及类型必须与接口中的完全一致。

注意，因为接口中抽象方法的权限为 public，所以类在实现这些方法时，访问权限必须设置为 public，否则编译时会出现“正在尝试分配更低的访问权限；以前为 public”的错误提示。

【例 7-4】编写一个名为 Circle 的类，该类实现例 7-3 定义的接口 CH07_03。

```
//CH07_04.java
class Circle implements CH07_03{
```

```
    public double area(double r){
        return PI*r*r;
    }
}
public class CH07_04 {
    public static void main(String[] args){
        Circle c=new Circle();
        System.out.println("圆的面积="+c.area(5));
    }
}
```

程序执行结果如下：

```
圆的面积=78.53750000000001
```

7.2.3 接口类型的使用

接口是抽象的，不允许使用 new 运算符创建接口对象，但允许接口定义的引用变量指向实现了这个接口的类的对象，实现对象的向上转型。

【例 7-5】模拟 USB 接口，在 USB 接口中插入 U 盘、USB 风扇，并使其工作。

```
//CH07_05.java
interface USB{
    void service();
}
class UDisk implements USB{
    public void service(){
        System.out.println("U盘已插入USB口，开始传输数据。");
    }
}
class UFan implements USB{
    public void service(){
        System.out.println("风扇已插入USB口获得电流，风扇开始转动。");
    }
}
public class CH07_05 {
    public static void main(String[] args){
        UDisk uDisk=new UDisk();
        uDisk.service();
        USB uFan=new UFan();                //接口引用变量指向类对象
        uFan.service();                     //通过接口引用变量调用类方法
    }
}
```

程序执行结果如下：

```
U盘已插入USB口，开始传输数据。
风扇已插入USB口获得电流，风扇开始转动。
```

7.2.4 接口多重继承示例

在现实生活中，一个子类拥有多个直接父类的情况并不少见，而在Java中，类与类之间只允许单继承，因此Java引入了接口来实现多重继承。

【例7-6】假设有一个家庭，爸爸是中国人，讲汉语；妈妈是英国人，讲英语；他们的孩子既会讲汉语也会讲英语，而且会做不同的家务活。编程实现儿子Tom和女儿Lily继承的父母基因。

```
//CH07_06.java
interface Father{
    void speakChinese();
}
interface Mother{
    void speakEnglish();
}
interface Child extends Father,Mother{        //多重继承
    void doHomework();
}
class Son implements Child{                    //类要实现接口中3个抽象方法
    public void speakChinese(){
        System.out.println("Tom说汉语要更好一些");
    }
    public void speakEnglish(){
        System.out.println("Tom的英语发音有待提高");
    }
    public void doHomework(){
        System.out.println("Tom在爸爸的指导下会修剪草坪");
    }
}
class Daught implements Child{
    public void speakChinese(){
        System.out.println("Lily说汉语稍差一些");
    }
    public void speakEnglish(){
        System.out.println("Lily用英语唱歌很好听");
    }
    public void doHomework(){
        System.out.println("Lily在妈妈的指导下会打扫房间");
    }
}
public class CH07_06 {
    public static void main(String[] args){
        Child child;
        child=new Son();
```

```
        child.doHomework();
        child=new Daught();
        child.speakEnglish();
    }
}
```

程序执行结果如下：

```
Tom在爸爸的指导下会修剪草坪
Lily用英语唱歌很好听
```

7.2.5 抽象类和接口的区别

接口与抽象类既有相同之处，也有不同之处。

1. 相同点

（1）接口和抽象类都不能直接实例化，即不能直接 new 对象。通过多态性，两者可由其实现的类或继承的子类实例化。

（2）接口和抽象类都是引用数据类型。可以声明抽象类及接口引用变量，并将子类的对象赋给抽象类变量，或将实现接口的类的对象赋给接口变量。

2. 不同点

（1）抽象类包括抽象方法、普通方法、变量、常量，而接口只能包括常量和抽象方法。

（2）抽象类可以有构造方法，但接口不能有构造方法。

（3）一个子类只能继承一个抽象类，是单继承；一个接口可以继承多个父接口，是多继承。

（4）抽象类及其成员具有与普通类一样的访问权限；接口的访问权限和类相似，只有 public 和默认权限，但接口中成员的访问权限都只能是 public。

7.3 小结

本章主要包括抽象类和接口两部分。抽象方法使用 abstract 修饰符，没有方法体；抽象类使用 abstract 修饰符，不能实例化。类只能继承一个父类，但可以实现多个接口，而且一个类要实现接口中的全部方法。接口表示一种约定，也表示一种能力，体现了约定和实现相分离的原则。通过面向接口编程，可以降低代码间的耦合性，提高代码的可扩展性和可维护性。通过本章的学习，读者应掌握抽象类和抽象方法的声明、接口的声明和实现，抽象类与接口的区别，以及抽象类与接口的应用。

习题七

一．选择题

1. 下列关于接口的描述中，错误的是（　）。

A. 一个类只允许继承一个接口

B. 定义接口使用的关键字是 interface

C. 在实现接口的类中，通常要给出接口中定义的抽象方法的具体实现

D. 接口实际上是由常量和抽象方法构成的一种特殊的抽象类

2. 以下关于继承的叙述正确的是（　）。

A. 在 Java 中类只允许单一继承

B. 在 Java 中一个类只能实现一个接口

C. 在 Java 中一个类不能同时继承一个类和实现一个接口

D. 在 Java 中接口之间允许单一继承

3. 下列在接口中定义的方法（　）是非法的。

A. private void add(int a,int b);　　B. public void add(int a,int b);

C. abstract void add(int a,int b);　　D. public abstract void add(int a,int b);

4. 给出如下代码：

```
interface Info{
    String show(int m,int n);
}
public abstract class A implements Info{
}
```

问：在类 A 中，下列（　）定义是合法的。

A. String show(int m,int n){}

B. public void show(int m,int n){}

C. protected String show(int m,int n){}

D. public abstract String show(int m,int n);

5. 下列（　）定义在接口中的属性是不合法的。

A. int n=0;　　B. final int n=0;　　C. static int n=0;　　D. abstract int n=0;

6. 下列关于抽象类和接口描述中正确的是（　）。

A. 抽象类里必须含有抽象方法　　B. 接口中不可以有普通方法

C. 抽象类可以继承多个类，实现多继承　　D. 接口中可以定义局部变量

7. 以下对抽象类的描述正确的是（　）。

A. 抽象类没有构造方法　　B. 抽象类必须提供抽象方法

C. 有抽象方法的类一定是抽象类　　D. 抽象类可以通过 new 关键字直接实例化

8. 以下对接口的描述错误的是（   ）。

A. 接口没有提供构造方法

B. 接口中的方法默认使用 public abstract 修饰

C. 接口中的属性默认使用 public static final 修饰

D. 接口不允许多重继承

二．判断题

1. 接口里面可以包含成员变量。

2. 接口里面可以包含非抽象方法。

3. 定义接口的关键字是 interface。

4. 实现接口的关键字是 implements。

5. 一个类可以实现多个接口。

三．阅读程序题

1. 请给出程序输出结果。

```
interface A{
    double f(double x,double y);
}
class B implements A{
    public double f(double x,double y){
        return x*y;
    }
}
public class Test{
    public static void main(String[] args){
        A a=new B();
        System.out.println(a.f(3,5));
    }
}
```

2. 请给出程序输出结果。

```
interface Com{
    int add(int a,int b);
}
abstract class A{
    abstract int add(int a,int b);
}
class B extends A implements Com{
    public int add(int a,int b){
        return a+b;
    }
```

```
}
public class Test{
    public static void main(String[] args){
        B b=new B();
        Com com=b;
        System.out.println(com.add(12,6));
        A a=b;
        System.out.println(a.add(10,5));
    }
}
```

四. 编程题

1. 创建打印机类 Printer，定义抽象方法 print()。创建针式打印机类 DotPrinter 和喷墨打印机类 InkpetPrinter 两个类，并在各自类中重写 print() 方法。编写测试类实现用两种打印机进行打印。

2. 模拟计算机中的 PCI 插槽，在 PCI 插槽中插入显卡、声卡使其工作。功能描述：

（1）PCI 接口，包含的方法有开始工作 start()、结束工作 stop()。

（2）显卡类，实现 PCI 接口。

（3）声卡类，实现 PCI 接口。

（4）装配类，安装各种适配卡并让其开始工作、结束工作。

请利用接口知识编写程序实现该需求并进行测试。

五. Java 程序员面试题

1. 简述抽象类与接口的相同点和不同点。

2. Java 抽象类可以实现接口吗？抽象类需要实现接口中所有的方法吗？

3. 简述用抽象类实现接口的用处。

4. Java 抽象类可以用 final 修饰吗？

Java

第 8 章 异常处理

Java 语言的特色之一是提供了异常处理机制，可以预防程序运行过程中由于某些特殊情况所造成的不可预期的结果发生。异常处理机制减少了编程人员的工作量，增强了异常处理的灵活性，并使程序的可读性、可维护性大大提高。

8.1 异常概述

异常指程序运行过程中出现的非正常现象，例如要打开的文件不存在、数组下标越界、算术运算除数为零、数据类型转换异常等。异常可能会使程序无法正常运行。

视频讲解

1. 认识异常

程序在运行过程中发生异常时，异常会中断正在运行的程序。下面通过示例来认识程序中的异常。

【例 8-1】编写程序实现根据输入的被除数和除数，计算并输出商，最后输出“感谢使用本程序”信息。

```
//CH08_01.java
import java.util.Scanner;
public class CH08_01 {
    public static void main(String[] args){
        Scanner in=new Scanner(System.in);
        int n1=12;
        System.out.print(" 请输入除数: ");
        int n2=in.nextInt();
        System.out.println(n1+"/"+n2+"="+n1/n2);
        System.out.println(" 感谢使用本程序！ ");
        in.close();
    }
}
```

正常情况下，用户会按照系统提示输入一个不为 0 的除数，程序执行结果如下：

```
请输入除数：3
12/3=4
感谢使用本程序！
```

如果用户输入的除数为 0，则程序运行时将发生异常，程序执行结果如下：

```
请输入除数：0
Exception in thread "main" java.lang.ArithmeticException Create breakpoint : / by zero
```

从执行结果可以看出，一旦出现异常，程序将会立刻结束，不仅计算和输出商的语句不会执行，连输出“感谢使用本程序！”的语句也不会执行。

编程者可以通过在程序中增加 if-else 语句对异常情况进行判断处理，使程序正常运行。

【例 8-2】使用 if-else 语句处理异常。

```
//CH08_02.java
import java.util.Scanner;
public class CH08_02 {
    public static void main(String[] args){
        Scanner in=new Scanner(System.in);
        int n1=12;
        System.out.print("请输入除数：");
        int n2=in.nextInt();
        if(n2!=0){
            System.out.println(n1+"/"+n2+"="+n1/n2);
        }else {
            System.out.println("输入的除数是 0，程序退出！");
        }
        System.out.println("感谢使用本程序！");
        in.close();
    }
}
```

输入除数为 0 时，程序执行结果如下：

```
请输入除数：0
输入的除数是0，程序退出！
感谢使用本程序！
```

使用 if-else 语句进行异常处理，有以下缺点：

① 很难穷举所有的异常情况，程序仍旧不健壮。比如上例还会存在用户输入数据不是整数的情况。

② 代码臃肿，需加入大量的异常情况。

③ 编程者需要把相当多的精力放在异常处理代码上。“堵漏洞”占用了编写业务代码

的时间，必然影响开发效率。

④ 异常处理代码和业务代码交织在一起，影响代码的可读性，加大了后期的程序维护难度。

因此，Java 提供了异常处理机制，可以由系统来处理程序在运行过程中可能出现的异常事件，使编程者将更多精力集中于业务代码的编写。

2. Java 的标准异常类

在 Java 的异常处理机制中，定义了很多用来描述和处理异常的类，异常类中包含了该类异常的信息和出现异常的处理方法。

Java 中所有的异常类都继承自 Throwable 类，它是根类 Object 的子类。Throwable 类有两个直接的子类 Error 类和 Exception 类，Error 类处理较少发生的内部系统错误，Exception 类解决由程序本身及环境所产生的异常。Java 异常类的继承体系如图 8-1 所示。

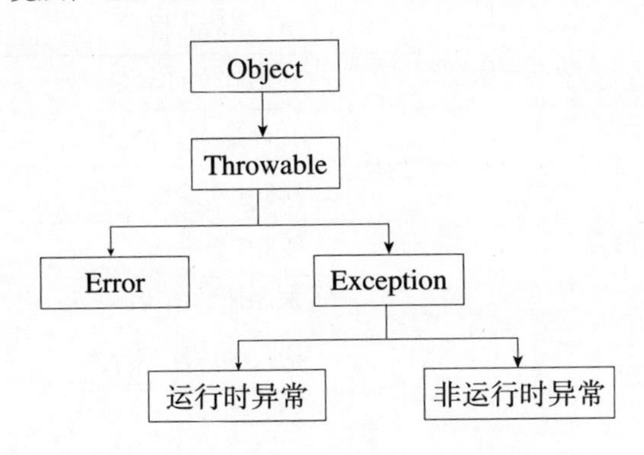

图 8-1 Java 异常类的继承体质

1）Error 类

Error 类为错误类，它表示程序运行时产生的系统内部错误，如内存溢出、虚拟机错误等，这些错误比较严重，仅靠程序本身很难解决，因此程序一般不对其进行处理。假设发生这种错误，用户只需按照系统提示关闭程序即可。

2）Exception 类

Exception 类为异常类，是程序可以处理的异常。在 Java 语言中，程序进行的异常处理都属于 Exception 类。Exception 类的子类分为两种类型，即运行时异常和非运行时异常。

运行时异常包括 RuntimeException 类及其子类，如 NullPointerException、IndexOutOfBoundsException 等。这些异常通常是由编程错误导致的，可以交给系统默认的异常处理程序，用户不必对其进行处理，程序可以通过编译，只是运行时可能报错。运行时异常一般由程序逻辑错误引起，因此在编程时还需要增加必要的逻辑条件来避免这类异常的发生。

非运行时异常包括所有不属于 RuntimeException 的异常，如 IOException、

ClassNotFoundException 等。这些异常出现时必须处理，否则程序不能编译通过。

常见的异常类如表 8-1 所示。

表 8-1　常见的异常类及其说明

异　常　类	说　　明
Exception	异常层次结构的根类
RuntimeException	运行时异常的基类
ArithmeticException	算术运算异常，如 0 作为除数
NegativeArraySizeException	数组长度为负数异常
ArrayIndexOutOfBoundsException	数组下标越界异常
NullPointerException	访问 null 对象异常
NumberFormatException	数据类型转换错误异常
IOException	I/O 异常的根类
FileNotFoundException	找不到文件异常
EOFException	文件结束异常
InterruptedException	线程中断异常
SQLException	数据库操作异常
ClassNotFoundException	不能加载请求类异常
NoSuchMethodException	请求的方法不存在

8.2　异常处理机制

Java 语言采用面向对象的方式处理异常，将异常看作一种特殊的对象，让它可以像其他对象一样被创建。通过创建异常对象，可以方便报告、捕获和处理异常。

8.2.1　使用 try-catch-finally 结构捕获异常

在 Java 中，对容易发生的异常，可以使用 try-catch 语句或 try-catch-finally 语句捕获并处理。将可能出现异常的程序代码放在 try 语句块中，catch 语句块匹配不同的异常类并处理，无论是否发生异常及异常是否被处理，finally 语句块都是必须被执行的。结构中也可以没有 finally 语句块。try-catch-finally 语句的格式如下：

```
try{
    可能发生异常的程序代码
}catch(异常类 1  异常对象){
    异常 1 处理代码
}catch(异常类 2  异常对象){
    异常 2 处理代码
}
⋮
```

```
[ finally{
    无论异常是否发生，总是要执行的代码
}]
```

try-catch-finally 语句的执行流程如图 8-2 所示。

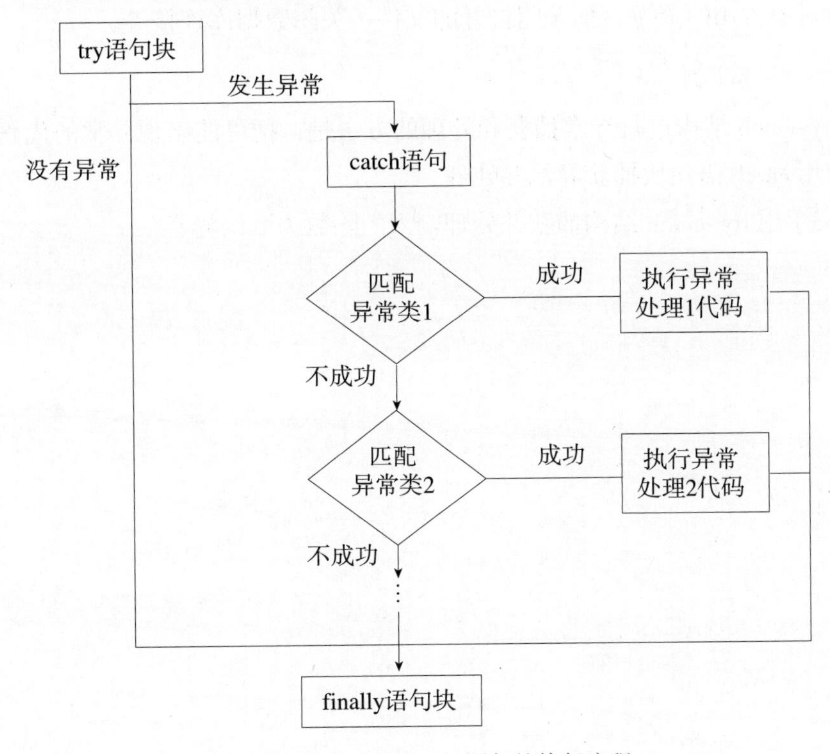

图 8-2　try-catch-finally 语句的执行流程

try-catch-finally 具体执行过程如下：

（1）try 语句块。将可能发生异常的程序代码都放置在 try 语句块中。程序运行过程中，如果块内代码没有发生异常，将正常执行，后面的 catch 块将被忽略；如果发生异常，将转去 catch 语句块中匹配对应的异常类，执行完异常处理代码后，不再返回 try 语句块执行尚未执行的代码。一个 try 语句块可以匹配一个或多个 catch 语句块。

（2）catch 语句块。每个 catch 语句块声明一种异常并提供处理方案。捕获到异常后会按照 catch 语句块的顺序寻找符合的异常类，找到了匹配的 catch 语句块后，后面的 catch 语句块不再进行匹配。因此，在安排 catch 语句块顺序时，如果异常类之间有继承关系，越是顶层的类越是要放在下面，也就是先捕获子类异常再捕获父类异常。

捕获到异常后，可以通过异常对象调用继承自 Throwable 类的方法获取有关异常事件的信息。常用的三个方法如下：

① public String toString()：显示异常的类名和出现异常的原因。

② public String getMessage()：只显示出现异常的原因，但不显示异常的类名。

③ public void printStackTrace()：显示异常的信息，跟踪异常事件发生的位置。

（3）finally 语句块。finally 语句块是可选的，它为异常处理提供了一个统一的出口。无论在 try 语句块中是否发生了异常，finally 语句块中的语句都会被执行。finally 语句块经常用于释放对象占用的资源，如关闭打开的文件、关闭数据库连接等。

1. 使用 try-catch 结构捕获异常

通过 try-catch 结构进行异常捕获和处理的方法是，把可能出现异常的代码放在 try 语句块中，使用 catch 语句块捕获异常并处理。

【例 8-3】用 try-catch 结构捕获并处理输入的除数为 0 的异常。

```
//CH08_03.java
import java.util.Scanner;
public class CH08_03 {
    public static void main(String[] args){
        try{
            Scanner in=new Scanner(System.in);
            int n1=12;
            System.out.print("请输入除数：");
            int n2=in.nextInt();
            System.out.println(n1+"/"+n2+"="+n1/n2);
            in.close();
        }catch (ArithmeticException e){
            System.out.println("除数不能为0！");
            e.printStackTrace();
        }
    }
}
```

输入除数为 0 时，程序执行结果如下：

```
请输入除数：0
除数不能为0!
java.lang.ArithmeticException Create breakpoint : / by zero
    at CH08.CH08_03.main(CH08_03.java:11)
```

2. 多重 catch 语句块的用法

当编程者明确知道可能会出现多个异常时，可以在 try-catch 结构中使用多个 catch 语句块进行处理。

【例 8-4】使用多个 catch 块处理输入除数为 0 的异常。

```
import java.util.InputMismatchException;
import java.util.Scanner;
public class CH08_04 {
    public static void main(String[] args){
        try{
```

```
            Scanner in=new Scanner(System.in);
            int n1=12;
            System.out.print("请输入除数: ");
            int n2=in.nextInt();
            System.out.println(n1+"/"+n2+"="+n1/n2);
            in.close();
        }catch (InputMismatchException e){
            System.out.println("输入的数据必须是整数类型");
        }catch (ArithmeticException e){
            System.out.println("除数不能为0!");
            e.printStackTrace();
        }catch (Exception e){
            System.out.println("其他未知的错误");
        }
    }
}
```

输入除数为非数字时，程序执行结果如下：

```
请输入除数：A
输入的数据必须是整数类型
```

3. finally 语句块的用法

如果要求不管是否发生异常，都要执行输出“感谢使用本程序！”，则需要在try-catch结构中使用finally语句块，把要执行输出的语句放在finally语句块中。无论是否发生异常，finally语句块中的代码总能被执行。

【例8-5】使用finally语句块在除数为0的程序最后输出“感谢使用本程序！”。

```
//CH08_05.java
import java.util.InputMismatchException;
import java.util.Scanner;
public class CH08_05 {
    public static void main(String[] args){
        try{
            Scanner in=new Scanner(System.in);
            int n1=12;
            System.out.print("请输入除数: ");
            int n2=in.nextInt();
            System.out.println(n1+"/"+n2+"="+n1/n2);
            in.close();
        }catch (ArithmeticException e){
            System.out.println("除数不能为0!");
            e.printStackTrace();
        }finally {                                       //必须被执行
            System.out.println("感谢使用本程序!");
```

```
            }
        }
}
```

输入除数为 0 时，程序执行结果如下：

```
请输入除数：0
除数不能为0!
感谢使用本程序!
java.lang.ArithmeticException Create breakpoint : / by zero
    at CH08.CH08_05.main(CH08_05.java:12)
```

8.2.2 异常的抛出

有时，方法中出现异常，但当前作用域没有能力处理这个异常，则将该异常向上抛出，交由上层的作用域来处理。比如，汽车在行驶过程中出现了故障，而汽车本身是无法处理这个故障的，那就只能将故障抛出来让开车的人去处理。

Java 语言抛出异常通常使用 throws 或 throw 关键字。

1. 使用 throws 关键字抛出异常

如果一个方法可能会发生异常，但是自身无法处理这种异常，则可以在方法声明处使用 throws 关键字来声明抛出异常。一个方法如果要抛出多个异常，则需要在 throws 后给出所有异常的类型，异常名之间用逗号分隔。使用 throws 抛出异常的格式如下：

```
[修饰符] 返回值类型 方法名([形参列表]) throws 异常类1[异常类2,…]{
  方法体
}
```

当方法体中出现 throws 后所列的异常时，该方法不处理这个异常，而是将异常抛向上一级的调用者去处理，上一级调用者的方法体中要使用 try-catch 结构捕获并处理该异常。如果上一级调用者不想处理该异常，则可以继续向上抛出，但最终要有能够处理该异常的调用者。

【例 8-6】使用 throws 关键字在自定义的数组长度可能为负数的方法中声明抛出异常。

```
//CH08_06.java
import java.util.Scanner;
public class CH08_06 {
    public static void main(String[] args){        //调用者必须处理异常
        try{
            CreatArray();
        }catch (NegativeArraySizeException e){
            System.out.println("数组长度不能是负整数! ");
            e.printStackTrace();
        }
    }
  public static void CreatArray() throws NegativeArraySizeException{
```

```
        //抛出异常
        Scanner in=new Scanner(System.in);
        System.out.print("请输入一个数据：");
        int n=in.nextInt();
        int[] arr=new int[n];                         //n 如果为负数将发生异常
        System.out.println("数组创建成功！ ");
    }
}
```

当输入数据为负整数时，程序执行结果如下：

```
请输入一个数据：-3
数组长度不能是负整数!
java.lang.NegativeArraySizeException Create breakpoint : -3
```

2. 使用 throw 关键字抛出异常

在编程过程中，可能会存在一些逻辑错误，如年龄小于0，性别不是“男”或“女”等，系统是不会发现这样的问题也不会抛出异常的，需要程序自己去适时地抛出异常。

Java 中提供了 throw 关键字，可以在方法体内抛出一个异常类对象，而且每次只能抛出一个异常类对象。使用 throw 关键字抛出异常的格式如下：

```
throw new 异常类名("异常错误提示信息");
```

其中，异常类名可以是用户自定义的异常类或者是 Java 提供的标准异常类。

【例 8-7】使用 throw 关键字在自定义的数组长度可能为负数的方法中抛出异常。

```
//CH08_07.java
import java.util.Scanner;
public class CH08_07 {
    public static void main(String[] args){
        CreatArray();
    }
    public static void CreatArray() throws NegativeArraySizeException{
        Scanner in=new Scanner(System.in);
        System.out.print("请输入一个数据：");
        int n=in.nextInt();
        if(n<0){
            throw new NegativeArraySizeException("数组长度不能是负整数");
        }
        int[] arr=new int[n];
        System.out.println("数组创建成功！ ");
    }
}
```

当输入数据为负整数时，程序执行结果如下：

```
请输入一个数据：-3
Exception in thread "main" java.lang.NegativeArraySizeException Create breakpoint : 数组长度不能是负整数
    at CH08.CH08_07.CreatArray(CH08_07.java:13)
    at CH08.CH08_07.main(CH08_07.java:6)
```

3. throw 和 throws 的区别

throw 和 throws 有如下 3 点不同，使用时要特别注意。

① 作用不同：throw 用于 Java 环境下不能捕获的（如年龄、性别等逻辑错误）、需要编程者自行产生并抛出的异常。throws 用于声明方法中可能抛出的异常类型。

② 使用的位置不同：throw 位于方法体内部，可以作为单独的语句使用。throws 必须跟在方法参数列表的后面，不能单独使用。

③ 内容不同：throw 抛出一个异常对象，而且只能抛出一个。throws 后面跟异常类，而且可以跟多个异常类。

4. 使用异常处理语句的注意事项

进行异常处理时，主要使用 try、catch、finally、throw、throws 等关键字。在使用它们时，要注意以下 7 点。

① 对于程序中的异常，必须使用 try-catch 结构捕获，或者通过 throws 向上抛出异常，否则编译会出错。

② 不能单独使用 try、catch、finally 语句块，否则代码在编译时会出错。

③ try 语句块后可以跟一个或多个 catch 块，也可以仅跟一个 finally 块，catch 块和 finally 块可以同时存在，但 finally 块一定要跟在 catch 块之后。

④ 在 try-catch-finally 结构中，无论程序是否会抛出异常，finally 语句块都会执行。

⑤ 使用多个 catch 块捕获 try 语句块中可能出现的多种异常时，异常发生后，Java 虚拟机会由上而下地检查当前 catch 语句块所捕获的异常是否与 try 代码中发生的异常匹配，如果匹配，则不再执行其他的 catch 语句块。如果多个 catch 块捕获的是同种类型的异常，则捕获子类异常的 catch 块要放在捕获父类异常的 catch 块之前，否则会在编译时发生编译错误。

⑥ 在 try、catch、finally 等块内定义的变量为局部变量，只能在语句块内部使用，如果要使用全局变量，则要将变量定义在这几个模块之外。在下面代码示例中，in.close() 会出现编译错误，因为 in 对象是 try 语句中的局部变量。

```
try{
    Scanner in=new Scanner(System.in);
    int n1=12;
    System.out.print("请输入除数：");
```

```
        int n2=in.nextInt();
        System.out.println(n1+"/"+n2+"="+n1/n2);
    }catch (ArithmeticException e){
        System.out.println("除数不能为 0！");
    }
    in.close();
```

⑦ 在使用 throw 关键字抛出一个异常对象时，该语句后面的代码将不会被执行。如例 8-7 中抛出的异常代码：

```
if(n<0){
        throw new NegativeArraySizeException("数组长度不能是负整数");
}
int[] arr=new int[n];
System.out.println("数组创建成功！");
```

在程序运行过程中，当 n 值小于 0 时，抛出异常错误信息，并中断程序的执行，后面创建数组和输出信息的语句将不被执行。

8.2.3 自定义异常类

Java 内置的标准异常类可以处理编程时的大部分异常情况，但有时还是无法用已有的异常类描述用户想要表达的问题。例如在 ATM 机上取款，如果取款金额高于账户余额，应给出相应提示，而不应该判断系统出错直接结束程序。这种问题 Java 内置异常无法处理，可以通过定义自己的异常类来解决。

自定义的异常类必须继承自 Exception 类或者其子类，其声明格式如下：

```
class 自定义异常类名 extends Exception{
    异常类体
}
```

在程序中使用自定义异常类的步骤如下：

① 创建自定义异常类。

② 在方法中通过 throw 关键字抛出异常类的对象。

③ 如果在当前抛出异常的方法中处理异常，则可以使用 try-catch 结构捕获异常并处理。通常是在方法的声明处通过 throws 关键字把异常抛给方法的调用者。

④ 在调用抛出异常方法的调用者中捕获并处理异常。

【例 8-8】完成银行卡类和异常类的定义，实现 ATM 机取款操作。

```
//CH08_08.java
import java.util.Scanner;
class Bank{
    private double balance;          //账户余额
    public Bank(double balance){
        this.balance=balance;
```

```
    }
    public void getBalance(){
        System.out.println("您的账户余额: "+balance);
    }
    public void withdrawal(double amount) throws InsufficientFundsException{
        if(balance<amount){
            throw new InsufficientFundsException();        //抛出异常
        }
        balance=balance-amount;
        System.out.println("取款成功! 账户余额为: "+balance);
    }
}
class InsufficientFundsException extends Exception{        //自定义异常类
    public InsufficientFundsException(){
        System.out.println("取款金额大于余额,取款不成功! ");
    }
}
public class CH08_08 {
    public static void main(String[] args){
        try{
            Bank bank=new Bank(500);
            bank.getBalance();
            System.out.print("请输入取款金额: ");
            Scanner in=new Scanner(System.in);
            double amount=in.nextDouble();
            bank.withdrawal(amount);
        }catch (InsufficientFundsException e){       //捕获并处理异常
            System.out.println(e.toString());
        }
    }
}
```

当输入的取款额小于账户余额时,程序运行结果如下:

```
您的账户余额: 500.0
请输入取款金额: 100
取款成功! 账户余额为: 400.0
```

当输入的取款额大于账户余额时,程序运行结果如下:

```
您的账户余额: 500.0
请输入取款金额: 1000
取款金额大于余额,取款不成功!
CH08.InsufficientFundsException
```

8.3 小结

本章介绍了异常的概念、Java 中异常及异常的处理方法、自定义异常的方法等。通过本章的学习，读者应该掌握异常的定义及表现，Java 的异常类层次结构，使用 try-catch 结构进行异常处理的方法，finally 语句块的用法，throw 和 throws 的用法及区别，以及自定义异常的定义与使用。

习题八

一、选择题

1. 为了捕获一个异常，代码必须放在下面（　　）语句块中。

A. try　　B. catch　　C. throws　　D. finally

2. 下列常见的系统定义的异常中，输入输出异常是（　　）。

A. ClassNotFoundException　　B. IOException

C. FileNotFoundException　　D. ArithmeticException

3. 在代码中，使用 catch(Exception e) 的好处是（　　）。

A. 只会捕获个别类型的异常

B. 捕获 try 语句块中产生的所有类型的异常

C. 忽略一些异常

D. 忽略全部异常

4. 下列能单独和 finally 语句一起使用的关键字是（　　）。

A. try　　B. catch　　C. throw　　D. throws

5. 抛出（　　）对象一般是因为 Java 系统遇到了严重问题。

A. NumberFormatException　　B. Error

C. Exception　　D. 前三项都是

6.（　　）语句块可以有效地防止内存泄漏。

A. finally　　B. catch　　C. finally 或 catch　　D. try

7. 关于异常的含义，下列描述中正确的是（　　）。

A. 程序编译错误　　B. 程序语法错误

C. 程序自定义的异常事件　　D. 程序编译或运行时发生的异常事件

8. 对于已经被定义过可能抛出异常的语句，在编程时（　　）。

A. 必须使用 try-catch 结构处理处理，或者用 throws 将其抛出

B. 如果程序错误，必须使用 try-catch 结构处理异常

C. 可以置之不理

D. 只能使用 try-catch 结构处理

9. 以下对自定义异常描述正确的是（　　）。

A. 自定义异常必须继承自 Exception

B. 自定义异常可以继承自 Error

C. 自定义异常可以更加明确定位异常出错的位置并给出详细出错信息

D. 程序中已经提供了丰富的异常类，使用自定义异常没有意义

10. 下面程序的输出结果是（　　）。

```
public class Test{
    public static void mb_method() throws Exception{
        try{  throw new Exception();  }
        finally{ System.out.print("1"); }
    }
    public static void main(String args[]){
        try{ mb_method();  }
        catch(Exception e){ System.out.print("2"); }
        System.out.print("3");
    }
}
```

A. 1　　　　B. 23

C. 123　　　　D. 上面程序含有编译错误

11. 下面程序的运行结果是（　　）。

```
public class Test{
    public static void myTest(){
        try {
            System.out.print("try");
        }catch (ArrayIndexOutOfBoundsException e){
            System.out.print(" catch1");
        }catch (Exception e){
            System.out.print(" catch2");
        }finally {
            System.out.print(" finally");
        }
    }
    public static void main(String args[]){
        myTest();
    }
}
```

A. try finally　　　　B. try catch1 finally

C. try catch2 finally　　　　D. finally

12. 下面程序的运行结果是（　　）。

```
public class Test{
```

```
    public static void foo(){
        try {
            String s=null;
            s=s.toLowerCase();
        }catch (NullPointerException e){
            System.out.print("3");
        }finally {
            System.out.print("4");
        }
        System.out.print("2");
    }
    public static void main(String args[]){
        foo();
    }
}
```

A. 234　　　　B. 32　　　　C. 42　　　　D.342

二. 判断题

1. throws 可以在 Java 语言中的方法内部。

2. 如果 try 块之后没有 catch 块，则必须有 finally 块。

3. 发现一个异常一定会终止程序的运行。

4. 将可能产生异常的代码封装在 try 块中，try 块后只能跟一个 catch 块。

5. 如果 try 块中没有异常，则跳过 catch 块处理，继续执行 catch 块后面的语句。

三. 编程题

1. 编写一个用数组存储学生成绩的程序，在显示成绩时处理下标越界异常。

2. 编写程序接收用户输入的成绩信息。如果输入的成绩小于 0 或者大于 100，提示异常信息“请正确输入成绩信息”；如果输入的成绩在 0 和 100 之间，在控制台输出。请使用自定义异常实现。

四. Java 程序员面试题

1. 下面有关 Java 异常的阐述说法错误的是（　）。

A. 异常的继承结构：基类为 Throwable，Error 和 Exception 继承 Throwable，RuntimeExecption 和 IOException 继承 Exception 等

B. 非 RuntimeException 一般都是外部错误，其必须被 try–catch 结构捕获

C. Error 类体系描述了 Java 运行系统中的内部错误以及资源耗尽的情形，不需要捕捉

D. RuntimeException 体系包括错误的类型转换、数组越界和试图访问空指针等，必须被 try–catch 结构所捕获

2. 下列关于异常的说法中正确的是（　　）。

A. 一旦发生异常程序就会终止

B. 如果一个方法声明抛出异常，则它的方法体中必须真的存在那个异常

C. 在 catch 块中匹配异常是一种精确匹配

D. 可能抛出系统异常的方法是不需要声明异常的

3. finally 块中的代码什么时候会被执行？

4. Java 中 try、catch、finally、throws、throw 分别代表什么意义？在 try 块中可以抛出异常吗？

Java

第9章 集合与泛型

Java 集合框架是 Java 中的一个重要组成部分，在程序开发中占有很重要的地位。Java 泛型技术是从 Java 5 之后引入的，为了使 Java 集合操作更加安全，Java 5 之后对 Java 集合进行了修改，加入了泛型操作。

9.1 集合框架概述

视频讲解

集合也称为容器，它可以将一系列元素组合成一个单元，用于存储、提取、管理数据。JDK 提供的集合 API 都包含在 java.util 包内。

Java 集合的框架主要分为两部分，一部分实现了 Collection 接口，该接口定义了存取一组对象的方法，其子接口 Set 和 List 分别定义了存取方式；另外一部分是 Map 接口，该接口定义了存储一组"键值"映射对的方法。

9.1.1 集合的引入

在程序中经常要使用多个对象，可以使用数组存储，并且通过数组来操作它们。数组是一种高效的存储和随机访问对象序列的方式，使用数组可以快速访问数组中的元素。但是使用数组有三个限制，一是创建一个数组对象时必须要给出数组的长度；二是数组创建后，数组的长度就固定了，不能改变；三是无法判断其中实际存有多少个元素，数组的 length 属性只能获取数组的长度。

在实际应用中，往往不确定要操作的对象的个数，如购物车中的商品，事先并不知道用户会添加多少件；再如，Web 聊天室服务端要保存接入的客户端连接对象，会有多少个客户端连接对象也是不确定的。另外，操作对象时会使用多种算法，有时需要把对象组成链表、栈或者树等结构，这些都必须由编程者自己去实现，操作非常繁琐而且会产生许多重复性工作。

Java 提供的集合框架就是用来解决以上问题的。集合可以理解为一种在内存中存放一组对象的容器，容器的大小可以动态变化。而且 Java 提供了实现各种数据结构操作的集合类，不用编程者自己去实现，使用起来非常方便。Java 提供的这些集合类和接口共同组成了 Java 的集合框架。

数组和集合之间的区别，一是数组的长度是固定的，集合的长度是可变的；二是数组存储的是同一类型的元素，不仅可以存储基本数据类型值，还可以存储对象，而集合存储的都是对象类型数据，而且对象的类型可以不一致。在实际开发中，当需要处理大量对象时，使用集合是更为高效和便于管理的方式。

9.1.2 集合框架

Java 集合框架为编程者提供了一套性能优良、使用方便的接口和类，它们位于 java.util 包中。这些接口和类支持开发中用到的多种数据结构，编程者只需要学会如何使用它们，就可以处理实际应用中的问题。

Java 语言中的集合类按照存储结构可以分为两大类：实现 Connection 接口的类和实现 Map 接口的类。

Connection 接口是单值集合的根接口，每次存储元素都是单值对象。Connection 集合有两个重要的子接口，分别是 List 和 Set。List 接口的特点是元素有序且可重复；Set 接口的特点正相反，元素无序且不可重复。List 接口常用的实现类有 ArrayList 类和 LinkedList 类；Set 接口主要实现类有 HashSet 类和 TreeSet 类。

Map 接口是双值集合的根接口，每次存储的元素都包含成对的键（Key）– 值（Value）对象。Key 是唯一的，使用 Map 集合时可以用指定的 Key 获取对应的 Value。Map 接口的主要实现类有 HashMap 类和 TreeMap 类。

简化的集合框架图如图 9–1 所示。

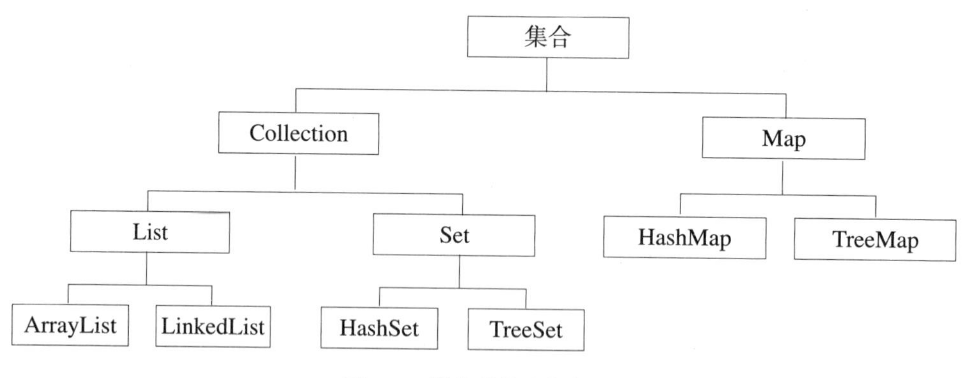

图 9–1 简化的集合框架图

从开发的角度来看，在集合操作中已经很少使用 Connection 来完成功能了，基本上都使用其子接口 List 和 Set。

9.2 泛型

泛型的本质是参数化类型，也就是所操作的数据类型被指定为一个参数，这个参数类型可以在类、接口和方法中分别创建，成为泛型类、泛型接口、泛型方法。

泛型可以看作一个变量，用来接收数据类型。比如，通过查看 ArrayList 类的源代码可知，ArrayList 类的定义格式如下：

```
public class ArrayList<E> extends AbstractList<E>{ }
```

因为不知道编程者在创建集合对象时会存储什么类型的数据，所以 ArrayList 类的数据类型用泛型 <E> 表示。这里使用泛型 <E> 可以代表任何类型，当编程者创建集合对象时，即可确定泛型的数据类型。比如，创建 ArrayList 的集合对象 list，数据类型为 String 类型的语句如下：

```
ArrayList<String> list=new ArrayList<String>();
```

请注意，如果使用的是 JDK 1.7 以上的版本，则右侧的 <> 内部可以不写数据类型，但 <> 本身必须写。JDK 1.7 以下的版本，右侧的 <> 内必须写数据类型。

在集合中是可以存放任意对象的，只要把对象存储到集合中，对象都会被替换成 Object 类型。当需要取出一个对象并对其进行相应的操作时，必须进行类型转换。下面通过例 9-1 和例 9-2 对比集合使用泛型和不使用泛型的区别。

【例 9-1】不使用泛型的示例。

分析：当集合不使用泛型时，默认类型是 Object 类型，可以存储任意类型的数据，但是会引发异常。

```
//CH09_01.java
import java.util.ArrayList;
public class CH09_01 {
    public static void main(String[] args){
        ArrayList list=new ArrayList();          // 创建集合对象
        list.add("Hello");                       // 添加两个不同类型的元素
        list.add(100);
        for(Object obj:list){
            String s=(String)obj;         // 将 Object 类型的元素进行强制转换
            System.out.println(s);
        }
    }
}
```

程序执行结果如下：

```
Hello
Exception in thread "main" java.lang.ClassCastException Create breakpoint : class java.lang.Integer cannot be cast to class java.lang.String (java.lang.Integer
    at CH09.CH09_01.main(CH09_01.java:10)
```

可以看到程序执行抛出了异常，这是因为集合中的两个元素的数据类型不相同，需要对每一个元素进行不同的数据类型转换。

【例 9-2】使用泛型的示例。

```
//CH09_02.java
import java.util.ArrayList;
public class CH09_02 {
    public static void main(String[] args){
        ArrayList<String> list=new ArrayList<String>(); //使用泛型创建对象
        list.add("Hello");                    //只能添加 String 类型的数据
        list.add("Java");
        for(Object obj:list){
            String s=(String)obj;
            System.out.println(s);
        }
    }
}
```

程序执行结果如下：

```
Hello
Java
```

在【例 9-2】中输出集合元素的循环也可改成如下语句：

```
for(String s:list){
    System.out.println(s);
}
```

使用泛型避免了类型转换的麻烦，同时把运行期异常（代码运行之后会抛出的异常）提前到了编译期（写代码的时候会报错），但是这种做法也存在弊端，因为使用泛型后只能存储单一的数据类型元素。

在集合中使用泛型时要注意，泛型只能是引用类型，不能是基本数据类型，以下的书写方式都是错误的：

```
ArrayList<int> list1=new ArrayList<int>();
ArrayList<double> list2=new ArrayList<double>();
```

如果要在集合对象中使用泛型并且存储基本数据类型的元素，则必须使用基本数据类型对应的包装类。Java 为每种基本数据类型分别设计了对应的类，即包装类。基本数据类型所对应的包装类如表 9-1 所示。

表 9-1　基本数据类型所对应的包装类

基本数据类型	对应的包装类
byte	Byte

续表

基本数据类型	对应的包装类
short	Short
int	Integer
long	Long
char	Character
float	Float
double	Double
boolean	Boolean

9.3 List 接口

视频讲解

List 接口是 Connection 接口的子接口，实现了一种线性表的数据结构。List 接口的结构特点如下：

（1）有序的集合，这里的有序是指存储元素的顺序和取出元素的顺序相同。

（2）可重复，允许有相同的元素存在。

（3）有索引下标，可像数组一样通过下标访问集合中的元素。

List 接口的常用方法及说明如表 9-2 所示。

表 9-2 List 接口的常用方法及说明

常用方法	说明
boolean add(E e)	在集合的尾部添加指定的元素
void add(int index,E e)	在集合的指定位置插入指定元素
boolean remove(E e)	移除集合中指定的元素
E remove(int index)	移除集合中指定位置的元素
E get(int index)	返回集合中指定位置的元素
E set(int index,E e)	用指定元素替换集合中指定位置的元素
int size()	返回集合中元素的个数
int indexOf(Object o)	返回集合中第一次出现指定元素的下标，如果集合中不包含该元素，则返回 -1
int lastIndexOf(Object o)	返回集合中最后一次出现指定元素的下标，如果集合中不包含该元素，则返回 -1
void clear()	从集合中移除所有的元素

实现 List 接口的常用类有列表 ArrayList 类和链表 LinkedList 类，这两个类都可以调用 List 接口中的方法。

9.3.1 ArrayList 类

ArrayList 类是最常用的 List 接口实现类，本质上它就是一个长度可变的数组，其元素可以动态地增加和删除。它的优点是可以根据下标位置对集合元素进行快速的随机访问，缺点是向指定的下标位置插入元素或删除元素时，由于会引起大量元素的移动，因此速度较慢。

【例 9-3】在集合中存放 10 个 1~100 间的随机整数，输出集合中大于 66 的元素。

```
//CH09_03.java
import java.util.*;
public class CH09_03 {
    public static void main(String[] args){
    List<Integer> list=new ArrayList<Integer>(); //创建 List 接口的子类对象
        for(int i=0;i<10;i++){
            list.add((int)(Math.random()*101));
        }
        System.out.println("集合元素为："+list);
        System.out.print("集合中大于 66 的元素有：");
        for(int n:list){
            if(n>66){
                System.out.print(n+" ");
            }
        }
    }
}
```

程序执行结果如下：

```
集合为：[75, 67, 94, 87, 50, 96, 61, 26, 59, 81]
集合中大于66的元素有：75 67 94 87 96 81
```

在 Java 中，因为提倡面向接口编程，所以此处声明是 List 接口而不是 ArrayList 类，好处是可以方便地更换子类的实现。

9.3.2 LinkedList 类

ArrayList 集合的存储结构是数组，在内部增删元素效率非常低。如果需要经常在内部添加或者删除元素，可以使用 LinkedList 集合。该集合的存储结构是一个双向循环链表，增加或者删除元素的效率非常高。LinkedList 集合与 ArrayList 集合相比，前者增加或者删除特定位置元素的效率非常高，后者查找元素的效率非常高。

LinkedList 类除了拥有 List 接口提供的方法外，还增加了对首尾操作的方法，如表 9-3 所示。

表 9-3 LinkedList 类的常用方法及说明

常用方法	说明
public void addFirst(E e)	将指定元素添加到集合的首部
public void addLast(E e)	将指定元素添加到集合的尾部
public E getFirst()	返回集合中的第一个元素
public E getLast()	返回集合中的最后一个元素
public E removeFirst()	移除并返回集合中的第一个元素
public E removeLast()	移除并返回集合中的最后一个元素

【例 9-4】将数组中的所有元素存放到 LinkedList 集合中，在集合中删除重复元素，并在控制台输出该集合。

```
//CH09_04.java
import java.util.*;
public class CH09_04 {
    public static void main(String[] args){
        String[] s={"糯糯","小米","小花","糯糯","贝贝","小米","喵喵"};
        List<String> list=new LinkedList<String>();
        for(int i=0;i<s.length;i++){
            list.add(s[i]);
        }
        System.out.println("删除重复值前的集合为："+list);
        for(int i=0;i<list.size();i++){
            for(int j=i+1;j<list.size();j++){
                if(list.get(i).equals(list.get(j))){
                    list.remove(j);
                }
            }
        }
        System.out.println("删除重复值后的集合为："+list);
    }
}
```

程序执行结果如下：

```
删除重复值前的集合为：[糯糯, 小米, 小花, 糯糯, 贝贝, 小米, 喵喵]
删除重复值后的集合为：[糯糯, 小米, 小花, 贝贝, 喵喵]
```

9.4 Set 接口

视频讲解

Set 接口也是 Connection 接口的子接口。Set 接口与 List 接口相比，结构特点如下：

（1）无序的集合，即放进去的顺序和出来的顺序不同。

（2）不可重复，注重独一无二的性质。

（3）没有索引下标，不能使用普通的 for 循环遍历集合。

Set 接口的常用方法及功能说明如表 9-4 所示。

表 9-4　Set 接口的常用方法及说明

常用方法	说　　明
boolean add(E e)	在集合中添加指定的元素
boolean remove(E e)	移除集合中指定的元素
int size()	返回集合中元素的个数
void clear()	清空集合
boolean contains(E e)	判断集合中是否包含指定元素，如果包含，则返回 true
boolean isEmpty()	判断集合是否为空，为空则返回 true

Set 接口有两个重要的实现类：HashSet 和 TreeSet。这两个类都可以调用 Set 接口中的方法。

9.4.1　HashSet 类

HashSet 是 Set 接口的一个实现类，HashSet 集合的底层数据结构是哈希表，HashSet 集合根据元素的哈希值来确定元素在集合中的存储位置，因此 HashSet 集合具有良好的存储性能和查找性能。

【例 9-5】验证 HashSet 集合中元素不能重复，存放的元素是无序的。

```
//CH09_05.java
import java.util.*;
public class CH09_05 {
    public static void main(String[] args){
        Set<String> hs=new HashSet<>();
        hs.add("three");                          // 添加两个 three
        hs.add("three");
        hs.add("two");                            // 添加两个 two
        hs.add("two");
        hs.add("one");                            // 添加两个 one
        hs.add("one");
        System.out.println(" 集合中元素个数："+hs.size());
        System.out.println(hs);
    }
}
```

程序执行结果如下：

```
集合中元素个数：3
[one, three, two]
```

HashSet 集合判断两个元素相等的标准是两个元素通过 equals() 方法比较相等，并且两个元素的 hashCode() 方法返回值也相等。

如果把自定义类的对象存放到 HashSet 集合，则需要为自定义类重写 hashCode() 和 equals() 方法。

【例 9-6】为存放到 HashSet 集合的对象所属类重写 hashCode() 和 equals() 方法。

```
//CH09_06.java
import java.util.*;
class Dog{
    private String name;
    public Dog(String name){
        this.name=name;
    }
    public String getName(){
        return name;
    }
    public int hashCode(){                              //重写 hashCode() 方法
        return name.hashCode();
    }
    public boolean equals(Object o){                    //重写 equals() 方法
        Dog dog=(Dog) o;
        return name.equals(dog.name);
    }
}
public class CH09_06{
    public static void main(String[] args){
        Set<Dog> dogs=new HashSet<Dog>();
        dogs.add(new Dog("乐乐"));
        dogs.add(new Dog("乐乐"));                      //重复添加
        dogs.add(new Dog("球球"));
        dogs.add(new Dog("西西"));
        for(Dog d:dogs) {
            System.out.print(d.getName()+" ");
        }
    }
}
```

程序执行结果如下：

```
西西 乐乐 球球
```

如果把程序中的 hashCode() 和 equals() 方法去掉，则不能保证 HashSet 集合中的元素不重复。

9.4.2 TreeSet 类

TreeSet 也是 Set 接口的一个实现子类，它的底层数据结构是平衡二叉树。在 TreeSet 集合中不允许有重复元素，同时 TreeSet 集合会对集合元素按照升序的顺序进行存储。

【例 9-7】验证 TreeSet 集合中元素不能重复，存放的元素是按升序排序的。

```
//CH09_07.java
import java.util.*;
public class CH09_07 {
    public static void main(String[] args){
        Set<Integer> hs=new TreeSet<>();
        hs.add(23);
        hs.add(12);
        hs.add(19);
        hs.add(79);
        hs.add(12);       // 添加重复元素
        hs.add(56);
        System.out.println(hs);
    }
}
```

程序执行结果如下：

```
[12, 19, 23, 56, 79]
```

TreeSet 集合保证元素唯一性和排序顺序的依据是 Comparable 接口的 compareTo() 方法。Java 中的系统类都实现了 Comparable 接口，但如果编程者自定义的类需要排序，则需要在自定义类中重写 compareTo() 方法。

【例 9-8】自定义学生类，包括姓名和年龄属性，并使用 TreeSet 集合按照学生年龄进行排序。

```
//CH09_08.java
import java.util.TreeSet;
class Student implements Comparable{        // 实现 Comparable 接口
    private String name;
    private int age;
    public Student(String name,int age){
        this.name=name;
        this.age=age;
    }
    public String getMessage(){
        return name+" "+age;
    }
    // 自定义年龄比较器
    public int compareTo(Object o){         // 重写方法自定义年龄比较器
        Student s=(Student)o;
```

```
            return this.age-s.age;
        }
}
public class CH09_08 {
    public static void main(String[] args){
        TreeSet<Student> ts=new TreeSet<>();
        ts.add(new Student("小明",20));
        ts.add(new Student("小明",20));
        ts.add(new Student("小红",18));
        ts.add(new Student("小军",19));
        for(Student s:ts){
            System.out.println(s.getMessage());
        }
    }
}
```

程序执行结果如下：

```
小红 18
小军 19
小明 20
```

9.5 Iterator 接口

视频讲解

Java 的集合类有多种，比如 ArrayList、LinkedList、HashSet、TreeSet 等，由于每种集合的内部结构不同，所以可能不易确定怎样去遍历一个集合中的元素。为了更加简便地对集合内的元素进行操作，Java 引入了 Iterator 接口。

Iterator 接口也称为 Iterator 迭代器，它是解决集合遍历的一个工具。它提供的方法可以访问集合中的各个元素，而不暴露集合内部的实现细节。

通过调用 Collection 接口的 iterator() 方法可以返回一个 Iterator 对象。例如，在 HashSet 集合上创建一个 Iterator 迭代器：

```
HashSet<Integer> hashset=new HashSet<>();
Iterator it=hashset.iterator();
```

Iterator 接口方法能够以迭代方式逐个访问集合中的各个元素，并安全地从集合中删除适当的元素。Iterator 接口的主要方法与说明如表 9-5 所示。

表 9-5　Iterator 接口的主要方法及说明

主要方法	说　明
boolean hasNext()	判断是否存在下一个可访问的元素
E next()	返回要访问的下一个元素
void remove()	删除集合里上一次 next() 方法返回的元素

【例 9-9】使用 ArrayList 集合存储自定义类对象。

```
//CH09_09.java
import java.util.ArrayList;
import java.util.Iterator;
import java.util.List;
class Person{
    private String name;
    public Person(String name){
        this.name=name;
    }
    public String toString(){
        return name;
    }
}
public class CH09_09 {
    public static void main(String[] args){
        List<Person> list=new ArrayList<>();
        list.add(new Person("张三"));
        list.add(new Person("李四"));
        list.add(new Person("王五"));
        Iterator it=list.iterator();                    //创建 Iterator 迭代器
        while(it.hasNext()){
            System.out.print(it.next()+" ");
        }
    }
}
```

程序执行结果如下：

```
张三 李四 王五
```

9.6 Map 接口

Collection 接口、List 接口、Set 接口及其实现类一次只能存储一个值，是单值集合。Map 接口使用键值对存储数据，形式为 key → value。例如词典的 key 是单词，value 即为词的解释；再如电话本的 key 是人名，value 是对应的电话号码。Map 集合常用于查找操作，如果查找到则返回内容，否则返回空。

Map 接口的结构特点如下：

（1）键（key）不允许重复。

（2）一个键（key）只能映射到一个值（value）。

Map 接口的主要方法及说明如表 9-6 所示。

表 9-6　Map 接口的主要方法及说明

主要方法	说　　明
public V put(K key,V value)	向集合中添加一个键 / 值对，如果键已存在，用新值替换原有值
public V get(Object key)	返回指定键的值，如果集合中不包含该键的映射关系，则返回 null
public V remove(Object key)	删除指定键所对应的键 / 值对
public Set<K> keySet()	返回所有 key 的集合
public boolean containsKey(Object key)	判断集合中是否包含指定的键，若包含则返回 true
public boolean containsValue(Object value)	判断集合中是否包含指定的值，若包含则返回 true

Map 接口常用的实现类为 HashMap 和 TreeMap。这两个类都可以调用 Map 接口中的方法。

9.6.1　HashMap 类

HashMap 底层的实现基于哈希表结构，因此，集合内的元素仍然不会按次序排列，是无序的。

【例 9-10】使用 HashMap 存储名字和电话信息并输出，然后单独查找张三的电话。

```
//CH09_10.java
import java.util.HashMap;
import java.util.Iterator;
import java.util.Map;
import java.util.Set;
public class CH09_10 {
    public static void main(String[] args){
        Map<String,String> map=new HashMap<String,String>();
        map.put("张三","15200031562");
        map.put("张三","18999991234");  //键"张三"已存在，电话号码被替换
        map.put("李四","17944445678");
        map.put("王五","13089751578");
        Set<String> keys=map.keySet();
        Iterator<String> it=keys.iterator();            //得到迭代器
        while(it.hasNext()){
            String key=it.next();
            String value=map.get(key);
            System.out.println(key+"->"+value);
        }
        if(map.containsKey("张三")){
            System.out.println("张三的电话是："+map.get("张三"));
        }else{
            System.out.println("你查找的张三不存在！");
```

```
        }
    }
}
```

程序执行结果如下：

```
李四->17944445678
张三->18999991234
王五->13089751578
张三的电话是：18999991234
```

9.6.2 TreeMap 类

TreeMap 与 HashMap 非常相似，不同之处有如下两点：

（1）TreeMap 底层采用红黑树结构，而 HashMap 使用哈希表结构。

（2）TreeMap 中的元素按 Key 自动排序，而 HashMap 是无序的。

【例 9–11】验证键为 String 类型的 TreeMap 类的自动排序。

```
//CH09_11.java
import java.util.*;
public class CH09_11 {
    public static void main(String[] args){
        Map<String,String> map=new TreeMap<>() ;
        map.put("4"," 赵四 ");
        map.put("1"," 钱一 ");
        map.put("3"," 张三 ");
        map.put("2"," 王二 ");
        Set<String> keys=map.keySet();
        Iterator<String> it=keys.iterator();
        System.out.println(" 所有的键和值如下：");
        while(it.hasNext()){
            String key=it.next();
            String value=map.get(key);
            System.out.println(key+"->"+value);
        }
    }
}
```

程序执行结果如下：

```
所有的键和值如下：
1->钱一
2->王二
3->张三
4->赵四
```

9.7 小结

本章介绍了 Java 集合框架常用的接口及其实现类。通过本章的学习，读者应该掌握 List 接口的特点、ArrayList 和 LinkedList 的特点及使用场合；Set 接口的特点、HashSet 和 TreeSet 的特点及使用场合；Map 接口的特点、HashMap 和 TreeMap 的特点及使用场合；理解泛型的应用。

习题九

一. 选择题

1. 如果要求不能包含重复的元素，使用（　　）结构存储最合适。

A. Collection　　B. List　　C. Set　　D. Map

2. 如果要求不能包含重复的元素，并且须按照一定的顺序排列，使用（　　）结构存储最合适。

A. LinkedList　　B. ArrayList　　C. hashSet　　D. TreeSet

3. Java 中，（　　）接口以键 – 值对的方式存储对象。

A. Collection　　B. Map　　C. List　　D. Set

4. Java 中的集合类包括 ArrayList、LinkedList、HashMap 等，下列关于集合类描述错误的是（　　）。

A. ArrayList 和 LinkedList 均实现了 List 接口

B. ArrayList 的访问速度比 LinkedList 快

C. 添加和删除元素时，ArrayList 的表现更佳

D. HashMap 实现 Map 接口，它允许任何类型的键和值对象，并允许将 null 用作键或值

5. 下列关于 Java 集合框架的描述中，（　　）是正确的。

A. ArrayList 和 HashSet 都实现了 List 接口

B. HashMap 和 TreeMap 都按照键的自然顺序进行排序

C. HashSet 不允许存储重复的元素。

D. Map 集合中的元素是有序的，键（key）和值（value）都可以重复

二. 判断题

1. ArrayList 在每次添加元素时都会创建一个新的数组来存储元素。

2. HashSet 和 TreeSet 在存储元素时都使用哈希表来实现。

3. Java 集合框架中的 List 接口允许存储重复的元素，且元素是有序的。

4. TreeMap 中的元素是按照键的自然顺序进行排序的。

5. HashSet 在添加元素时不会检查元素的唯一性。

三. 阅读程序题

1. 请给出程序输出结果。

```
import java.util.*;
public class Test{
    public static void main(String[] args){
        List list=new ArrayList();
        list.add("Hello");
        list.add("World");
        list.add(1,"Learn");
        list.add(1,"Java");
        printList(list);
    }
    public static void printList(List list){
        Iterator it=list.iterator();
        while (it.hasNext()){
            System.out.print(it.next()+" ");
        }
    }
}
```

2. 请给出程序输出结果。

```
import java.util.*;
public class Test{
    public static void main(String[] args){
        List list=new ArrayList();
        list.add("Hello");
        list.add("World");
        list.add("Hello");
        list.add("Learn");
        list.remove("Hello");
        list.remove(0);
        for(int i=0;i<list.size();i++){
            System.out.print(list.get(i)+" ");
        }
    }
}
```

四. 编程题

1. 创建一个 List，在 List 中增加 3 个工人的姓名：张三、李四、王五。在“李四”之前插入一个工人，姓名为“赵六”；删除“王五”的信息；分别使用 for 循环和迭代器的方式遍历工人的姓名信息。

2. 已知某学校的教学课程内容安排如下：

教师	课程
Tom	Oracle
Susan	Oracle
Jerry	JDBC
Kevin	JSP
Lucy	JSP

完成下列要求：

（1）使用一个 Map，以教师名字作为键，所授课程名作为值，表示上述课程安排。

（2）增加一位新教师 Allen 教授 JDBC。

（3）将 Lucy 改为教授 Java。

（4）遍历 Map，输出所有教师及所授的课程。

（5）利用 Map，输出所有教授 JSP 的老师姓名。

Java

第 10 章 输入输出流

输入输出是程序设计语言的一项重要功能，是程序与用户之间沟通的桥梁。输入功能使程序可以从外界（如键盘、文件等）接收信息，输出功能使程序可以将运行结果等信息传递给外界（如屏幕、打印机、文件等）。Java 提供了 java.io 包，可以通过使用包中一系列的类来实现输入输出处理。

10.1 流的概念

视频讲解

Java 语言的输入输出采用流来实现，流（stream）是在计算机的输入输出操作中流动的数据序列，由字节组成。数据在传递的过程中，就像源源不断的水流一样，故而形象地被称为“流”。

按照数据传递方向的不同，流可分为输入流和输出流。输入流把外设的数据读入程序中，输出流把程序中的数据输出到外设。输入输出流都是单向的，输入流只能用来读取数据，而不能写入数据；输出流只能用来写入数据，而不能用来读取数据。如果既要写入数据，又要读取数据，则要分别提供输入流和输出流。

按照处理数据单位的不同，流又分为字节流和字符流。字节流以字节为单位，在处理二进制文件（如图片、视频、音频等）或不需要考虑字符编码的情况下，通常使用字节流。字符流以字符为单位，在处理文本文件时，使用字符流更为方便，因为它可以自动处理字符的编码问题。

就文件操作而言，输入流主要用于从文件中读取数据并传递给程序进行处理，输出流则负责将程序的运行结果写入指定的文件中，如图 10-1 所示。根据 Java 面向对象程序设计思想，无论是字节流还是字符流，首先都必须创建一个与数据操作相关的流对象，然后利用流对象提供的方法实现数据的输入或输出操作，最后使用 close() 方法关闭流，释放系统资源。因此，Java 提供了专门用于输入输出操作的类。

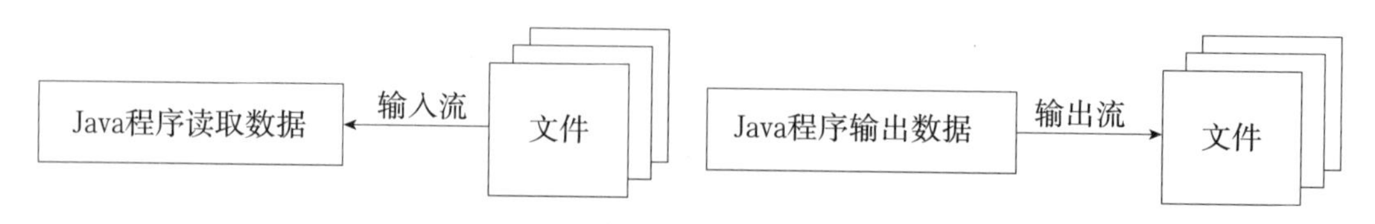

图 10-1 程序与文件间数据流的关系

Java 中输入输出所有的操作类都放在 java.io 包中，其中常用的 5 个非常重要的类是 File、InputStream、OutputStream、Reader、Writer。几乎所有与输入输出有关的类都继承自这 5 个类，利用这些类，Java 程序可以很方便地实现多种输入输出操作和复杂的文件与文件夹管理。

10.2 File 类

如果程序运行过程中需要输入或者输出大量信息，直接用键盘或显示器显然不可行，此时可以采用文件。按照面向对象编程思想，要想把数据保存到文件或者从文件中读取数据，必须要有一个对象表示这个文件，为此 Java 提供了 File 类。

File 类的作用是代表一个特定的文件或目录，并提供了若干方法对这些文件或目录进行各种操作。File 类位于 java.io 包中，专门用来管理文件和目录，不涉及对文件的读写操作。在程序中使用 File 类时，要处理或抛出 IOException 异常。

1. File 类的构造方法

对文件或文件夹操作前，首先要为文件或文件夹建立 File 对象。建立 File 类对象需要提供文件或文件夹的名称及路径。File 类常用的构造方法如表 10-1 所示。

表 10-1 File 类常用的构造方法

方 法 名	说 明
File(String path)	功能：通过给定路径下的文件或文件夹名创建 File 对象 示例：为文件 D:\Java\data\in.txt 建立 File 对象 File f=new File("D:\\Java\\data\\in.txt");
File(String path,String name)	功能：根据给定的路径和文件或文件夹名创建 File 对象 示例：为文件 D:\Java\data\old.txt 和 D:\Java\data\new.txt 分别建立 File 对象 f1 和 f2 String path="D:\\Java\\data"; File f1=new File(path,"old.txt"); File f2=new File(path,"new.txt");
File(File dir,String name)	功能：根据给定的 File 类对象所代表的路径和文件或文件夹名创建 File 对象 示例：为文件 D:\Java\data\in.txt 建立 File 对象 File dir=new File("D:\\Java\\data"); File f=new File(dir,"in.txt");

Java 中单个反斜杠“\”代表转义字符，所以在使用“\”作为路径分隔符时，要写两个反斜杠“\\”。

不同的操作系统，文件路径的分隔符是不一样的，Windows 中为“\”，Linux 中为“/”。Java 是跨平台语言，为了能够自适应不同操作系统分隔符的要求，在 File 类中提供了常量 File.separator，它会根据不同操作系统选择不同的分隔符。例如，为文件 D:\test.txt 建立 File 对象：

```
File f=new File("D:\\test.txt");                     //不建议这样使用
File f=new File("D:"+File.separator+"test.txt");     //增强了程序的可移植性
```

2. File 类的成员方法

File 类中提供了大量的方法，借助这些方法可以获得对象所对应的文件或文件夹的属性，对文件或文件夹进行操作。File 类常用的方法如表 10-2 所示。

表 10-2 File 类常用的方法

方 法 名	说 明
public String getPath()	返回文件或文件夹的路径
public String getName()	返回文件或文件夹的名称
public boolean exits()	判断指定的文件或文件夹是否存在
public long length()	返回文件的字节长度
public boolean canRead()	判断文件是否可读，如果可读则返回 true，否则返回 false
public boolean canWrite()	判断文件是否可写，如果可写则返回 true，否则返回 false
public boolean ifFile()	判断是否是文件
public boolean ifDirectory()	判断是否是文件夹
public boolean createNewFile()	创建指定的文件
public boolean mkdir()	创建指定的文件夹
public boolean delete()	删除指定的文件或文件夹
public String[] list()	以字符串数组返回当前文件夹下的所有文件
public File[] listFiles()	以文件数组返回当前文件夹下的所有文件

【例 10-1】判断 D:\testfile 下是否有文件 a.txt，如果有则删除，没有则新建。

```
//CH10_01.java
import java.io.File;
import java.io.IOException;
public class CH10_01{
    public static void main(String[] args){
        File f=new File("D:"+File.separator+"testfile"+File.separator+"a.
txt");
        try{
```

```
            if(f.exists()){
                System.out.println("文件存在");
                f.delete();                                    // 删除文件
                System.out.println("文件已被删除");
            }else{
                System.out.println("文件不存在");
                f.createNewFile();                             // 创建文件
                System.out.println("文件已新建");
            }
        }catch (IOException e){                                // 捕获异常
            e.printStackTrace();
        }
    }
}
```

当 D:\testfile 不存在 a.txt 文件时，程序执行结果如下：

```
文件不存在
文件已新建
```

10.3 基于字节流的文件操作

视频讲解

Java 在 java.io 包中提供了丰富的流类。所有的字节流类都继承自 InputStream 和 OutputStream 这两个抽象类。如果需要以字节为单位对磁盘上的文件进行读写操作，则可以分别使用 InputStream 和 OutputStream 的子类 FileInputStream 和 FileOutputStream 来创建文件输入流和文件输出流，实现对文件内容的顺序读写。

InputStream 类和 OutputStream 类中的方法定义都抛出了 IOException 异常，使用这些方法时需要使用 try–catch 结构捕获异常，或者声明方法抛出异常。

10.3.1 字节输入流

InputStream 抽象类是字节输入流的所有类的超类，读取文件时每次只能读取一个字节。它定义了字节输入流基本的共性方法。由于 InputStream 是抽象类，无法实例化，因此需要通过它的实现子类来创建对象。如果要从文件中读取数据，需要使用子类 FileInputStream 来创建字节输入流对象。

1. InputStream 类

InputStream 抽象类定义了字节输入流基本的共性方法，常用的主要方法及说明如表 10–3 所示。

表 10-3　InputSteam 抽象类的主要方法及说明

主要方法	说　　明
public void close()	关闭输入流并释放与该流有关的所有系统资源

续表

主要方法	说　明
public int read()	读取一个字节数据，并返回读到的 0~255 的整数。如果输入流当前位置没有数据，则返回 -1
public int read(byte[] b)	从输入流中连续读取多个字节，并将其保存到缓冲区数组 b 中

2. FileInputStream 类

以字节为单位从文件读取数据时，首先使用File类指定文件，再为文件建立FileInputStream 类对象，然后调用该类的 read() 方法逐个字节从文件读取数据。读取操作完成后，最后调用 close() 方法关闭 FileInputStream 类对象。

FileInputStream 类的构造方法及说明如表 10–4 所示。

表 10-4　FileInputStream 类的构造方法及说明

构造方法	说　明
public FileInputStream(File file)	为 File 类对象指定的文件创建字节输入流
public FileInputStream(String fileName)	为指定路径下的文件创建字节输入流

通过 FileInputStream 类对象读取文件数据时，使用 read() 方法一次只能读取一个字节，如果文件读取完毕则会返回 -1，所以在读取文件时，一般要采用循环方式来读取。

在进行文件读写操作时，会抛出 IOException 异常，它属于非运行时异常，必须用 try–catch 捕获或在声明方法时抛出该异常。

【例 10–2】使用字节流读取文件 D:\Java\demo1.txt 的内容。

```
//CH10_02.java
import java.io.File;
import java.io.FileInputStream;
import java.io.IOException;
public class CH10_02{
    public static void main(String[] args) throws IOException{ //抛出异常
        File f=new File("D:"+File.separator+"Java"+File.separator+"demo1.
txt");
        FileInputStream fin=new FileInputStream(f);   //在文件上创建输入流
        int c=fin.read();
        while (c!=-1){                              //依次读取文件数据
            System.out.print((char)c);        //将读取返回的整数转换为字符
            c=fin.read();
        }
        fin.close();
    }
}
```

在程序执行前，请在 D: 盘下创建 Java 文件夹，并在该文件夹中建立 demo1.txt 文件，假设文件存放的内容是“Hello World!”。程序执行后的结果如下：

```
Hello World!
```

10.3.2 字节输出流

OutputStream 抽象类是字节输出流的所有类的超类，它定义了字节输出流基本的共性方法。同样，由于 OutputStream 是抽象类，无法实例化，因此需要通过它的实现子类来创建对象。如果要将程序运行结果写入到文件中，则需要使用子类 FileOutputStream 来创建字节输出流对象。

1. OutputStream 类

OutputStream 抽象类定义了字节输出流基本的共性方法，常用的主要方法及说明如表 10–5 所示。

表 10-5 OutputStream 抽象类常用的主要方法及说明

主要方法	说明
public void close()	关闭输出流并释放与该流有关的所有系统资源
public void flush()	刷新输出流，强制缓冲区中的输出字节被写出
public void write(int b)	将指定的字节写入此输出流
public void write(byte[] b)	将 b.length 个字节从指定的 byte 数组写入此输出流

2. FileOutputStream 类

以字节为单位向文件写入数据时，首先也要使用 File 类指定文件，再为文件建立 FileOutputStream 类对象，然后调用该类的 write() 方法逐个字节向文件写入数据，写入操作完成后，最后调用 close() 方法关闭 FileOutputStream 类对象。

FileOutputStream 类的构造方法及说明如表 10–6 所示。

表 10-6 FileInputStream 类的构造方法

构造方法	说明
public FileOutputStream(File file)	为 File 类对象指定的文件创建字节输出流
public FileOutputStream(String fileName)	为指定路径下的文件创建字节输出流

在创建 FileOutputStream 类对象时，如果构造方法中指定的文件不存在，则会在该路径下自动创建文件，并写入数据；如果文件存在，则直接写入数据。

【例 10–3】输出内容到指定的 D:\Java\demo2.txt 文件。

```
//CH10_03.java
import java.io.File;
import java.io.FileOutputStream;
import java.io.IOException;
```

```
    public class CH10_03{
        public static void main(String[] args) throws IOException{
            File f=new File("D:"+File.separator+"Java"+File.separator+"demo2.
txt");
            FileOutputStream fout=new FileOutputStream(f);
            String s="Hello Java!";
            byte[] b=s.getBytes();
            fout.write(b);
            fout.close();
        }
    }
```

程序执行后，打开 demo2.txt 文件，显示信息如下：

demo2 - 记事本
文件(F) 编辑(E) 格式(O) 查看(V) 帮助(H)
Hello Java!
10(Windows (CRLF) UTF-8

10.3.3 字节缓冲流

逐字节地读写文件，需要频繁地操作文件，效率非常低。Java 提供了两个带缓冲的字节流，分别是 BufferedInputStream 类和 BufferedOutputStream 类，在读写数据的时候提供缓冲功能。BufferedInputStream 类和 BufferedOutputStream 类的构造方法及说明如表 10–7 所示。

表 10-7 字节缓冲流的构造方法及说明

构造方法	说明
public BufferedInputStream(InputStream in)	根据字节输入流对象创建一个新的缓冲输入流
public BufferedOutputStream(OutputStream out)	根据字节输出流对象创建一个新的缓冲输出流

BufferedInputStream 类的操作原理是：从缓冲区读取数据时，系统先从缓冲区读出数据，待缓冲区为空时，系统再从文件读取数据到缓冲区。BufferedOutputStream 类的操作原理是：向缓冲区写入数据时，数据先写到缓冲区，待缓冲区写满后，将缓冲区的数据一次性发送给文件。这两个类用来将其他的字节流包装成缓冲字节流，以提高读写数据的效率。

【例 10–4】使用字节缓冲流实现图片文件复制。

```
//CH10_04.java
import java.io.*;
public class CH10_04{
    public static void main(String[] args) throws IOException{
        File f1=new File("D:\\Java\\image.png");
        File f2=new File("D:\\Java\\imageCopy.png");
        FileInputStream fin=new FileInputStream(f1);
        FileOutputStream fout=new FileOutputStream(f2);
```

```
        BufferedInputStream bis=new BufferedInputStream(fin);
        BufferedOutputStream bos=new BufferedOutputStream(fout);
        int n=bis.read();
        while(n!=-1){
            bos.flush();
            bos.write(n);
        }
        System.out.println("图片文件复制完成！");
        bis.close();
        bos.close();
        fin.close();
        fout.close();
    }
}
```

程序执行后，在指定路径下生成 imageCopy.png 图片文件，内容与 image.png 相同。程序执行显示结果如下：

图片文件复制完成!

10.3.4 数据流

FileInputStream 类和 FileOutputStream 类每次只能对文件读取或写入一个字节的数据。为了方便读写各种类型的数据，Java 提供了 DataInputStream 类和 DataOutputStream 类。DataInputStream 类和 DataOutputStream 类的构造方法及说明如表 10-8 所示。

表 10-8 数据流的构造方法及说明

构造方法	说明
public DataInputStream(InputStrream in)	根据字节输入流对象创建一个新的数据输入流
public DataOutputStream(OutputStream out)	根据字节输出流对象创建一个新的数据输出流

利用 DataInputStream 类提供的方法可以从文件中读取整型、单精度类型、双精度类型或布尔型等数据；利用 DataOutputStream 类提供的方法可以向文件中写入不同类型的数据；DataInputStream 类和 DataOutputStream 类常用的方法如表 10-9 所示。

表 10-9 数据流类的常用方法

DataInputStream 类常用方法	DataOutputStream 类常用方法	说明
public int readInt()	public void writeInt()	读取或写入一个整数
public long readLong()	public void writeLong()	读取或写入一个长整数
public float readFloat()	public void writeFloat()	读取或写入一个单精度数
public double readDouble()	public void writeDouble()	读取或写入一个双精度数
public boolean readBoolean()	public void writeBoolean()	读取或写入一个布尔型数

使用DataInputStream类从文件读取数据的操作步骤是：首先为文件建立FileInputStream类对象，再为该FileInputStream类对象建立DataInputStream类对象，利用DataInputStream类提供的方法从文件中读取不同类型的数据，读取完成后，调用close()方法关闭DataInputStream类对象。

使用DataOutputStream类向文件写入数据的操作步骤与使用DataInputStream类从文件读取数据类似，只需将FileInputStream类改为FileOutputStream类，调用的方法改为DataOutputStream类提供的各种类型数据的写方法即可。

【例10-5】向文件D:\Java\demo3.txt写入各类型数据，再读出并显示。

```
//CH10_05.java
import java.io.*;
import java.util.Scanner;
public class CH10_05{
    public static void main(String[] args) throws IOException{
        File f=new File("D:"+File.separator+"Java"+File.separator+"demo3.
txt");
        FileOutputStream fout=new FileOutputStream(f);
        DataOutputStream dout=new DataOutputStream(fout);
        Scanner in=new Scanner(System.in);
        System.out.print("请输入一个整数：");
        int i=in.nextInt();
        System.out.print("请输入一个布尔型数据：");
        boolean b=in.nextBoolean();
        dout.writeInt(i);
        dout.writeBoolean(b);
        FileInputStream fin=new FileInputStream(f);
        DataInputStream din=new DataInputStream(fin);
        i=din.readInt();
        b=din.readBoolean();
        System.out.println("整数："+i+" 布尔值："+b);
    }
}
```

程序执行结果如下：

```
请输入一个整数：99
请输入一个布尔型数据：true
整数：99 布尔值：true
```

10.4 基于字符流的文件操作

程序中涉及字符操作时，使用字符流要比字节流更加合适。所有的字符流类都继承自Reader和Writer这两个抽象类。如果需要以字符为单位对磁盘上的文件进行读写操作，可以使用 Reader 和 Writer 的子类 FileReader、FileWriter、BufferedReader 和 BufferedWriter。

10.4.1 字符输入流

视频讲解

Reader 抽象类是字符输入流的所有类的超类，读取文件时每次只能读取一个字符。它定义了字符输入流基本的共性方法。由于 Reader 是抽象类，无法实例化，因此需要通过它的实现子类来创建对象。如果要从文件中读取数据，需要使用子类 FileReader 来创建字符输入流对象。

1. Reader 类

Reader 抽象类定义了字符输入流基本的共性方法，主要方法及说明如表 10-10 所示。

表 10-10 Reader 抽象类的主要方法及说明

主要方法	说明
public void close()	关闭输入流并释放与该流有关的所有系统资源
public int read()	读取一个字符，并将它作为 int 类型返回。如果输入流当前位置没有数据，则返回 -1。如果出现错误，则抛出 IOException 类异常
public int read(char[] c)	从输入流中连续读取多个字符，并将其保存到 char 型数组 c 中，返回读入的字符个数

2. FileReader 类

基于字符的输入流类 FileReader 有两个构造方法，如表 10-11 所示。

表 10-11 FileReader 类的构造方法

构造方法	说明
public FileReader(File file)	为 File 类对象指定的文件创建字符输入流
public FileReader(String fileName)	为指定路径下的文件创建字符输入流

【例 10-6】使用字符流读取文件 D:\Java\demo1.txt 的内容。

```
//CH10_06.java
import java.io.File;
import java.io.FileReader;
import java.io.IOException;
public class CH10_06{
    public static void main(String[] args) throws IOException{
        File f=new File("D:"+File.separator+"Java"+File.separator+"demo1.
txt");
        FileReader fr=new FileReader(f);
        int c=fr.read();
        while (c!=-1){
            System.out.print((char)c);
            c=fr.read();
```

```
        }
        fr.close();
    }
}
```

程序执行结果如下：

```
Hello World!
```

10.4.2 字符输出流

Writer 抽象类是字符输出流的所有类的超类，它定义了字符输出流基本的共性方法。如果要将程序运行结果写入文件中，需要使用子类 FileWriter 类来创建字符输出流对象。

1. Writer 类

Writer 抽象类定义了字符输出流基本的共性方法，主要方法及说明如表 10-12 所示。

表 10-12 Writer 抽象类的主要方法及说明

主要方法	说明
public void close()	关闭输出流并释放与该流有关的所有系统资源
public void flush()	刷新输出流，强制缓冲区中的输出字符被写出
public void newLine()	写入换行符
public void write(char c)	写入单个字符
public void write(String s)	写入字符串

2. FileWriter 类

基于字符的输出流类 FileWriter 有两个构造方法，如表 10-13 所示。

表 10-13 FileWriter 类的构造方法

构造方法	说明
public FileWriter(File file)	为 File 类对象指定的文件创建字符输出流
public FileWriter(String fileName)	为指定路径下的文件创建字符输出流

在创建 FileOutputStream 类对象时，如果构造方法中指定的文件不存在，则会在该路径下自动创建文件，并写入数据；如果文件存在，则直接写入数据。

【例 10-7】输出内容到指定的 D:\Java\demo2.txt 文件。

```
//CH10_07.java
import java.io.File;
import java.io.FileOutputStream;
import java.io.FileWriter;
import java.io.IOException;
public class CH10_07{
    public static void main(String[] args) throws IOException{
```

```
        File f=new File("D:"+File.separator+"Java"+File.separator+"demo2.
txt");
        FileWriter fout=new FileWriter(f);
        String s="Welcome to Java World!";
        fout.write(s);
        fout.close();
    }
}
```

程序执行后，打开 demo2.txt 文件，显示信息如下：

10.4.3 字符缓冲流

基于字符流对文件进行读写操作时，为了减少和文件打交道的次数，常常使用具有缓冲区功能的 BufferedReader 类和 BufferedWriter 类，它们的构造方法及说明如表 10-14 所示。

表 10-14 字符缓冲流的构造方法及说明

构造方法	说明
public BufferedReader(Reader in)	根据字符输入流对象创建一个新的缓冲输入流
public BufferedWriter(Writer out)	根据字符输出流对象创建一个新的缓冲输出流

BufferedReader 类中有一个 readLine() 方法，用于从字符输入流中读取一行文本。如果没有读取到数据行，则返回 null。

【例 10-8】使用字符缓冲流实现文本文件复制。

```
//CH10_08.java
import java.io.*;
public class CH10_08{
    public static void main(String[] args) throws IOException{
        File f1=new File("D:\\Java\\demo4.txt");
        File f2=new File("D:\\Java\\demo5.txt");
        FileReader fin=new FileReader(f1);
        FileWriter fout=new FileWriter(f2);
        BufferedReader br=new BufferedReader(fin);
        BufferedWriter bw=new BufferedWriter(fout);
        String s=br.readLine();
        while(s!=null){
            bw.flush();
```

```
                bw.write(s);
                bw.newLine();
                s=br.readLine();
            }
            System.out.println("文件复制完成！ ");
            br.close();
            bw.close();
            fin.close();
            fout.close();
        }
    }
```

程序执行后，在指定路径下生成 demo5.txt 文件，其内容与 demo4.txt 内容一致。程序执行显示结果如下：

文件复制完成!

10.4.4 打印流

为了方便向文件中写入各种类型的数据，Java 提供了 PrintWriter 类。PrintWriter 类是 Writer 类的子类，增强了文件输出流的功能，使之能够方便地打印各种数据值表示形式。PrintWriter 类的构造方法及说明如表 10-15 所示。

表 10-15 PrintWriter 类的构造方法及说明

构造方法	说明
PrintWriter(Writer out)	使用指定的 Writer 对象创建一个新的 PrintWriter 对象
PrintWriter(OutputStream out)	使用指定的 OutputStream 对象创建一个新的 PrintWriter 对象
PrintWriter(File file)	使用指定的 File 对象创建一个新的 PrintWriter 对象

PrintWriter 类提供了重载的输出不同类型的 print() 和 println() 方法，方便输出不同类型的数据。

【例 10-9】使用 PrintWriter 向文件中输出各种类型的数据。

```
//CH10_09.java
import java.io.File;
import java.io.FileNotFoundException;
import java.io.FileOutputStream;
import java.io.PrintWriter;
public class CH10_09{
    public static void main(String[] args) throws FileNotFoundException{
        File file=new File("D:"+ File.separator+"Java"+File.separator+
"demo6.txt");
        PrintWriter out=new PrintWriter(new FileWriter(file));
        out.print("Hello");
```

```
            out.println("World");
            out.println(19);
            out.println(20.35);
            out.close();
        }
    }
```

程序执行后，打开 demo6.txt 文件，显示信息如下：

在例 10-9 中，PrintWriter out=new PrintWriter(new FileWriter(file)); 语句也可以改为通过字节输出流或文件对象创建 PrintWriter 类对象，实现向文件写入不同类型的数据，具体修改的语句如下。

通过字节输出流创建 PrintWriter 类对象：

```
PrintWriter out=new PrintWriter(new FileOutputStream(file));
```

通过 File 类对象创建 PrintWriter 类对象：

```
PrintWriter out=new PrintWriter(file);
```

视频讲解

10.5 对象序列化

前面创建的对象都是瞬时状态对象，即程序运行时创建对象，程序停止运行时，对象就消失了。如果想要实现对象的持久化保存，则需要通过对象序列化来实现。

Java 语言提供了一种对象序列化的机制，使内存中的 Java 对象转换成二进制数据流，这种二进制数据流既可以长期保存在磁盘上，又可以通过网络传输到另一个网络节点。将程序中的对象转换为字节序列的过程，称为对象序列化。反之，由字节序列恢复为对象的过程称为反序列化。

如果一个对象要想实现对象序列化，则对象所属的类必须实现 Serializable 接口。Serializable 接口中没有定义任何方法，该接口仅是作为一个标识，表示实现接口的类所创建的对象具备了序列化的能力而已。

如果想完成对象的序列化，需要依靠对象流类 ObjectOutputStream 和 ObjectInputStream，前者实现序列化，后者实现反序列化。序列化对象输出的操作通过调用 ObjectOutputStream 类提供的方法 writeObject() 来实现；反序列化对象输入的操作通过调用 ObjectInputStream 类提供的方法 readObject() 来实现。对象序列化和反序列化的实现过程如图 10-2 所示。

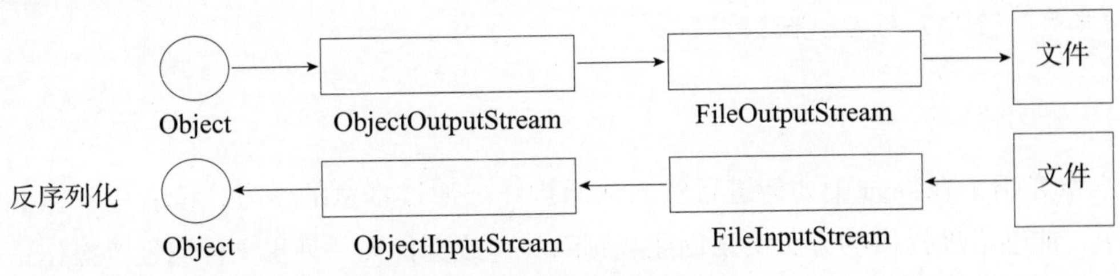

图 10-2 对象序列化和反序列化过程

【例 10-10】对象序列化和反序列化示例。

```
//CH10_10.java
import java.io.*;
class Student implements Serializable{          //实现接口，类对象可以被序列化
    private int id;
    private String name;
    public Student(int id,String name){
        this.id=id;
        this.name=name;
    }
    public void showInfo(){
        System.out.println("学号: "+id+" 姓名: "+name);
    }
}
public class CH10_10{
    public static void main(String[] args) throws IOException{
        File f = new File("D:"+File.separator+"Java"+File.separator+"demo7.
txt");
        Student s1=new Student(11037,"张三");
        //序列化对象
        FileOutputStream fout=new FileOutputStream(f);
        ObjectOutputStream os=new ObjectOutputStream(fout);
        os.writeObject(s1);
        //反序列化对象
        try{
            FileInputStream fin=new FileInputStream(f);
            ObjectInputStream is=new ObjectInputStream(fin);
            Student s2=(Student)is.readObject();  //强制转换
            s2.showInfo();
        }catch (ClassNotFoundException e){         //必须捕获该异常，否则报错
            e.printStackTrace();
        }
    }
}
```

程序执行结果如下：

```
学号：11037 姓名：张三
```

10.6 小结

本章介绍了在 Java 中如何进行输入输出操作。通过本章的学习，读者应掌握 File 类的使用，能够借助提供的方法实现创建或删除文件或文件夹、列出文件属性等操作；通过字节流类 InputStream、OutputStream、FileInputStream 和 FileOutputStream 实现以字节为单位读写文件数据的操作；通过字符流类 Reader、Writer、FileReader 和 FileWriter 实现以字符为单位读写文件数据的操作；通过带有缓冲功能的流类，实现减少 I/O 次数、提高数据读写效率的目标；通过数据流类 DataInputStream 和 DataOutputStream 实现对各种类型数据的读写操作；通过对象序列化，实现对象的持久化保存和对象数据的网络传输。

习题十

一. 选择题

1. java.io 包的 File 类是（　　）。

A. 字符流类　　B. 字节流类　　C. 对象流类　　D. 非流类

2. 下列叙述中，错误的是（　　）。

A. File 类能够存储文件　　B. File 类能够读写文件

C. File 类能够建立文件　　D. File 类能够获取文件目录信息

3. 下面（　　）类最适合处理大数据量的文本文件。

A. java.io.FileInputStream　　B. java.io.FileReader

C. java.io.BufferedReader　　D. java.io.File

4. 在文件类提供的方法中，用于创建文件夹的方法是（　　）。

A. mkdir()　　B. createNewFile()　　C. list()　　D. listFiles()

5. 下面关于 FileInputStream 类型的说法中不正确的是（　　）。

A. 创建 FileInputStream 对象是为了读取硬盘上的文件

B. 创建 FileInputStream 对象时，如果硬盘上对应的文件不存在，则抛出一个异常

C. FileInputStream 对象不可以创建文件

D. FileInputStream 对象读取文件时，只能读取文本文件

6. 下列属于文件输入输出流的是（　　）。

A. FileInputStream 和 FileOutputStream

B. BufferInputStream 和 BufferOutputStream

C. ObjectInputStream 和 ObjectOutputStream

D. 以上都是

7. 实现字符流的写操作类的是（　　）。

A. FileReader　　B. Writer　　C. FileInputStream　　D. FileOutputStream

8. 字符流和字节流的区别在于（　　）。

A. 前者带有缓冲，后者没有　　B. 前者是字符读写，后者是字节读写

C. 两者没有区别，可以互换使用　　D. 每次读写的字节数不同

9. 使用 Java 输入输出流实现对文本文件的读写过程中，需要处理下列（　　）异常。

A. ClassNotFoundException　　B. IOException

C. SQLException　　D. RemoteException

10. 下列流中（　　）使用了缓冲区技术。

A. BufferedOutputStream　　B. FileInputStream

C. DataOutputStream　　D. FileReader

二. 判断题

1. 文件缓冲流的作用是提高文件读写效率。

2. 通过 File 文件可对文件属性进行修改。

3. IOException 必须被捕获或抛出。

4. 对象序列化是指将程序中的对象转化为一个字节流，存储在文件中。

5. Serializable 接口是个空接口，它只是一个表示对象可以序列化的特殊标识。

三. 编程题

1. 编写一个程序，分别统计并输出文本文件中元音字母 a、e、i、o、u 的个数。

2. 编写实现下列功能：

① 产生 5000 个 1~9999 内的随机整数，将其存入文本文件中。

② 从文件中读取这 5000 个整数，并计算其最大值、最小值和平均值。

3. 利用 ObjectOutputStream 流方式将对象数据保存在文件中。

4. 将第 3 题保存在文件中的对象数据，通过 ObjectInputStream 流读出并显示。

四. Java 程序员面试题

1. 编写程序实现判断 D:\ 根目录下是否有后缀名为 .jpg 的文件，如果有则输出该文件名称。

2. 简述 Java 的 I/O 流的分类。

3. 什么是对象的序列化和反序列化?

Java

第 11 章 多线程

多线程编程是 Java 语言非常重要的特点之一。多线程技术可以让一个应用程序同时处理多个任务，比如网络音乐播放器软件，播放音频的同时还需要不断地从网上下载缓冲数据及对应的歌词等。多线程程序通常包括两个以上的线程，它们可以并发执行不同任务，用尽可能少的时间对用户的要求做出响应，从而充分利用了 CPU 的空闲时间，使得进程的整体运行效率得到较大提高，同时增强了应用程序的灵活性。

11.1 进程与线程的概念

视频讲解

在计算机上，可以同时运行多个程序，比如一边聊天，一边播放音乐，同时还可以收发电子邮件等，这是因为一个操作系统可以同时运行多个程序。一个正在运行的程序对于操作系统而言称为进程。

程序是含有指令和数据的文件，是一个静态的概念，例如记事本程序、Word 程序等。进程和线程是动态的概念，它们反映了程序在计算机 CPU 和内存等设备中执行的过程。

11.1.1 线程与进程

在操作系统中，使用进程是为了使多个程序能够并发执行，以提高资源的利用率和系统吞吐量。在操作系统中引入线程，则是为了减少采用多进程方式并发执行时所付出的系统开销，使操作系统具有更好的并发性。

1. 进程

进程指运行中的应用程序，比如正在运行的 QQ 聊天程序、Word 程序等。每个进程都拥有自己独立的内存空间，都会独占某些系统资源，如 CPU、文件、输入输出设备的使用权等。

系统运行一个程序的过程是一个进程从创建、运行到消亡的过程。系统在创建一个进程时，必须要为它分配所需的资源并建立相应的进程控制块；系统撤销进程时必须先回收其所占用的资源，然后再撤销进程控制块；进程间切换时，要保留当前进程的控制块环境和设置被选中的进程的 CPU 环境。由此可知，系统操作进程时必须要为之付出较大的系统开销。所以，操作系统中的进程数目不宜过多，进程间切换的频率也不宜过高，但这也限制了系统并发性的进一步提高。

2. 线程

线程是进程内一个相对独立的、可调度的执行单元。一个进程在其执行过程中可以产生多个线程。

进程是资源分配的基本单位，所有与该进程有关的资源，如打印机、输入缓冲队列等，都被记录在进程控制块中，以表示该进程拥有这些资源或正在使用这些资源。线程与资源分配无关，它属于某一个进程，并与进程内的其他线程一起共享进程的资源。由于同一进程的所有线程共享同一内存和同一组系统资源，使得不同任务之间的协调操作与运行、数据的交互、资源的分配等问题更加易于解决，系统开销也比进程要小得多。

线程是操作系统中的基本调度单元，进程不是调度的单元，所以每个进程在创建时，至少需要同时为该进程创建一个线程，线程也可以创建其他线程。因为多个线程共享资源，所以线程间需要通信和同步机制。

3. 多线程

多线程指在同一个应用程序中可以同时存在多条不同的执行线索，每条线索为一个线程。比如游戏程序，在同一时间内既可以玩游戏，也能与队友聊天。多线程是多任务的一种特别形式，但多线程使用了更小的资源开销。当多个线程同时存在时，Java 虚拟机便在各线程间轮流执行，保证每个线程都有机会使用到 CPU 资源。如果计算机有多个 CPU 处理器，那么 Java 虚拟机就能充分利用这些 CPU，获得真实的线程并行执行的效果。

每个 Java 程序都有一个默认的主线程。当程序从主类的 main() 方法开始执行时，Java 虚拟机加载代码，发现 main() 方法后就会启动一个线程，这个线程称为“主线程”，该线程负责执行 main() 方法。在 main() 方法执行过程中再创建的线程，称为程序中的其他线程。如果 main() 方法中没有创建其他线程，当 main() 方法执行完最后一条语句时，程序运行结束。如果 main() 方法中创建了其他线程，Java 虚拟机会在主线程和其他线程间轮流切换，保证每个线程都有机会使用 CPU 资源。即使 main() 方法执行完成，Java 虚拟机也不会结束程序的运行，而是要等到程序中所有线程都结束之后，才会结束程序的运行。

11.1.2 线程的状态

每个 Java 程序都有一个主线程，即 main() 方法对应的线程。要实现多线程，必须在主线程中创建新的线程。在 Java 语言中，线程用 Thread 类及其子类的对象表示。每个线程要经历新建、就绪、运行、阻塞、死亡 5 种状态，线程从新建到死亡的状态变化过程称为生命周期。

1. 新建状态

用 new 运算符和 Thread 类或其子类建立一个线程对象后，该线程对象处于新建状态。此时新建状态的线程对象已经有了自己的内存空间和线程 ID、线程优先级、线程组等其他资源。

2. 就绪状态

一个线程被创建后，调用 start() 方法进入就绪状态，该状态是指 Java 的线程调度器已经通知操作系统，将这个线程安排到执行队列，等待获取 CPU 的使用权。

3. 运行状态

就绪状态的线程获取了 CPU 的使用权，则进入运行状态并自动调用自己的 run() 方法，执行程序代码。

4. 阻塞状态

阻塞状态指线程因为某种原因放弃 CPU 使用权，暂时停止运行，直到线程进入就绪状态，才有机会再次获得 CPU 资源转到运行状态。阻塞的情况分为以下 3 种。

① 等待状态：运行的线程执行 wait() 方法，JVM 会把该线程放入等待队列中。进入等待状态的线程必须调用 notify() 方法或者 notifyAll() 方法才能被唤醒。

② 同步阻塞：运行的线程在获取对象的同步锁时，若该同步锁被其他的线程占用，则 JVM 会把该线程放入锁池中。

③ 其他阻塞：运行的线程执行 sleep() 或 join() 方法，或者发出 I/O 请求时，JVM 会把该线程设置为阻塞状态。当 sleep() 状态超时、join() 等待线程终止或者超时，或者 I/O 处理完毕时，线程重新转入就绪状态。

5. 死亡状态

若线程 run() 方法、main() 方法执行结束，或者因异常退出了 run() 方法，则该线程结束生命周期，进入死亡状态。

线程的不同状态表明了线程当前正在进行的活动，在程序中，通过一些操作，可以使线程的状态发生改变，线程状态转换如图 11-1 所示。

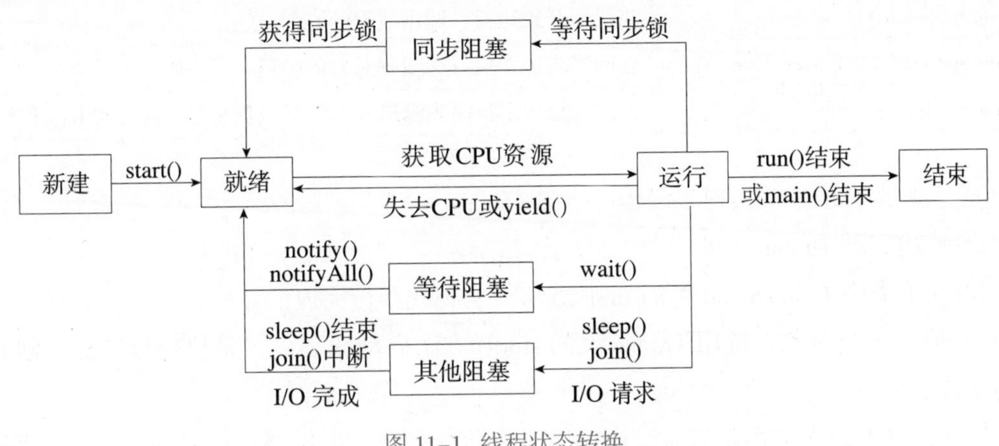

图 11-1 线程状态转换

视频讲解

11.2 线程的创建

在 Java 中，创建线程的方法有两种：一是通过创建 Thread 类的子类来实现；二是通过实现 Runnable 接口的类来实现。

11.2.1 继承 Thread 类实现多线程

Java 语言提供的 java.lang.Thread 类用于操作线程，是所有涉及线程操作的基础。Thread 类的构造方法及说明如表 11-1 所示。

表 11-1 Thread 类的构造方法及说明

构造方法	说明
public Thread()	创建一个新的线程
public Thread(String name)	创建一个新的指定名称的线程
public Thread(Runnable target)	通过实现 Runnable 接口的对象创建一个新的线程
public Thread(Runnable target,String name)	通过 Runnable 对象创建一个新的指定名称的线程

Thread 类提供了大量的方法方便编程者操作线程，其主要方法及说明如表 11-2 所示。

表 11-2 Thread 类的主要方法及说明

主要方法	说明
public final String getName()	返回线程的名称
public final int getPriority()	返回线程的优先级
public final void join()	等待线程终止
public final void join(long millis)	等待线程终止时间最长为 millis 毫秒。设置 0 意味着一直等待
public void run()	线程的入口点，定义线程要执行的任务代码
public static void sleep(long millis)	让当前正在执行的线程休眠 millis 毫秒
public void start()	使线程开始执行，调用线程的 run() 方法
public static Thread currentThread()	返回当前正在执行的线程对象的引用
public String toString()	返回线程的字符串表示形式，包括线程名称、优先级和线程组

通过继承 Thread 类实现多线程，步骤如下：

① 创建继承 Thread 类的子类；

② 在子类中重写 Thread 类的 run() 方法，实现线程待完成的任务；

③ 创建子类对象，调用 Thread 类的 start() 方法启动线程，并将执行权转交给线程的 run() 方法。

【例 11-1】假设电影院有 2 个窗口同时售卖 5 张票，电影票座位号为 1~5，请模拟该过程。

```
//CH11_01.java
class sellTickets extends Thread{
    private int n=5;
    private String windowId;
    public sellTickets(String windowId){
        this.windowId=windowId;
    }
    public void run(){                          //重写 run() 方法
        while (n>0){                            //当电影票数量为 0 时，结束销售
            System.out.println(windowId+"售出座位号为"+(6-n)+"的电影票，目
前还剩余"+(--n)+"张电影票");
        }
    }
}
public class CH11_01{
    public static void main(String[] args){
        sellTickets st1=new sellTickets("一号窗口");
        sellTickets st2=new sellTickets("二号窗口");
        st1.start();
        st2.start();
    }
}
```

注意，程序每次执行的结果是不相同的，其中一次的执行结果如下：

```
一号窗口售出座位号为1的电影票,目前还剩余4张电影票
一号窗口售出座位号为2的电影票,目前还剩余3张电影票
二号窗口售出座位号为1的电影票,目前还剩余4张电影票
一号窗口售出座位号为3的电影票,目前还剩余2张电影票
二号窗口售出座位号为2的电影票,目前还剩余3张电影票
一号窗口售出座位号为4的电影票,目前还剩余1张电影票
二号窗口售出座位号为3的电影票,目前还剩余2张电影票
一号窗口售出座位号为5的电影票,目前还剩余0张电影票
二号窗口售出座位号为4的电影票,目前还剩余1张电影票
二号窗口售出座位号为5的电影票,目前还剩余0张电影票
```

11.2.2 通过 Runnable 接口实现多线程

通过 Thread 类的方式可以实现多线程。但是由于 Java 语言不允许多重继承，当一个类必须要继承另一个非 Thread 类时，则无法通过继承 Thread 类实现多线程，此时只能通过实现 Runnable 接口的方式实现多线程。

Runnable 是一个简单的接口，其中只有一个抽象方法 run()，此方法必须由实现接口的类给出具体实现。通过 Runnable 接口实现多线程，步骤如下：

① 创建实现 Runnable 接口的类，并实现 run() 方法，实现线程待完成的任务；

② 创建 Runnable 实现类的对象，然后再以该对象为参数创建 Thread 对象，该 Thread 对象才是真正的线程对象；

③ 调用线程对象的 start() 方法启动该线程。

【例 11-2】通过实现 Runnable 接口的方式模拟电影票售卖过程。

```
//CH11_02.java
class sellTickets1 implements Runnable{
    private int n=5;
    public void run(){
        while (n>0){
              System.out.println(Thread.currentThread().getName()+"售出座位号为"+(6-n)+"的电影票，目前还剩余"+(--n)+"张电影票");
        }
    }
}
public class CH11_02{
    public static void main(String[] args){
        sellTickets1 st=new sellTickets1();
        Thread t1=new Thread(st,"一号窗口");
        Thread t2=new Thread(st,"二号窗口");
        t1.start();
        t2.start();
    }
}
```

程序执行结果如下：

```
一号窗口售出座位号为2的电影票,目前还剩余3张电影票
一号窗口售出座位号为3的电影票,目前还剩余2张电影票
二号窗口售出座位号为1的电影票,目前还剩余4张电影票
一号窗口售出座位号为4的电影票,目前还剩余1张电影票
二号窗口售出座位号为5的电影票,目前还剩余0张电影票
```

11.3 线程同步

视频讲解

Java 提供了多线程机制，通过多线程的并发运行可以提高系统资源利用率，改善系统性能。但在有些情况下，一个线程必须和其他线程合作才能共同完成任务。线程可以共享内存，利用这个特点可以在线程之间传递信息。然而如果处理不当，对内存空间的共享可能会造成程序运行的不确定性，产生其他错误。

11.3.1 线程安全

当程序中使用多个线程访问同一资源时，若多个线程都对资源有写的操作，则会引

发线程安全问题。比如，例 11-1 中的两个线程同时访问同一个电影票变量 n，就出现了多个窗口售卖同一座位号的问题。如果对例 11-1 进行修改，调用 sleep() 方法使线程休眠 1s 后再执行，则可能会出现出售座位号为 6 或者为负数的电影票。

【例 11-3】修改例 11-1，通过增加线程休眠时间模拟电影票售卖过程。

```
//CH11_03.java
class sellTickets2 implements Runnable{
    private int n=5;
    public void run(){
        while (n>0){
            try{
                Thread.sleep(1000);                              //线程休眠 1s
            }catch (InterruptedException e){
                e.printStackTrace();
            }
             System.out.println(Thread.currentThread().getName()+" 售出座
位号为 "+(6-n)+" 的电影票，目前还剩余 "+(--n)+" 张电影票 ");
        }
    }
}
public class CH11_03{
    public static void main(String[] args){
        sellTickets2 st=new sellTickets2();
        Thread t1=new Thread(st," 一号窗口 ");
        Thread t2=new Thread(st," 二号窗口 ");
        t1.start();
        t2.start();
    }
}
```

程序执行结果如下：

```
二号窗口售出座位号为1的电影票,目前还剩余4张电影票
一号窗口售出座位号为1的电影票,目前还剩余4张电影票
二号窗口售出座位号为3的电影票,目前还剩余2张电影票
一号窗口售出座位号为2的电影票,目前还剩余3张电影票
二号窗口售出座位号为4的电影票,目前还剩余1张电影票
一号窗口售出座位号为4的电影票,目前还剩余1张电影票
二号窗口售出座位号为6的电影票,目前还剩余-1张电影票
一号窗口售出座位号为5的电影票,目前还剩余0张电影票
```

从程序执行结果可以看到，程序运行后出现了剩余 -1 张电影票的情况。我们知道，多个线程在程序中是交替执行的，交替的时间是由 Java 线程调度器和操作系统实时控制的。在上述代码中，两个售票窗口线程是并发执行的，假设一号窗口线程分配到了 CPU

资源，但是执行了 sleep() 方法会进入阻塞状态，失去 CPU 资源；这时二号窗口线程分配到了 CPU 资源，也执行了 sleep() 方法，也进入阻塞状态，但是当一号窗口和二号窗口都结束休眠后，会直接执行 sleep() 方法下面的语句，将 n 值减 1，造成程序混乱，这就是线程安全问题。

11.3.2 线程同步操作

为了解决多个线程访问同一资源带来的线程安全问题，Java 引入了线程同步的概念。线程同步是指确保资源被一个线程访问的同时不能被其他线程访问，也称为互斥访问。

在 Java 中有两种方式实现线程同步操作，分别是同步方法和同步代码块。

1. 同步方法

同步方法是使用 synchronized 关键字修饰的方法，保证了当一个线程执行该方法时，其他线程只能等待线程执行完该方法，才有可能再去访问该同步方法。同步方法的格式如下：

```
[修改符] synchronized 返回值数据类型 方法名([形参列表]){
    可能出现线程安全问题的代码
}
```

【例 11-4】使用同步方法模拟电影票售卖过程。

```
//CH11_04.java
class sellTickets3 implements Runnable{
    private int n=5;
    public void run(){
        while (n>0){
            sell();
        }
    }
    private synchronized void sell(){                //同步方法
        if(n>0){
            System.out.println(Thread.currentThread().getName()+"售出座位
号为"+(6-n)+"的电影票，目前还剩余"+(--n)+"张电影票");
        }
    }
}
public class CH11_04{
    public static void main(String[] args){
        sellTickets3 st=new sellTickets3();
        Thread t1=new Thread(st,"一号窗口");
        Thread t2=new Thread(st,"二号窗口");
        t1.start();
        t2.start();
    }
}
```

程序执行结果如下：

```
一号窗口售出座位号为1的电影票,目前还剩余4张电影票
一号窗口售出座位号为2的电影票,目前还剩余3张电影票
二号窗口售出座位号为3的电影票,目前还剩余2张电影票
二号窗口售出座位号为4的电影票,目前还剩余1张电影票
一号窗口售出座位号为5的电影票,目前还剩余0张电影票
```

2. 同步代码块

同步代码块将 synchronized 关键字用于方法的某个区块中，表示只对这个区块的资源进行互斥访问。同步代码块的格式如下：

```
synchronized(锁对象){
  可能出现线程安全问题的代码
}
```

其中，锁对象可以是任意对象，一般定义为 Object 对象，锁对象的作用是将同步代码块锁住，只允许一个线程在同步代码块中执行。

【例 11-5】使用同步代码块模拟电影票售卖过程。

```
//CH11_05.java
class sellTickets4 implements Runnable{
    private int n = 5;
    Object obj = new Object();
    public void run(){
        while (n > 0){
            synchronized (obj){                  //同步代码块
                if(n > 0){
                    System.out.println(Thread.currentThread().getName()
+ "售出座位号为" + (6 - n) + "的电影票，目前还剩余" + (--n) + "张电影票");
                }
            }
        }
    }
}
public class CH11_05{
    public static void main(String[] args){
        sellTickets4 st=new sellTickets4();
        Thread t1=new Thread(st,"一号窗口");
        Thread t2=new Thread(st,"二号窗口");
        t1.start();
        t2.start();
    }
}
```

程序执行结果与例 11-4 的结果相同。

11.3.3 在同步方法中使用 wait()、notify() 和 notifyAll()

多线程之间有时需要协调执行顺序，按一定顺序执行，才能合作完成任务。例如，浏览器的一个显示图片的线程 displayThread 想要执行显示图片的任务，必须等待下载线程 downThread 将该图片下载完毕。如果图片还没有下载完，displayThread 可以暂停，当 downThread 完成后，再通知 displayThread“图片准备完毕，可以显示了”，这时 displayThread 继续执行。以上逻辑简单地说，就是：如果条件不满足，则等待；当条件满足时，等待该条件的线程将被唤醒。在 Java 中，这个机制的实现依赖于方法 wait()、notify() 和 notifyAll()。

wait()、notify() 和 notifyAll() 方法属于 Object 类，也就是说每个对象都有这 3 个方法。wait()、notify() 和 notifyAll() 只能出现在 synchronized 作用的范围内。

① wait()：暂停线程的执行，进入线程对象的等待队列，直到其他线程执行 notify() 或 notifyAll() 后再继续执行。

② notify()：唤醒等待队列中的第一个线程。

③ notifyAll()：唤醒等待队列中的所有线程。

【例 11-6】在餐厅中，顾客点好餐后通知餐厅，餐厅做好顾客点的餐后再通知顾客，模拟该过程。

分析：可以设置顾客和餐厅两个线程，在顾客点餐之前，餐厅线程等待，也就是餐厅线程调用 wait() 方法；顾客点完餐，调用 notify() 方法唤醒餐厅线程，餐厅开始准备餐点；在餐厅做好餐点之前，顾客线程等待，也就是调用顾客线程 wait() 方法；餐厅做好餐点后调用 notify() 方法唤醒顾客线程。

```
//CH11_06.java
class Meal{                                 //点餐类
    boolean flag=true;                      //标识顾客是否点餐，初始值为 true
}
class Restaurant extends Thread{            //餐厅类
    private Meal m;                         //顾客准备点餐
    private int n=0;                        //表示餐厅点餐次数，最大值为 3
    public Restaurant(Meal m){
        this.m=m;
    }
    public void run(){
        while(n<3){
            synchronized (m){               //使用同步代码块
                if(m.flag==false){          //顾客未点餐，餐厅等待
                    try{
```

```
                    m.wait();
                }catch (InterruptedException e){
                    e.printStackTrace();
                }
            }
            System.out.println(n+1+" 餐厅正在准备餐点 ");
            try{
                Thread.sleep(1000);                    // 准备餐点时间
            }catch (InterruptedException e){
                e.printStackTrace();
            }
            m.notify();                                // 餐点准备好后唤醒顾客线程
            System.out.println(" 顾客点餐已准备好 ");
            n++;                                       // 点餐数加 1
            m.flag=false;                              // 修改顾客点餐状态
        }
      }
    }
}
class Customer extends Thread{                         // 顾客类
    private Meal m;
    private int n=0;                               // 表示餐厅点餐次数，最大值为 3
    public Customer(Meal m){
        this.m=m;
    }
    public void run(){
        while (n < 3){
            synchronized (m){
                if (m.flag == true){                   // 如果顾客已经点餐
                    try{
                        m.wait();                      // 顾客线程等待
                    } catch (InterruptedException e){
                        e.printStackTrace();
                    }
                }
                System.out.println(" 顾客吃餐点 ");
                System.out.println(" 顾客继续点餐 ");
                m.flag = true;                         // 修改顾客点餐状态
                m.notify();                            // 唤醒餐厅，顾客继续点餐
                n++;                                   // 增加点餐次数
            }
        }
        System.out.println(n+1+" 已超过点餐次数 ");
    }
```

```
}
public class CH11_06{
    public static void main(String[] args){
        Meal m=new Meal();
        new Restaurant(m).start();                    //启动餐厅线程
        new Customer(m).start();                      //启动顾客线程
    }
}
```

程序执行结果如下：

```
1 餐厅正在准备餐点
顾客点餐已准备好
顾客吃餐点
顾客继续点餐
2 餐厅正在准备餐点
顾客点餐已准备好
顾客吃餐点
顾客继续点餐
3 餐厅正在准备餐点
顾客点餐已准备好
顾客吃餐点
顾客继续点餐
4 已超过点餐次数
```

11.4 线程的控制

视频讲解

为了能在使用多线程的程序中，合理安排线程的执行顺序，确保程序的正确执行，Thread 类提供了许多操作线程的控制方法，如 sleep()、join()、yield() 等。

11.4.1 线程休眠

Thread 类提供了一个很形象的实现线程休眠的方法 sleep()。sleep() 方法在指定的毫秒数内让当前正在执行的线程休眠，休眠时间超过指定时间后，线程调度器将其设置为就绪状态，进入就绪队列等待获得 CPU 的使用权。sleep() 方法会抛出 InterruptedException 异常，该异常属于受检查的异常，必须对该异常进行处理。

【例 11-7】模拟秒表，每秒输出一次。

```
//CH11_07.java
class TestSleep implements Runnable{
    public void run(){
        for(int i=1;i<=60;i++){                       //模拟 60s
            try{
                Thread.sleep(1000);
```

```
            }catch (InterruptedException e){                    //捕获异常
                e.toString();
            }
            if(i%10!=0){
                System.out.print("第"+i+"秒"+"\t");
            }else{
                System.out.println("第"+i+"秒");
            }


        }
    }
}
public class CH11_07{
    public static void main(String[] args){
        TestSleep ts=new TestSleep();
        Thread t=new Thread(ts);
        t.start();
    }
}
```

程序执行结果如下：

```
第1秒	第2秒	第3秒	第4秒	第5秒	第6秒	第7秒	第8秒	第9秒	第10秒
第11秒	第12秒	第13秒	第14秒	第15秒	第16秒	第17秒	第18秒	第19秒	第20秒
第21秒	第22秒	第23秒	第24秒	第25秒	第26秒	第27秒	第28秒	第29秒	第30秒
第31秒	第32秒	第33秒	第34秒	第35秒	第36秒	第37秒	第38秒	第39秒	第40秒
第41秒	第42秒	第43秒	第44秒	第45秒	第46秒	第47秒	第48秒	第49秒	第50秒
第51秒	第52秒	第53秒	第54秒	第55秒	第56秒	第57秒	第58秒	第59秒	第60秒
```

11.4.2 线程加入

线程1在执行过程中，如果线程2调用join()方法加入进来，线程1就会立即中断执行；直到线程2执行完毕，线程1才重新排队等待获得CPU的使用权。join()方法可以使多个线程按照编程者设定的顺序执行。

【例11-8】模拟两个线程顺序打印文件过程。

```
//CH11_08.java
class Printer implements Runnable{
    public void run(){
        String name=Thread.currentThread().getName();
        System.out.println(name+"开始");
        for(int i=1;i<=2;i++){
            System.out.println(name+"打印文件"+i);
        }
        System.out.println(name+"打印结束！");
    }
```

```
}
public class CH11_08{
    public static void main(String[] args) throws InterruptedException{
        Printer p=new Printer();
        Thread t1=new Thread(p,"线程1");
        Thread t2=new Thread(p,"线程2");
        t1.start();
        t1.join();          //等待线程1结束，然后继续执行下面的代码
        t2.start();
        t2.join();          //等待线程2结束，然后继续执行下面的代码
        System.out.println("主线程main结束！");
    }
}
```

程序执行结果如下：

```
线程1开始
线程1打印文件1
线程1打印文件2
线程1打印结束!
线程2开始
线程2打印文件1
线程2打印文件2
线程2打印结束!
主线程main结束!
```

11.4.3 线程让出 CPU

yield() 方法会使当前线程从运行状态变为就绪状态。线程调用 yield() 方法后让出 CPU，其他线程或者自己的线程抢占 CPU 并执行。

【例 11-9】模拟两个线程主动让出 CPU 资源的执行过程。

```
//CH11_09.java
class TestYield implements Runnable{
    public void run(){
        for(int i=1;i<=4;i++){
            System.out.println(Thread.currentThread().getName());
            if(i==2){
                Thread.yield();  //线程让出CPU，使其他线程或自己的线程执行
            }
        }
    }
}
public class CH11_09{
    public static void main(String[] args) throws InterruptedException{
```

```
        TestYield ty=new TestYield();
        Thread t1=new Thread(ty,"线程1");
        Thread t2=new Thread(ty,"线程2");
        t1.start();
        t2.start();
    }
}
```

程序执行结果如下：

```
线程1
线程1
线程2
线程2
线程2
线程2
线程1
线程1
```

11.4.4 线程优先级

Java线程共有10个优先级，用数字1~10表示，数字越大表示优先级越高。其中，最低优先级、最高优先级和默认优先级对应的符号常量分别是MIN_PRIORITY、MAX_PRIORITY和NORM_PRIORITY，它们分别代表了1级、10级和5级。在程序中，可以使用setPriority()方法设置一个线程的优先级，使用getPriority()方法获取一个线程的优先级。

【例11-10】线程优先级示例。

```
//CH11_10.java
class TestPriority extends Thread{
    private String name;
    public TestPriority(String name){
        this.name=name;
    }
    public void run(){
        System.out.println(name+"的优先级："+getPriority());
    }
}
public class CH11_10{
    public static void main(String[] args){
        TestPriority t1=new TestPriority("线程1");
        t1.setPriority(Thread.MIN_PRIORITY);              //设置最低优先级
        TestPriority t2=new TestPriority("线程2");
        t2.setPriority(Thread.MAX_PRIORITY);              //设置最高优先级
        t1.start();                                   //t1先启动但优先级低，后执行
        t2.start();                                   //t2优先级高，先被执行
    }
```

```
}
```

程序执行结果如下：

```
线程2的优先级：10
线程1的优先级：1
```

11.5 小结

本章介绍了 Java 的多线程机制。通过本章的学习，读者应了解进程和线程的区别，掌握直接继承 Thread 类和通过 Runnable 接口创建线程的两种方式；通过同步方法和同步代码块两种方式实现线程同步，了解线程的 5 种状态，掌握实现状态间相互转换的各种方法。

习题十一

一、选择题

1. Java 语言具有许多特点，下列选项中，哪个反映了 Java 程序并行机制的特点？（　　）

A. 安全性　　B. 多线性　　C. 跨平台　　D. 可移植

2. Runnable 接口中的抽象方法是（　　）。

A. start　　B. sleep　　C. yield　　D. run

3. 作为类中新线程的开始点，线程的执行是从下面哪个方法开始的？（　　）

A. public void start()　　B. public void run()

C. public void init()　　D. public void setPriority()

4. 已经声明了类“public class J_Test extends Thread”，下面哪些语句启动该类型的线程？（　　）

A. new J_Test.run();　　B. J_Test t=new J_Test(); t.start();

C. J_Test t=new J_Test(); t.run();　　D. new J_Test.start();

5. 线程通过（　　）方法可以使具有相同优先级的线程获得处理器。

A. run()　　B. setPriority()　　C. yield()　　D. sleep()

6. 线程通过（　　）方法可以休眠一段时间，然后恢复运行。

A. run()　　B. setPriority()　　C. yield()　　D. sleep()

7. 线程调用 start() 方法后，其所处的状态为（　　）。

A. 阻塞状态　　B. 运行状态

C. 就绪状态　　D. 新建状态

8. 下列关于线程优先级的说法中，不正确的是（　　）。

A. 线程的优先级是不可以改变的

B. 线程的优先级是在创建线程时设置的

C. 在创建线程后的任何时候都可重新设置优先级

D. 线程的优先级的范围是 1~10

9. 下列关于 Thread 类的线程控制方法的说法中，错误的是（　　）。

A. 线程可以通过调用 sleep() 方法使比当前线程优先级低的线程运行

B. 线程可以通过调用 yield() 方法使和当前线程优先级一样的线程运行

C. 线程的 sleep() 方法调用结束后，该线程进入就绪状态

D. 若没有相同优先级的线程处于就绪状态，线程调用 yield() 方法时，当前线程将继续执行

10. 在 Java 中，关于线程的说法，以下（　　）是正确的。

A. Java 中的线程默认优先级是 Thread.MAX_PRIORITY

B. 当一个线程调用 Thread.sleep() 方法时，它会立即停止执行

C. 通过继承 Thread 类或实现 Runnable 接口，可以创建新的线程

D. 当一个线程调用 Thread.yield() 方法时，它会立即放弃 CPU 使用权并终止

二. 判断题

1. 如果一个线程死亡，它便不能运行。

2. 在 Java 中，一个线程对象只能被启动（调用 start() 方法）一次。

3. 线程可以用 yield() 方法使低优先级的线程运行。

4. 编程者必须创建一个线程去管理内存的分配。

5. 一个线程可以调用 yield() 方法使其他线程有机会运行。

三. 阅读程序题

1. 请给出程序输出结果。

```
class MyThread extends Thread{
    MyThread(){}
    MyThread(Runnable r){
        super(r);
    }
    public void run(){
        System.out.print("Thread");
    }
}
class RunnableDemo implements Runnable{
    public void run(){
        System.out.println("Runnable");
    }
}
public class Test{
```

```
    public static void main(String args[]){
        new MyThread().start();
        new MyThread(new RunnableDemo()).start();
    }
}
```

2. 请给出程序输出结果。

```
class MyThread implements Runnable{
     public void run(){
        for(int i=1;i<=2;i++){
            synchronized (this){
                System.out.println("Hello Java");
            }
        }
    }
}
public class Test{
    public static void main(String args[]){
        MyThread t=new MyThread();
        Thread t1=new Thread(t);
        Thread t2=new Thread(t);
        t1.start();
        t2.start();
    }
}
```

四. 编程题

1. 编写两个线程，第一个线程用来计算 2~1000 内的素数的个数，第二个线程用来计算 1000~2000 内素数的个数。

2. 现有一个抽奖池，抽奖池中存放了奖励的红包，红包金额分别为 1 元、5 元、10 元、20 元、100 元、200 元、500 元、1000 元。每种金额的红包只有 1 个，在抽奖池中设立两个抽奖箱同时抽奖，请模拟该过程。

分析：抽奖池中的红包可以用数组保存，两个抽奖箱可以创建两个线程，然后同时抽奖。要注意线程安全问题，需要采用代码同步的方式来解决。

五. Java 程序员面试题

1. 简述什么是线程。进程和线程有什么区别?

2. Java 中多线程有几种实现方法？启动一个线程是用 run 还是 start？

3. 简述 sleep() 方法和 yield() 方法的区别。

4. 编写程序，模拟两个用户同时在一个账户内取现金的过程。

Java

第 12 章 网络编程

当今社会，网络已经成为人们工作、生活、休闲、娱乐的一部分，网络编程用于实现计算机之间的通信，使数据在不同设备之间传输。Java 语言之所以能在短时间内迅速崛起，很大程度上得益于其强大的网络功能。Java 语言提供了用于网络编程的多个类，编程者通过使用这些类，可以轻松实现基于 TCP 和 UDP 网络层协议的网络编程，或者直接利用 HTTP、FTP 等应用层协议访问以 URL 定位的网上资源。

12.1 基于 URL 的网络编程

视频讲解

URL（uniform resource locator，统一资源定位符）用于表示互联网上标准资源的地址。通过 URL 可以访问 Internet 上各种网络资源，如 HTTP、FTP 站点中的资源。编程者通过解析给定的 URL，可以进一步构建出具备网页内容分析、网络爬虫等功能的应用。

12.1.1 URL 格式

Internet 上的文件等资源可用 URL 唯一标识。通过 URL，应用程序可以定位 Internet 上的资源，如 Web 服务器上的一个网页或 FTP 服务器上的一个文件。

网络上每个 URL 地址都是唯一的，表示网络上唯一的资源的位置。一个 URL 地址通常包括协议、服务器域名或 IP 地址、端口号、目录或文件名称 4 部分。URL 地址格式如下：

```
协议名：// 服务器地址 [：端口号 ] / 文件路径
```

URL 各个组成部分的含义如下：

（1）协议名：指出使用的传输协议。常见的协议有 HTTP、HTTPS、FTP 等。

（2）服务器地址：指出存放资源的服务器域名或 IP 地址。

（3）端口号：可选项，如果使用默认端口（如 HTTP 协议的默认端口号为 80）则可以省略，对非默认端口的访问，需要给出相应的服务器端口号。

（4）文件路径：指出服务器上某个资源的位置。与端口一样，路径并非总是需要的，未写路径时，一般访问的都是默认文件；写上路径，则访问具体的文件。

例如，百度 Web 网站主页的 URL 是 https://www.baidu.com/ 或 https://www.baidu.com/index.html。

12.1.2 URL 类

为了访问 Internet 中的文件等网络资源，Java 语言提供了 URL 类，URL 类是 java.net 包中的一个重要的类。

1. URL 类的构造方法

为网络资源建立 URL 类对象后，就可以方便地访问该资源，比如读取网页内容。URL 类的构造方法如表 12–1 所示。

表 12-1 URL 类的构造方法

构造方法	说明及示例
public URL(String str)	通过表示资源的 URL 字符串创建一个 URL 类对象。 如：URL url=new URL("https://www.baidu.com/index.html");
public URL(String prot,String host,String file)	通过指定的协议名、主机域名、文件名创建一个 URL 类对象。 如：URL url=new URL("https","www.baidu.com","index.html");
public URL(String prot,String host,int port,String file)	通过指定的协议名、域名、端口号、文件名创建 URL 类对象。 如：URL url=new URL("https","www.baidu.com",80,"index.html");
public URL(URL url,String str)	通过指定的基 URL 类对象和相对 URL 字符串创建 URL 类对象。 如：URL url1=new URL("https://www.baidu.com/"); URL url2=new URL(url1,"index.html");

【注意】 URL 类的构造方法声明抛出非运行时异常 MalformedURLException，因此，在创建 URL 类对象时，必须对这一异常进行捕获或抛出。

2. URL 类的常用方法

使用 URL 类对象可以连接并访问一个指定的服务器上的资源，在连接到网络资源后，可以通过 URL 类的成员方法读取和显示 URL 类对象的各个属性，如 URL 端口号、协议名、文件名等。URL 类的常用方法如表 12–2 所示。

表 12-2 URL 类的常用方法

常用方法	说明
public String getAuthority()	获取 URL 对象的权限信息
public String getFile()	获取 URL 对象的文件名
public String getHost()	获取 URL 对象的主机名

续表

常用方法	说　　明
public String getPath()	获取 URL 对象的路径
public String getProtocol()	获取 URL 对象的协议名
public int getPort()	获取 URL 对象的端口号，如果没有设置端口号，则返回 -1
public int getDefaultPort()	获取 URL 对象相关协议的默认端口号
public static Thread currentThread()	返回当前正在执行的线程对象的引用
public String toString()	返回线程的字符串表示形式，包括线程名称、优先级和线程组

【例 12-1】编写程序获取 URL 对象的各种属性。

```
//CH12_01.java
import java.net.MalformedURLException;
import java.net.URL;
public class CH12_01{
    public static void main(String[] args){
        try{
            URL url=new URL("http://www.baidu.com/index.html");
            System.out.println("权限信息："+url.getAuthority());
            System.out.println("文件名："+url.getFile());
            System.out.println("默认端口号："+url.getDefaultPort());
            System.out.println("端口号："+url.getPort());
        }catch (MalformedURLException e){
            e.printStackTrace();
        }
    }
}
```

程序执行结果如下：

```
权限信息：www.baidu.com
文件名：/index.html
默认端口号：80
端口号：-1
```

3. 使用 openStream() 读取网络资源

实例化 URL 对象后，可以通过实例对象读取指定 URL 地址的网络资源。读取网络资源时，需要用到 URL 类的 openStream() 方法。其定义格式如下：

```
public final InputStream openStream() throws IOException
```

通过 URL 类的 openStream() 方法创建的 InputStream 类对象以字节为单位传输数据，为了以字符方式输出，需要进行字节流到字符流的转换。字节流到字符流的转换需要使用 InputStreamReader 类，字符流到字节流的转换需要使用 OutputStreamWriter 类，这两个类的构造方法及说明如表 12-3 所示。

表 12-3　InputStreamReader 类和 OutputStreamWriter 类的构造方法及说明

构 造 方 法	说　明
public InputStreamReader(InputStream in)	InputStreamReader 类是 Reader 类的子类，用于将输入的字节流转换为字符流
public OutputStreamWriter(OutputStream out)	OutputStreamWriter 类是 Writer 类的子类，用于将输出的字符流转换为字节流

以网络文件操作为例，内存中的字符数据需要通过 OutputStreamWriter 类转换为字节流才能向指定的 URL 文件写入数据，读取 URL 文件内容时需要将读取的字节流通过 InputStreamReader 类转换为字符流才能输出或处理，转换过程如图 12-1 所示。

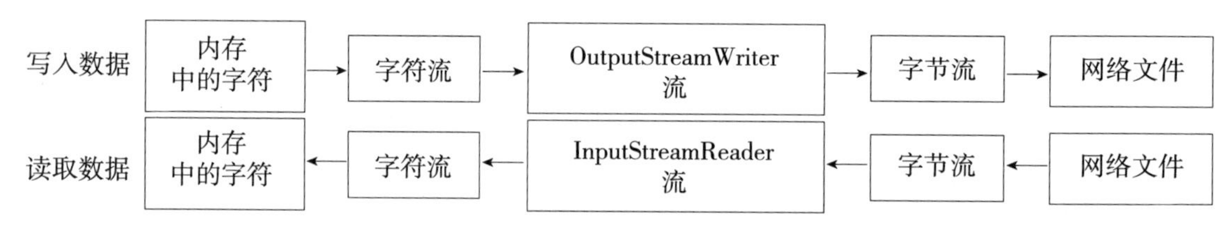

图 12-1　字节流与字符流转换过程

【例 12-2】利用 URL 类获取清华大学网站首页的 HTML 文件内容。

```
//CH12_02.java
import java.io.*;
import java.net.URL;
public class CH12_02{
    public static void main(String[] args) throws Exception{
        URL url=new URL("https://www.tsinghua.edu.cn/");
        InputStream in1=url.openStream();                       // 字节流
        InputStreamReader in2=new InputStreamReader(in1); // 转换为字符流
        BufferedReader in3=new BufferedReader(in2);         // 缓冲区流
        String line=in3.readLine();
        while(line!=null){
            System.out.println(line);
            line=in3.readLine();
        }
        in3.close();
        in2.close();
        in1.close();
    }
}
```

程序执行后的部分结果如下：

```
<li>
    <a href="https://mp.weixin.qq.com/s/sJib1BF2FEJZHNwrmEzzqg" target="_blank" title="清华+北京，加快发展新质生产力！"
        <div class="img"><img src="/__local/5/CE/E1/B3C975A413848E8DD5A26D8B037_7CC022A2_42C29.jpg"></div>
        <div class="layer">
        <div class="time">03月14日 15:31</div>
        <p>清华+北京，加快发展新质生产力！</p>
        <div class="info            info-2                       ">
            <img src="image/img23_2.png">
            <em>
                微信
```

12.1.3 URLConnection 类

利用 URL 类的 openStream() 方法为网络文件建立 InputStream 类对象后，借助该流类对象只能从对应的网络文件中读取数据，而不能向其写入数据。如果同时还想输出数据，例如向服务端发送一些数据，则必须先与 URL 建立连接，然后才能对其进行读写，这就需要使用 URLConnection 类。

1. 建立 URLConnection 类对象

URLConnection 类用于表示 Java 程序和 URL 在网络上的通信连接。当与一个 URL 建立连接时，首先要在一个 URL 对象上通过 openConnection() 方法生成对应的 URLConnection 对象。

例如，要为网络文件 http://www.baidu.com/index.html 建立 URLConnection 类对象 conn，语句序列如下：

```
URL url = new URL("http://www.baidu.com/index.html");
URLConnection conn = url.openConnection();
```

建立 URLConnection 类对象可能会触发 IOException 类异常，在程序中需要进行捕获或抛出处理。

2. 建立流对象

调用 URLConnection 类对象的 getInputStream() 方法和 getOutputStream() 方法，分别为网络资源建立 InputStream 类对象和 OutputStream 类对象。getInputStream() 方法和 getOutputStream() 方法的定义格式如下：

```
public InputStream getInputStream() throws IOException
public OutputStream getOutputStream() throws IOException
```

【例 12-3】使用 URLConnection 类获取清华大学网站首页的 HTML 文件内容。

```
//CH12_03.java
import java.io.*;
import java.net.URL;
import java.net.URLConnection;
public class CH12_03{
    public static void main(String[] args) throws Exception{
```

```
            URL url = new URL("https://www.tsinghua.edu.cn/");
            URLConnection conn = url.openConnection();
            InputStream inStream = conn.getInputStream();
             BufferedReader in = new BufferedReader(new
InputStreamReader(inStream));
            String line;
            while ((line = in.readLine()) != null){
                System.out.println(line);
            }
            in.close();
            inStream.close();
        }
    }
```

程序执行后的结果与例 12-2 相同。

12.2 InetAddress 类

视频讲解

Java 提供了 InetAddress 类，用以描述主机的域名和 IP 地址。在 java.net 包中有许多类都用到了 InetAddress 类，如 ServerSocket 类、Socket 类、DatagramSocket 类等。

1. 创建 InetAddress 类对象

InetAddress 类没有构造方法，因此不能用 new 创建 InetAddress 类对象，通常用 java 提供的静态方法来获取 InetAddress 类对象，常用的方法及说明如表 12-4 所示。

表 12-4 创建 InetAddress 类对象的常用方法及说明

常用方法	说明
public static InetAddress getByName(String host)	返回主机名对应的 InetAddress 类对象
public static InetAddress getByAddress(byte[] addr)	返回 IP 地址对应的 InetAddress 类对象
public static InetAddress getLocalHost()	返回本地主机的 InetAddress 类对象

【注意】 以上三个方法，如果找不到主机，则触发 UnknownHostException 类异常。因此，在程序中要对该类异常或其父类异常进行捕获或抛出处理。

例如，为百度的 Web 服务器 www.baidu.com 建立 InetAddress 类对象，使用的语句如下：

```
InetAddress inet=InetAddress.getByName("www.baidu.com");
```

再如，为 IP 地址 120.232.145.185 对应的主机建立 InetAddress 类对象，使用的语句序列如下：

```
byte[] ip={(byte)120,(byte)232,(byte)145,(byte)185};
```

```
InetAddress inet=InetAddress.getByAddress(ip);
```

2. 获取主机名和 IP 地址

如果要获取主机名和 IP 地址，则需要使用 InetAddress 类提供的方法，InetAddress 类的常用方法如表 12–5 所示。

表 12-5 创建 InetAddress 类的常用方法

常用方法	说明
public String getHostName()	返回 InetAddress 类对象所表示的主机名
public String getHostAddress()	返回 InetAddress 类对象所表示的主机 IP 地址，格式为 %d.%d.%d.%d
public byte[] getAddress()	返回 InetAddress 类对象所表示的主机 IP 地址，返回的 IP 地址是包含 4 个元素的 byte 型数组

【例 12–4】获取本地主机的主机名和 IP 地址。

```
//CH12_04.java
import java.net.InetAddress;
public class CH12_04{
    public static void main(String[] args) throws Exception{
        //根据主机名获取 IP 地址
        InetAddress inet=InetAddress.getLocalHost();
        String hostAddr=inet.getHostAddress();
        System.out.println("本地主机 IP: "+hostAddr);
        //根据 IP 地址获取主机名
        byte[] ip={(byte)192,(byte)168,(byte)1,(byte) 215};
        InetAddress inet1=InetAddress.getByAddress(ip);
        System.out.println("本地主机名: "+inet1.getHostName());
    }
}
```

程序执行结果如下：

```
本地主机IP: 192.168.1.215
本地主机名: LAPTOP-5DN586T7
```

12.3 基于 Socket 的网络编程

视频讲解

Java 中提供了 URL 类和 URLConnection 类，便于应用程序使用应用层的 HTTP、FTP 和 FILE 等协议访问网络资源。除此之外，Java 还提供了在较低层进行网络通信的机制，即基于 Socket 的通信机制。

Socket 翻译为套接字，是网络通信的一种底层编程接口。套接字通常用来实现客户端（请求服务的一方）与服务器（提供服务的一方）的连接。每一端称为一个套接字 Socket，一个套接字由一个 IP 地址和一个端口号唯一确定。

应用 Socket 机制的网络通信又分为基于 TCP 的流式通信和基于 UDP 的数据报通信。

12.3.1 基于 TCP 的 Socket 编程

TCP 是 TCP/IP 体系结构中位于传输层的面向连接的协议，提供可靠的字节流传输。通信双方需要建立连接，发送端的所有数据段按顺序发送，接收端按顺序接收。

Java 提供了 ServerSocket 类和 Socket 类，用于基于 TCP 流式 Socket 的网络通信。ServerSocket 类用于服务器，监听来自客户端的连接请求。Socket 类用于客户端及服务器，建立客户端和服务器的连接。客户端和服务器建立起连接后，就可以基于此连接进行流式通信。

1. ServerSocket 类

ServerSocket 工作在服务端，用来监听指定的端口并接收客户端的连接请求。ServerSocket 类的构造方法及常用方法如表 12-6 所示。

表 12-6 ServerSocket 类的构造方法及常用方法

方　　法	说　　明
public ServerSocket(int port)	创建一个新的 ServerSocket 对象，并绑定到指定的端口号，以便等待客户端的连接请求
public Socket accept()	接收客户端的连接请求，并返回一个与该请求对应的 Socket 类对象。服务器随后可以使用这个 Socket 对象与客户端进行通信
public void close()	关闭 ServerSocket 对象

【注意】 使用 ServerSocket 类的方法时，可能触发 IOException 类异常，在程序中需要作抛出或捕获处理。

2. Socket 类

客户端与服务器建立连接，首先要创建一个 Socket 类对象，向指定服务器端口发送连接请求。Socket 类的构造方法及常用方法如表 12-7 所示。

表 12-7 Socket 类的构造方法及常用方法

方　　法	说　　明
public Socket(InetAddress addr,int port)	创建一个 Socket 对象，并将其连接到指定的 IP 地址和端口号的服务器
public Socket(String host,int port)	创建一个新的 Socket 对象，并将其连接到指定主机名和端口号的服务器
public InputStream getInputStream()	获取 Socket 对象的输入流，通过这个输入流，可以从连接的服务器读取数据
public OutputStream getOutputStream()	返回 Socket 对象的输出流，通过这个输出流，可以向连接的服务器发送数据

续表

方　　法	说　　明
public void close()	关闭 Socket 对象

【注意】使用 Socket 类的方法时，可能触发 IOException、UnknownHostException 异常，在程序中需要作抛出或捕获处理。

3. Socket 通信编程

Socket 通信过程为：服务器首先在某个端口创建一个监听客户端请求的监听服务并处于监听状态；当客户端向服务器的这个端口发出连接请求时，服务器和客户端就会建立一个连接和一个传输数据的通道，通信结束时，连接通道将被销毁。

1）服务端程序

服务器与客户端交互信息，服务端程序必须遵守以下步骤：

① 创建 ServerSocket 对象，监听指定端口的服务请求；

② 使用 accept() 方法建立与客户端连接的 Socket 对象；

③ 利用 Socket 对象的输入输出流，向客户端发送或接收数据；

④ 关闭输入输出流和 Socket 连接；

⑤ 关闭 ServerSocket 对象。

【例 12-5】使用 ServerSocket 编写服务器程序并启动监听，向客户端发送消息。

```
//CH12_05_Server.java
import java.io.OutputStream;
import java.io.PrintWriter;
import java.net.ServerSocket;
import java.net.Socket;
public class CH12_05_Server{
    public static void main(String[] args) throws Exception{
        ServerSocket serverSocket=new ServerSocket(8800); //监听 8800 端口
        Socket socket=serverSocket.accept();        //等待接受连接请求
        OutputStream out1=socket.getOutputStream();
        PrintWriter out2=new PrintWriter(out1);
        out2.println("Hello Client!");              //向客户端发送字符串
        out2.close();
        out1.close();
        socket.close();
        serverSocket.close();
    }
}
```

运行程序后，程序没有打印出任何内容，但也没有结束，一直在等待，这就是监听状态，服务器程序在等待客户端的连接请求。接下来运行例 12-6 客户端程序，服务器程序接收请求并完成服务后，结束本身程序的运行。

2）客户端程序

客户端向服务器发送或接收数据，客户端程序必须遵守以下步骤：

① 建立 Socket 对象连接服务器；

② 利用 Socket 对象的输入输出流，向服务器发送或接收数据；

③ 关闭输入输出流和 Socket 连接。

【例 12-6】使用 Socket 编写客户端程序，接收例 12-5 服务器程序发送的信息。

```
//CH12_05_Client.java
import java.io.BufferedReader;
import java.io.InputStream;
import java.io.InputStreamReader;
import java.net.Socket;
public class CH12_05_Client{
    public static void main(String[] args) throws Exception{
        //创建 Socket 连接本机 8800 端口
        Socket socket=new Socket("localhost",8800);
        //获取连接的输入流，接收服务器发送的信息
        InputStream in1=socket.getInputStream();
        InputStreamReader in2=new InputStreamReader(in1);
        BufferedReader in3=new BufferedReader(in2);
        String s=in3.readLine();
        System.out.println("服务器发来的消息是："+s);
        in3.close();
        in2.close();
        in1.close();
        socket.close();
    }
}
```

【注意】先运行服务器程序，再运行客户端程序。

客户端程序运行结果如下：

```
服务器发来的消息是：Hello Client!
```

12.3.2 基于 UDP 的 Socket 编程

用户数据报协议 UDP 是一种面向无连接的协议，它以数据报作为数据的载体。数据报是一个在网络上发送的独立信息，包含目的地址和源地址。每个数据报的大小限定在 64KB 以内。UDP 无须在发送方和接收方之间建立连接。数据报在网上可以沿任何可能的路径传往目的地。所以，UDP 更加适合于对可靠性要求不高、实时交互性很强的场合，如网络游戏、视频会议、在线影视、聊天等。

Java 提供了 DatagramPacket 类和 DatagramSocket 类，用于开发基于 UDP 数据报的网

络程序。使用UDP数据报通信时，两台主机是对等的，都要使用DatagramPacket类和DatagramSocket类。

1. DatagramPacket类

DatagramPacket类用于描述UDP数据报，根据不同的用途，可分为发送端数据报和接收端数据报。DatagramPacket类的构造方法如表12-8所示。

表12-8 DatagramPacket类的构造方法

分类	构造方法	说明
发送端数据报	public DatagramPacket(byte[] buf,int length,InetAddress addr,int port)	创建一个数据报，用于将长度为length的数据报发送到addr参数指定的地址和port参数指定的端口号的主机。buf数组存放待发送的数据，length长度必须小于或等于buf数组的长度
接收端数据报	public DatagramPacket(byte[] buf,int length)	创建一个数据报，用于接收长度为length的数据报并存放到数组buf中

例如，要向IP地址为127.0.0.1的计算机2080端口发送信息“Hello，I am xiaoming”，可以使用以下语句序列创建数据报。

```
byte[] ip={(byte) 127,(byte) 0,(byte) 0,(byte) 1};
InetAddress addr= InetAddress.getByAddress(ip);
String s="Hello, I am xiaoming";
byte[] buf=new byte[256];
buf=s.getBytes();                                //将字符串转换成byte型数组
DatagramPacket packet=new DatagramPacket(buf,buf.length,addr,2080);
```

例如，接收端要在端口2080接收数据，可以使用以下语句序列创建数据报。

```
byte[] buf=new byte[256];
DatagramPacket packet=new DatagramPacket(buf,buf.length);
```

2. DatagramSocket类

DatagramSocket类用于发送或接收数据报。DatagramSocket类的构造方法如表12-9所示。

表12-9 DatagramSocket类的构造方法

分类	构造方法	说明
发送端	public DatagramSocket()	创建DatagramSocket对象，不绑定端口。发送端发送数据报时随机选用一个可用的端口号
接收端	public DatagramSocket(int port)	创建DatagramSocket对象，绑定指定端口。接收端的端口号必须与发送端DatagramPacket对象中的端口号一致

【注意】创建DatagramSocket对象时，可能触发SocketException异常，在程序中需要进行捕获或抛出处理。

例如，接收端创建绑定 2080 端口的 DatagramSocket 对象，可以使用以下语句。

```
DatagramSocket socket=new DatagramSocket(2080);
```

例如，发送端创建不绑定端口的 DatagramSocket 对象，可以使用以下语句。

```
DatagramSocket socket=new DatagramSocket();
```

3. 发送和接收数据报的方法

除构造方法外，DatagramPacket 和 DatagramSocket 类还提供了一些用于发送和接收数据报的方法，常用的方法如表 12-10 所示。

表 12-10　发送和接收的常用方法

类	常 用 方 法	说　　明
DatagramSocket	public void send(DatagramPacket packet)	该方法用于发送端程序中，功能是将数据报发送到接收端
	public void receive(DatagramPacket packet)	该方法用于接收端程序中，功能是接收数据报
	public void close()	关闭 DatagramSocket 对象，结束 UDP 数据报通信
DatagramPacket	public void byte[] getData()	该方法用于接收端程序中，功能是获取接收到的数据报中的数据

【注意】调用 send() 或者 receive() 方法时，可能会触发 IOException 异常，在程序中需要进行捕获或抛出处理。

【例 12-7】基于 UDP 数据报的单向通信。实现接收端接收消息的程序。

```
//CH12_07_Receive.java
import java.net.DatagramPacket;
import java.net.DatagramSocket;
public class CH12_07_Receive{
    public static void main(String[] args) throws Exception{
        byte[] buf=new byte[256];
        DatagramPacket packet=new DatagramPacket(buf,buf.length);
        DatagramSocket socket=new DatagramSocket(2080);
        socket.receive(packet);
        String s=new String(packet.getData(),0,packet.getLength());
        System.out.println("收到的消息是："+s);
        socket.close();
    }
}
```

程序运行后，一直处于监听状态，等到发送端程序执行后，发过来数据，才会显示运行结果。

【例 12-8】基于 UDP 数据报的单向通信。实现发送端发送消息的程序。

```
//CH12_07_Send.java
import java.net.DatagramPacket;
import java.net.DatagramSocket;
import java.net.InetAddress;
public class CH12_07_Send{
    public static void main(String[] args) throws Exception{
        byte[] ip={(byte) 127,(byte) 0,(byte) 0,(byte) 1};
        InetAddress addr= InetAddress.getByAddress(ip);
        String s="Hello，我是小明，第 1 次和你联系 ";
        byte[] buf=new byte[256];
        buf=s.getBytes();
        DatagramPacket packet=new DatagramPacket(buf,buf.
length,addr,2080);
        DatagramSocket socket=new DatagramSocket();
        socket.send(packet);
        socket.close();
    }
}
```

程序运行后，接收端的监听会终止，本程序不显示任何结果，切换到例 12-7 控制台界面，显示的结果如下：

```
CH12_07_Receive ×    CH12_07_Send ×
"C:\Program Files\Java\jdk-21\bin\java
收到的消息是：Hello，我是小明，第1次和你联系
```

12.4 小结

本章介绍了网络编程的相关技术。通过本章的学习，读者应该掌握通过 URL 类和 URLConnection 类读取指定的 WWW 资源的方法；通过 ServerSocket 类和 Socket 类实现基本 TCP 协议的网络通信，ServerSocket 对象监听来自客户端的请求，如果收到一个客户端的 Socket 连接请求，调用 accept() 方法返回一个与客户端 Socket 对应的 Socket 对象，然后双方就可以使用 Socket 对象进行通信；通过 DatagramSocket 类和 DatagramPacket 类实现数据报通信，用数据报方式编写通信程序时，无论在接收端还是发送端，首先都要建立一个 DatagramSocket 对象，用来接收或发送数据报，然后使用 DatagramPacket 对象作为传输数据的载体。

习题十二

一. 选择题

1. 在 Java 语言网络编程中，URL 类是在 java.net 包中，该类中提供了许多方法用来访问 URL 对象的各种资源。下列（　　）方法用来获取 URL 中的端口号。

A. getFile()　　B. getProtocol()　　C. getHost()　　D. getPort()

2. 下面（　　）方法是类 java.net.InetAddress 的静态方法，可以根据主机名创建该类的实例对象。

A. getHostName　　B. getByName　　C. getHostAddress　　D. getInetAddress

3. 下面（　　）方法是类 java.net.URL 的成员方法，可以打开到当前 URL 的连接并返回输入流。

A. openConnection　　B. openStream　　C. getStream　　D. getConnection

4. 下面（　　）方法是类 java.net.Socket 的成员方法，用来获取 Socket 的输入流。

A. getChannel　　B. getConnection　　C. getInputStream　　D. getStream

5. 下面（　　）结论是正确的。

A. 类 java.net.DatagramSocket 是类 java.net.Socket 的子类，所以 java.net.DatagramSocket 的实例对象实际上也是 java.net.Socket 的实例对象

B. 类 java.net.Socket 是类 java.net.DatagramSocket 的子类，所以 java.net.Socket 的实例对象实际上也是 java.net.DatagramSocket 的实例对象

C. 类 java.net.DatagramSocket 的成员方法 receive 和 send 可以接收与发送由类 java.net.DatagramPacket 封装的数据包

D. 类 java.net.DatagramSocket 的成员方法 receive 和 send 可以直接接收与发送字符串实例对象

6. 在 Java 网络编程中，使用客户端套接字 Socket 创建对象时，需要指定（　　）。

A. 服务器地址和端口　　B. 服务器端口和文件

C. 服务器名称和文件　　D. 服务器地址和文件

7. 在使用 UDP 套接字通信时，常用（　　）类把要发送的信息打包。

A. String　　B. DatagramSocket　　C. MulticastSocket　　D. DatagramPacket

8. Java 程序中，使用 TCP 套接字编写服务端程序的套接字类是（　　）。

A. Socket　　B. ServerSocket　　C. DatagramPacket　　D. DatagramSocket

9. 如果在关闭 Socket 时发生一个 I/O 错误，会抛出（　　）。

A. IOException　　B. UnknownHostException

C. SocketException　　D. MalformedURLException

10. 使用（　　）类建立一个 Socket，用于不可靠的数据报的传输。

A. Applet　　B. DatagramSocket　　C. InetAddress　　D. AppletContext

11.（　　）类上包含有 Internet 地址。

A. InputStream　　B. InetAddress　　C. OutputStream　　D. DatagramSocket

12. InetAddress 类的 getLocalHost() 方法返回一个（　　）对象，它包含了运行该程序的

计算机的主机名。

A. InputStream　　B. InetAddress　　C. OutputStream　　D. DatagramSocket

二．判断题

1. 已经建立的 URL 对象属性不能被改变。

2. TCP 是面向连接的协议。

3. UDP 是面向连接的协议。

4. 数据报传输是可靠的，并按先后顺序到达。

5. 端口 1024 是默认的端口号。

三．编程题

1. 利用 URL 类读取网络上的 HTML 文件，统计其行数，并将第 10、20、30 等行内容在控制台显示。文件 URL 路径通过键盘指定。

2. 利用 TCP Socket 编程实现：客户机请求服务器产生一个 0 ～ 100 内的随机整数，服务器接收请求并向客户机发送所产生的随机整数。

3. 利用 UDP 数据报编程实现：客户机从键盘输入一行信息，将其发送到服务器；服务器接收到此信息后，在屏幕显示该信息并将其再发送回客户机；客户机接收到此信息后，在自己屏幕显示此信息。

Java

第 13 章 数据库编程

使用 Java 语言开发系统的过程中，通常会使用数据库存储数据。比如，大型网络游戏中的用户管理系统，各种数据都是采用数据库存储的。Java 程序主要通过 JDBC 访问数据库。JDBC 是 Java 程序访问数据库的应用程序接口，由一组类和接口组成，它们是连接数据库和 Java 程序的桥梁。通过 JDBC，Java 可以方便地对各种主流数据库进行操作。

13.1 MySQL 数据库

视频讲解

数据库是管理和组织信息和数据的综合系统，在各领域中得到了广泛的使用。常用的数据库产品有 Oracle、SQL Server、MySQL、DB2 等。MySQL 是一种轻型、开源的数据库管理系统，是很多中小型网站及软件开发公司采用的后台数据库管理系统。本书以 MySQL 数据库为例，介绍 Java 程序如何连接并访问后台数据库中的数据。

13.1.1 MySQL 的安装和使用

下面介绍使用图形化安装包安装 MySQL 8.0.27 的步骤。

1. 下载 MySQL 安装文件

（1）登录 MySQL 官网，网址 https://dev.mysql.com/downloads/installer/8.0.html，在下载页面中选择 Microsoft Windows 平台，单击离线安装社区版 mysql-installer-community-8.0.27.msi 对应的 Download 按钮，如图 13-1 所示。

（2）在打开的页面里单击 Download Now 按钮，即可开始下载，如图 13-2 所示。

2. 安装 MySQL 8.0

（1）双击下载的 mysql-installer-community-8.0.27.0 安装文件，在打开的选择安装类型窗口中选择 Custom（自定义安装类型）单选按钮，如图 13-3 所示，单击 Next 按钮。

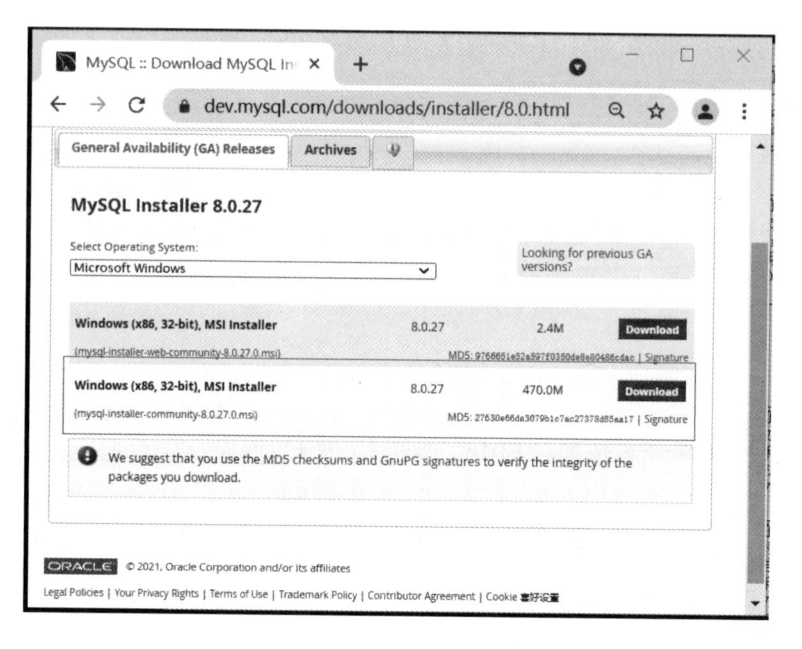

图 13-1　MySQL 下载页面

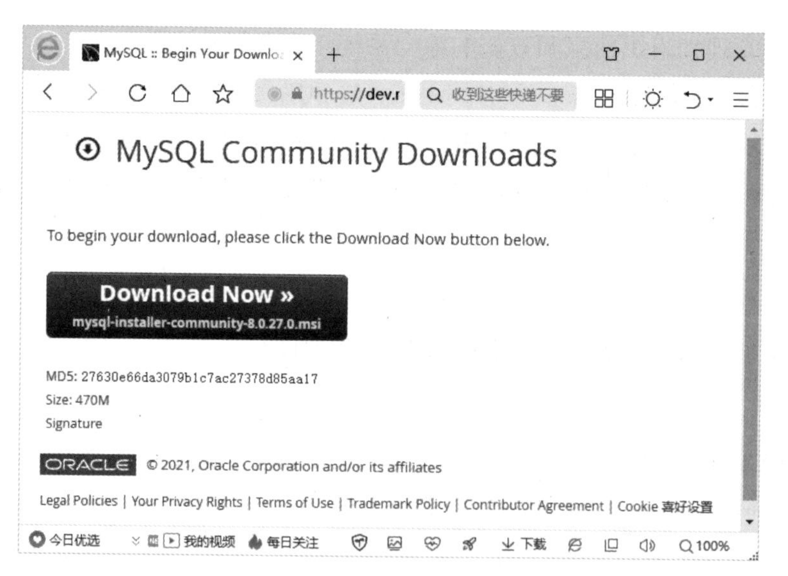

图 13-2　登录成功后的下载页面

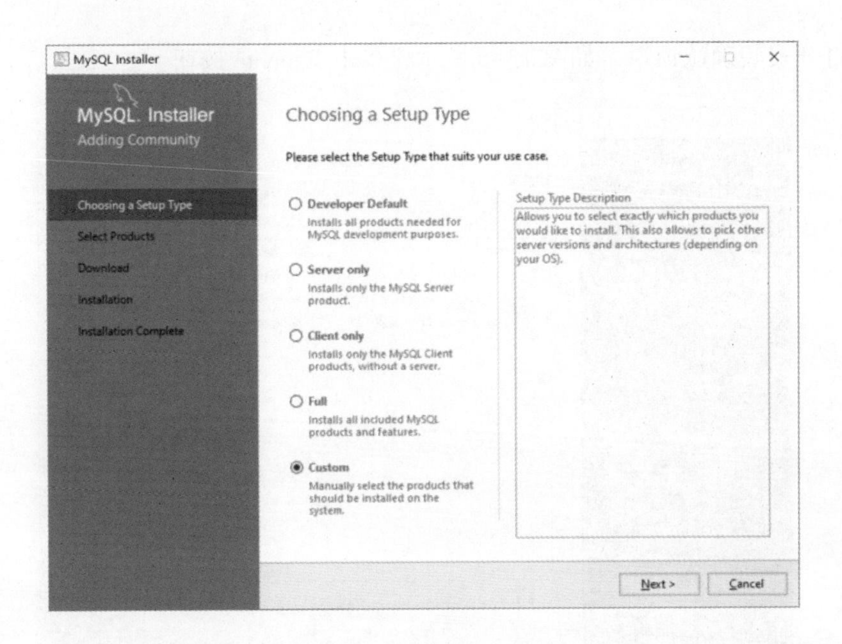

图 13-3　安装类型窗口

（2）在打开的产品选择窗口中选择 MySQL Server8.0.27-x86 后，单击添加按钮，即选择了安装 MySQL 服务器。采用同样的方法，添加 Samples and Examples 8.0.27-x86 和 MySQL Documentation 8.0.27-x86 选项，如图 13-4 所示，单击 Next 按钮。

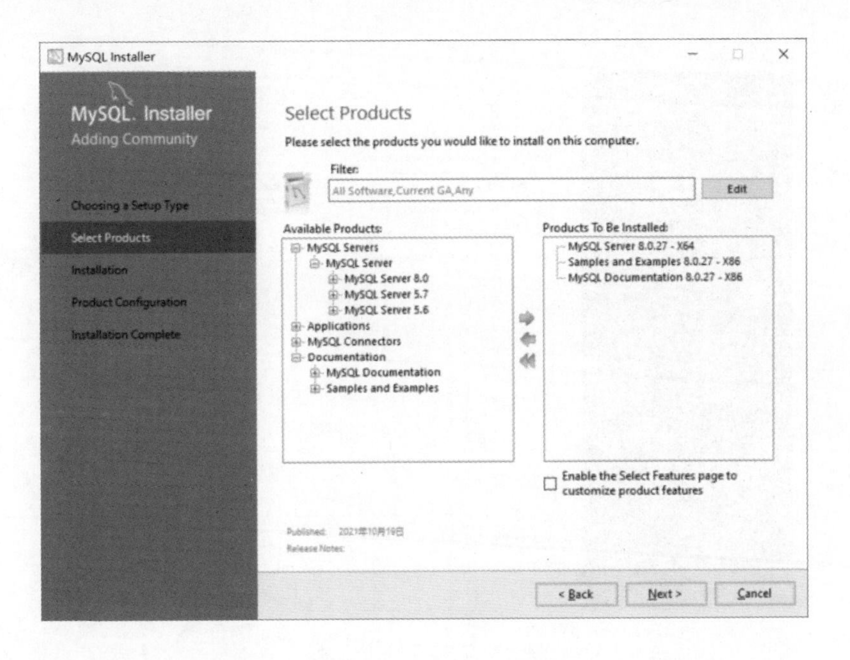

图 13-4　自定义安装组件窗口

（3）打开安装确认窗口，如图 13-5 所示，单击 Execute 按钮。

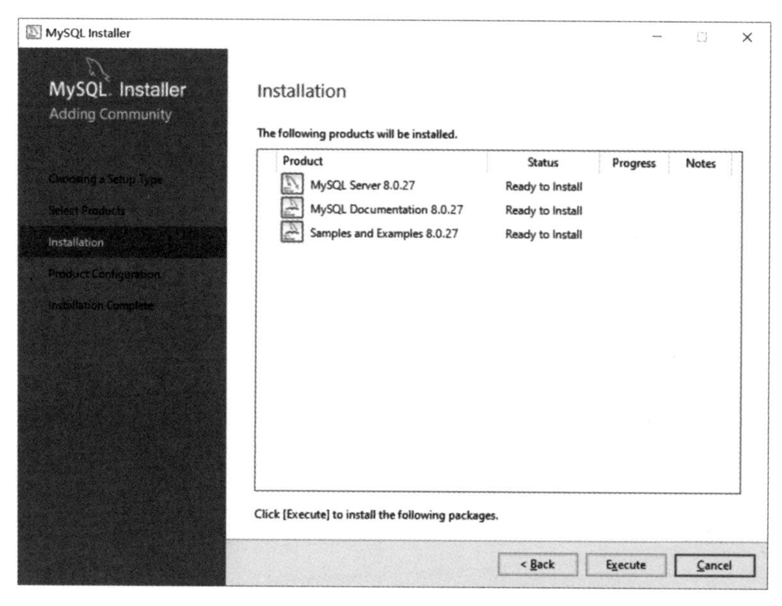

图 13-5 准备安装窗口

（4）开始自动安装 MySQL 文件，安装完成后在 Status（状态）列表下显示 Complete（安装完成），如图 13-6 所示，单击 Next 按钮。

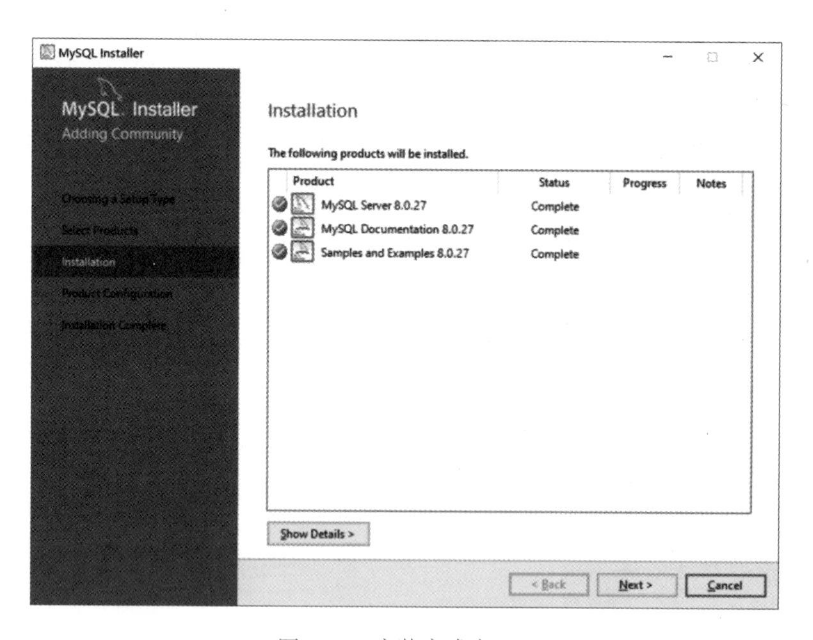

图 13-6 安装完成窗口

（5）打开产品配置窗口，如图 13-7 所示，单击 Next 按钮。

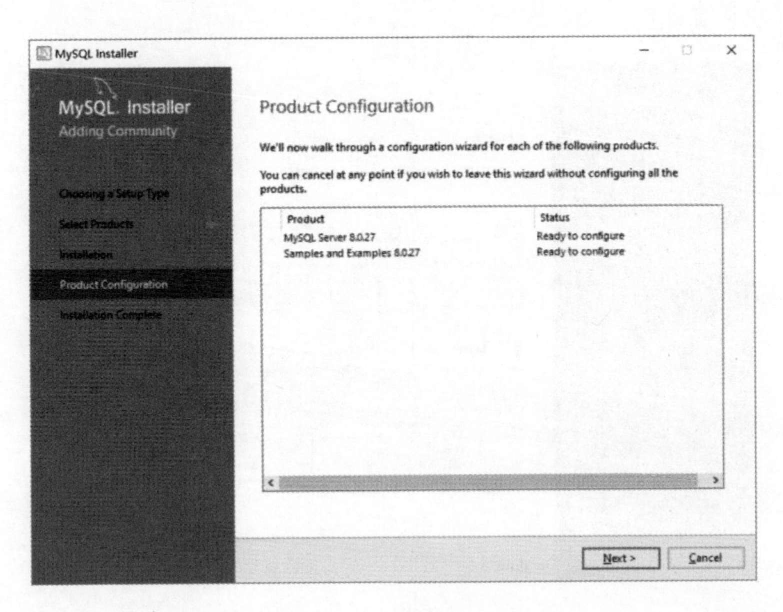

图 13–7 产品配置窗口

（6）进入 MySQL 服务器配置窗口，使用默认设置，如图 13–8 所示，单击 Next 按钮。

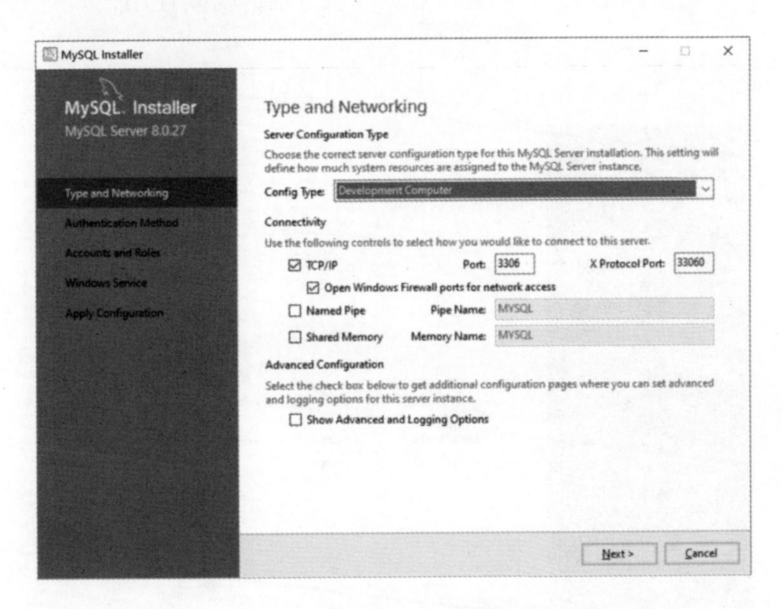

图 13–8 MySQL 服务器配置窗口

（7）打开设置授权方式窗口。选择第二个单选项，含义是传统授权方法（保留 5.x 版本兼容性），如图 13–9 所示，单击 Next 按钮。

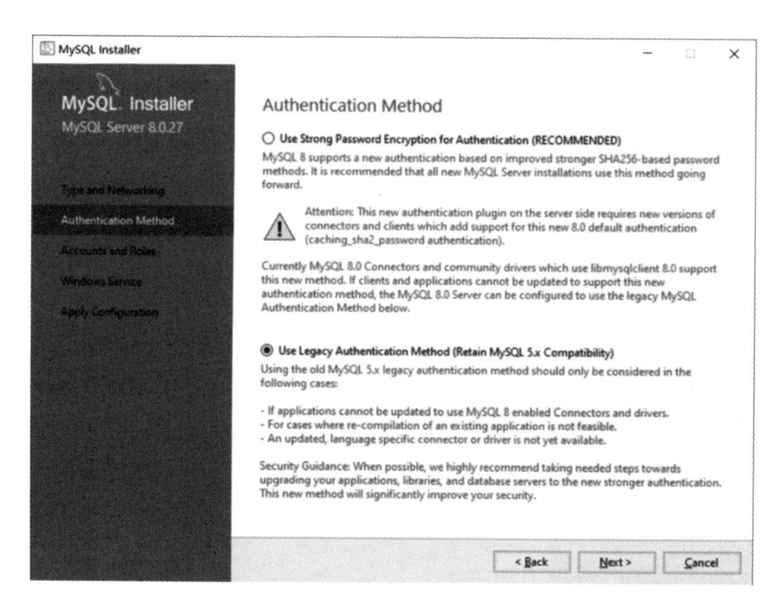

图 13-9 MySQL 服务器类型

（8）打开设置服务器的密码窗口，为系统管理员用户 root 设置密码。假设密码为 123456，请务必记住这个密码，后面连接数据库服务器时需要使用，如图 13-10 所示，单击 Next 按钮。

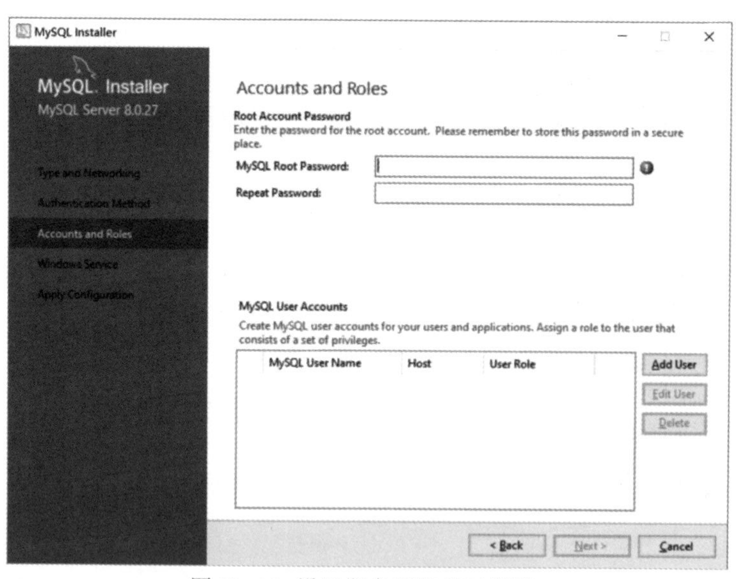

图 13-10 设置服务器的登录密码

（9）打开设置服务器名称窗口，使用默认设置，即服务器名称为 MySQL80，如图 13-11 所示，单击 Next 按钮。

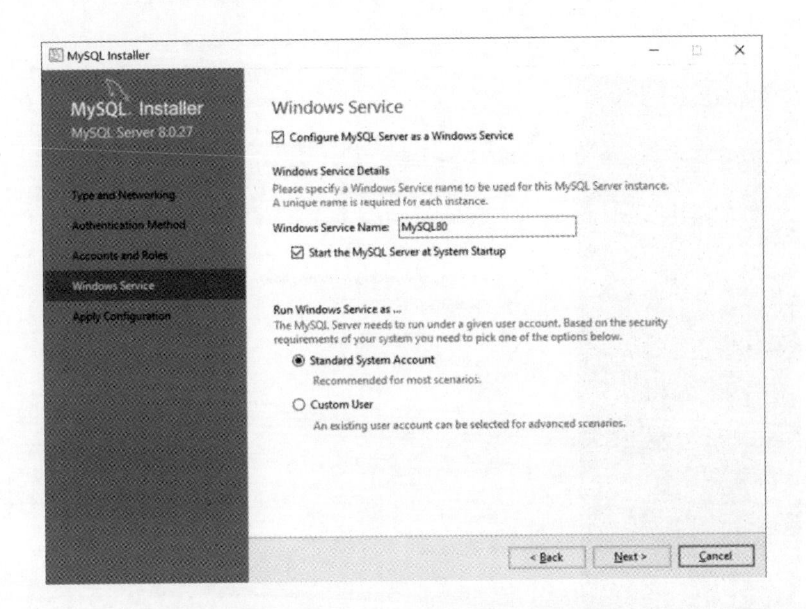

图 13-11 设置服务器的名称

（10）打开确认设置服务器窗口，单击 Execute 按钮，如图 13-12 所示。

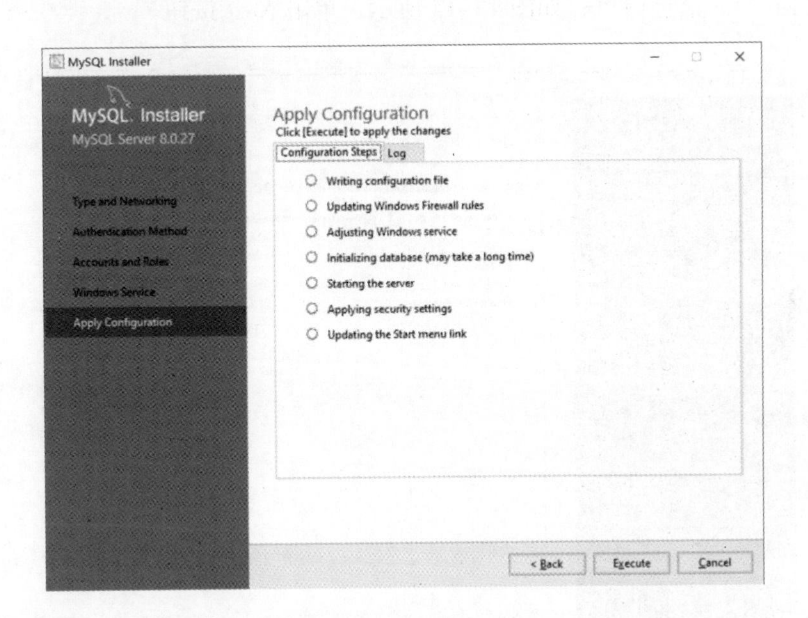

图 13-12 确认设置服务器

（11）系统自动配置 MySQL 服务器，如图 13-13 所示。配置完成后，单击 Finish 按钮。

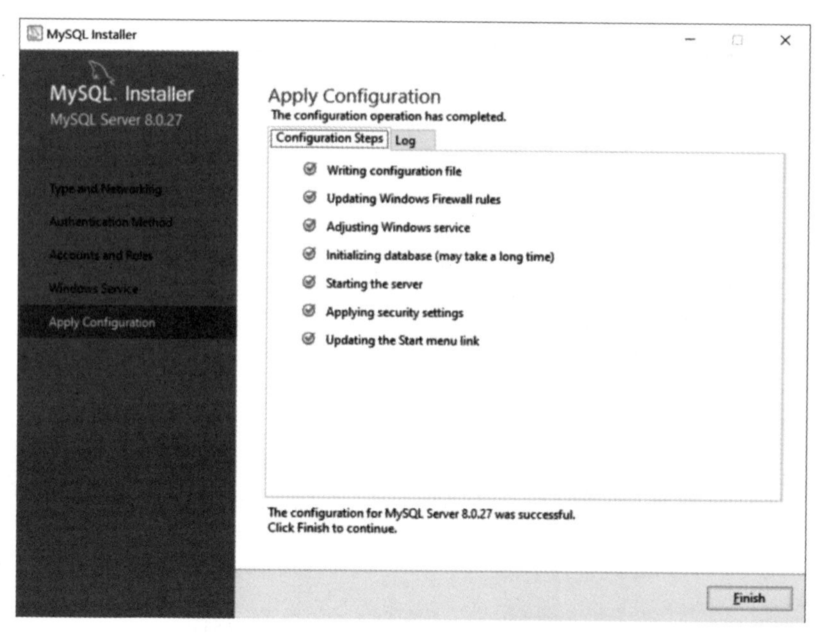

图 13-13 完成设置服务器

（12）打开产品信息窗口，如图 13-14 所示，单击 Next 按钮。

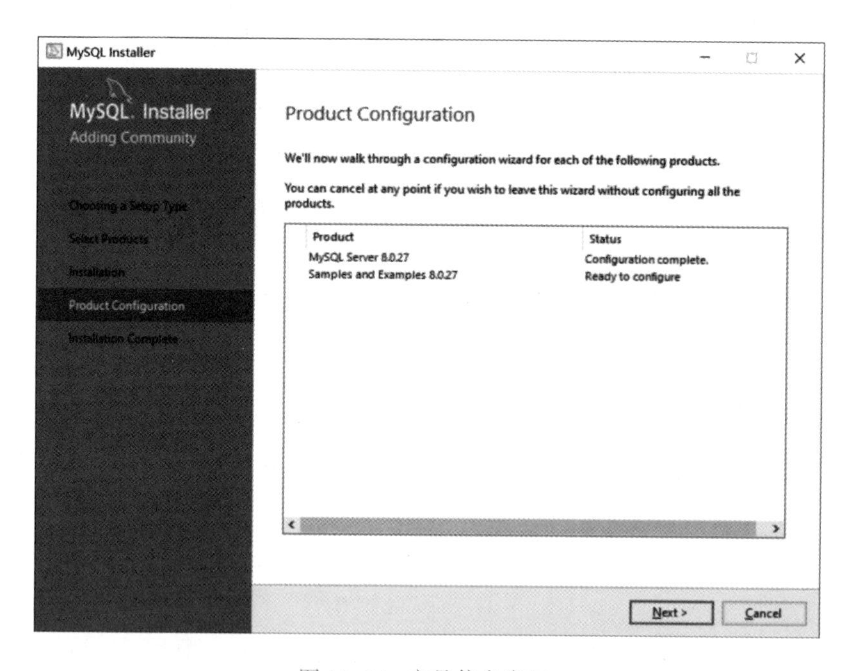

图 13-14 产品信息窗口

（13）进入连接服务器窗口，输入系统管理员的用户名 root 和前面设置的密码，如图 13-15 所示，单击 Check 按钮。

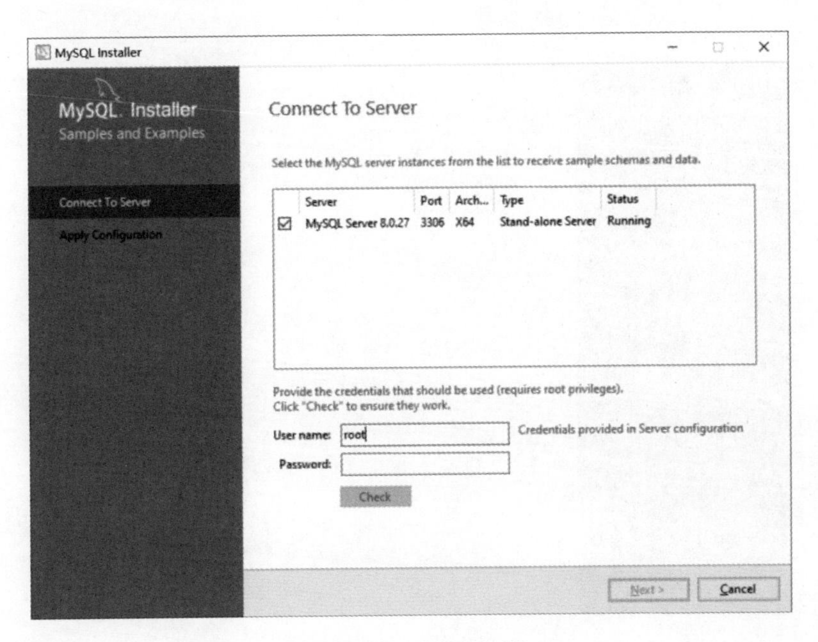

图 13-15　连接服务器

（14）测试服务器是否连接成功。在 Status（状态）列表下将显示 Connection succeeded.（连接成功），如图 13-16 所示，单击 Next 按钮。

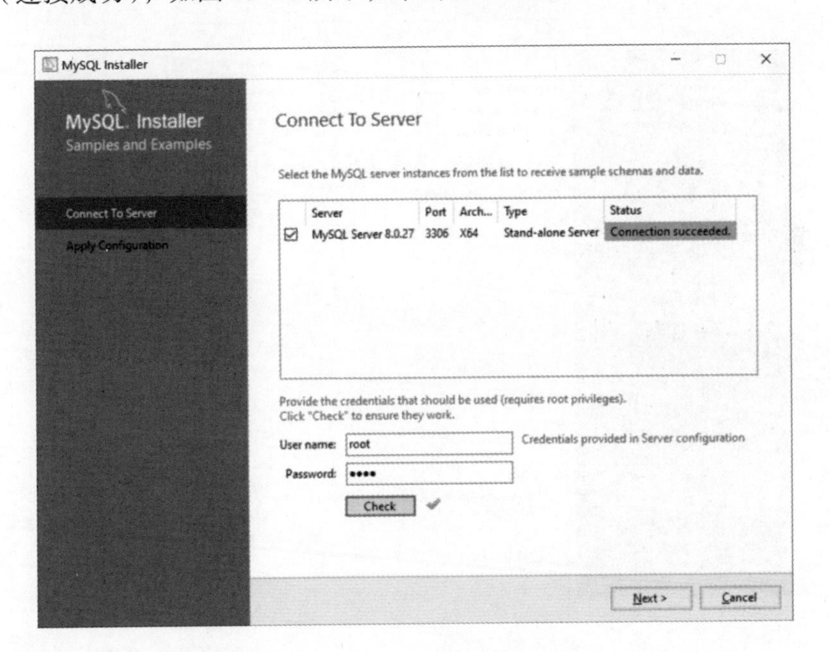

图 3-16　连接服务器成功

（15）打开 Apply Configuration 窗口，如图 13-17 所示，单击 Execute 按钮。

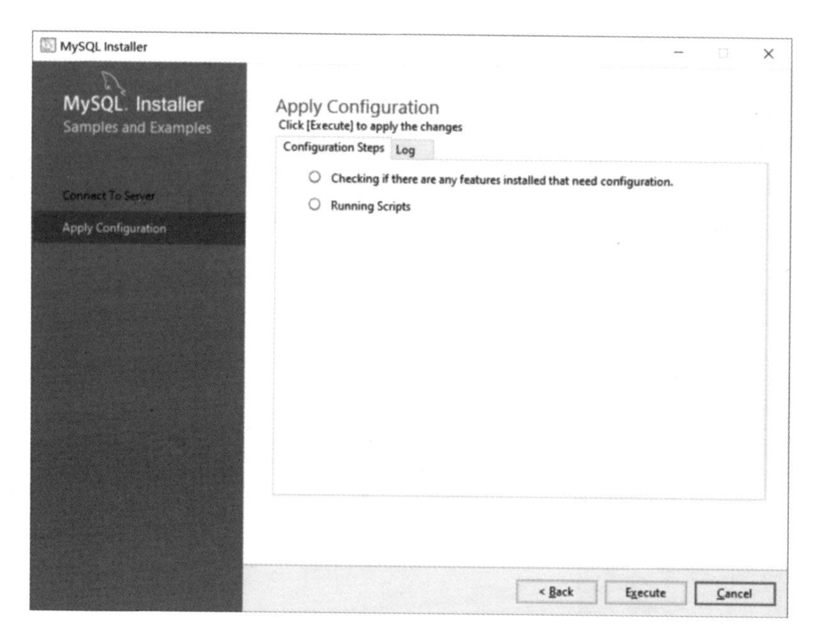

图 13-17 Apply Configuration 窗口

（16）系统自动完成配置，如图 13-18 所示，单击 Finish 按钮。

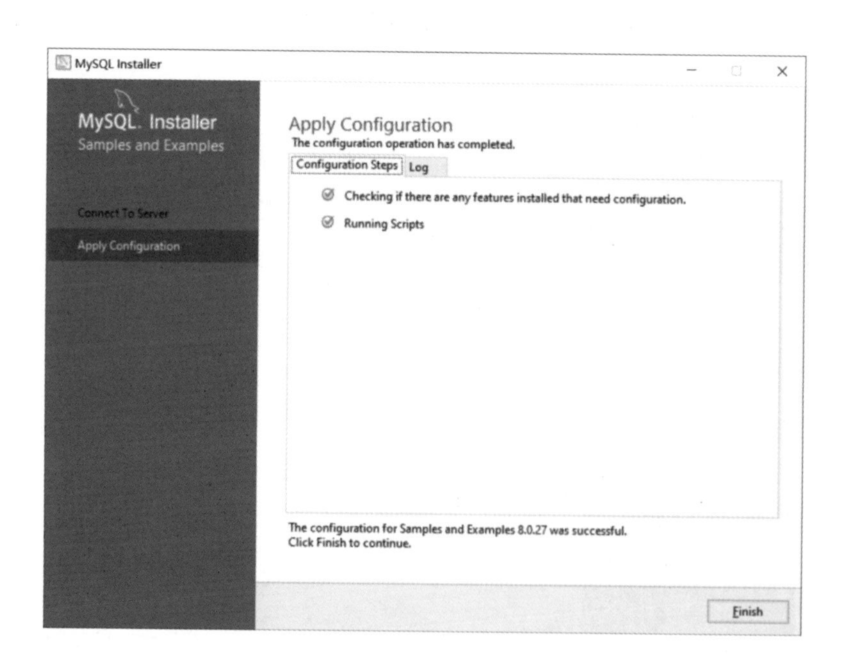

图 13-18 完成配置

（17）进入 Product Configuration（产品配置）窗口，在 Status 列表中显示“Configuration complete.”（配置完成），如图 13-19 所示，单击 Next 按钮。

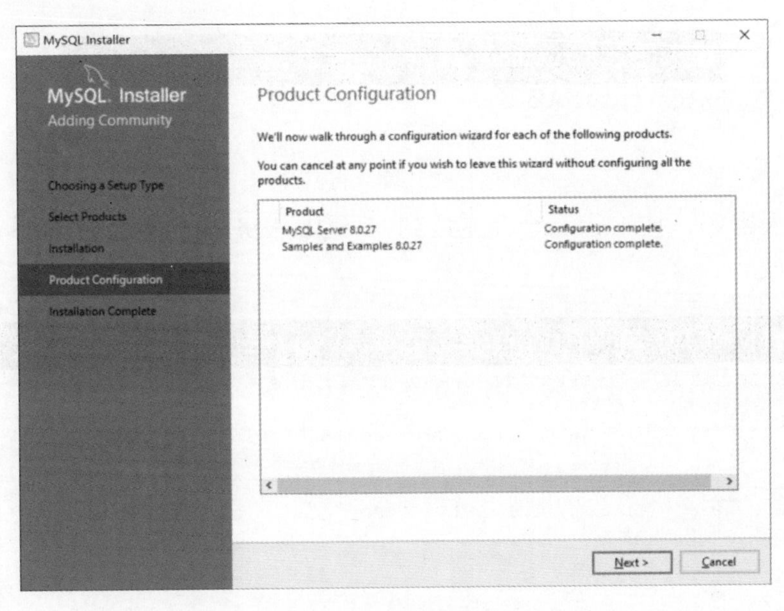

图 13-19 产品配置完成

（18）进入 Installation Complete（安装完成）窗口，如图 13-20 所示，单击 Finish 按钮，完成 MySQL 的安装。

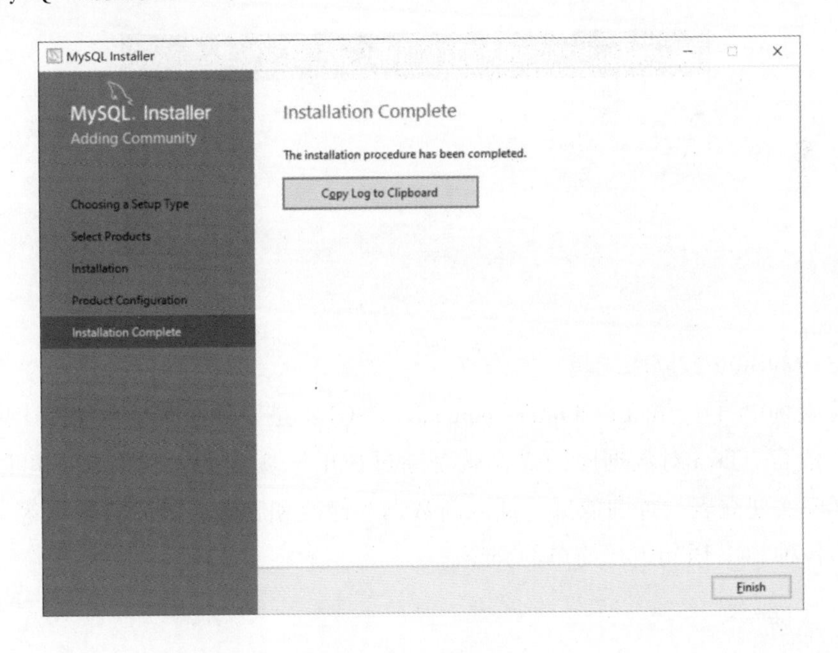

图 13-20 安装完成

3. 使用 MySQL

（1）在“开始”菜单中的 MySQL 文件夹下单击 MySQL 8.0 Command Line Client，进入命令行窗口，如图 13-21 所示。

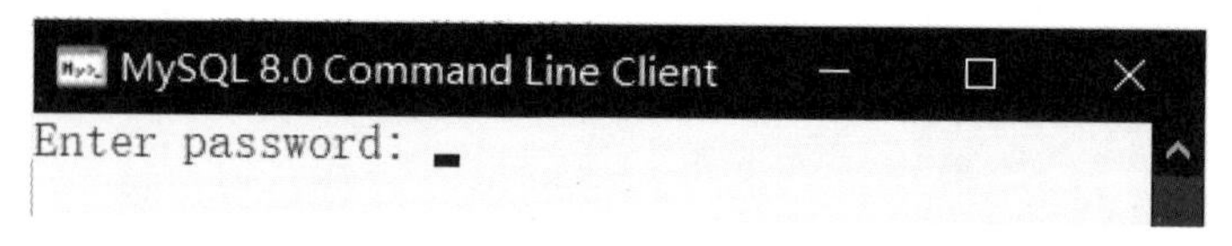

图 13-21　命令行窗口

（2）输入密码，按 Enter 键后连接到 MySQL 服务器，显示 mysql> 提示符，如图 13-22 所示。

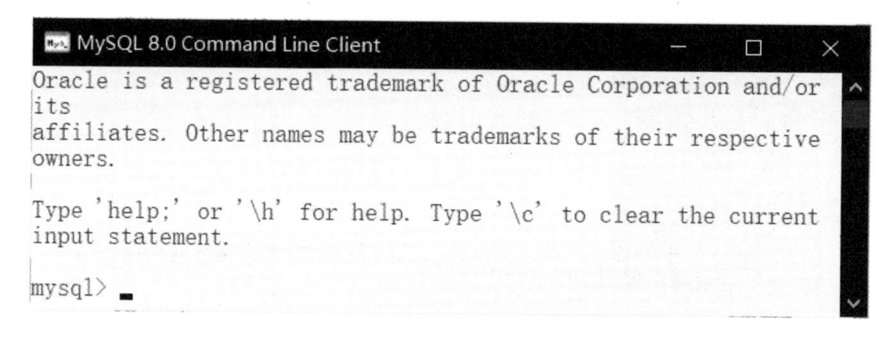

图 13-22　成功连接服务器

（3）在 mysql> 后输入数据库命令，按 Enter 键即可执行，如图 13-23 所示。

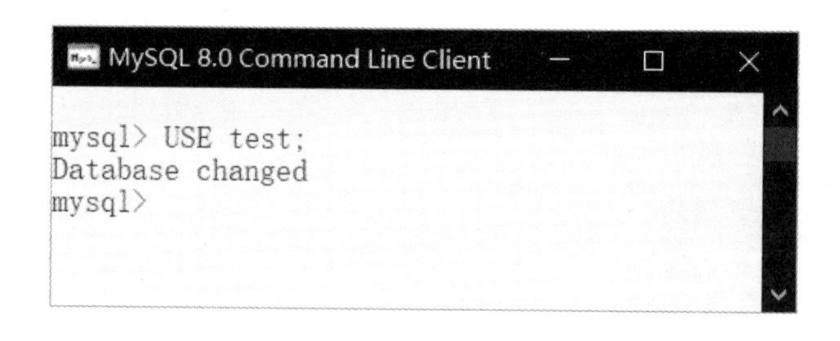

图 13-23　执行数据库命令

13.1.2　MySQL 数据库的基本操作

结构化查询语言（structured query language，SQL）是一种在关系数据库中定义和操纵数据的标准语言。Java 对数据库的操作就是通过 SQL 来实现的，利用 SQL 可以非常方便地建立数据库、建立表、查询数据、插入新数据、修改和删除表中原有数据等。下面仅对所需使用的各种 SQL 语句进行简单的介绍。

1. 创建数据库

MySQL 中的数据库存放在以数据库名字命名的文件夹中，用来存放该数据库中的各种表数据文件。创建数据库的 SQL 语句格式如下：

```
CREATE  DATABASE  数据库名;
```

【例 13-1】创建 MobilePhone 数据库，如图 13-24 所示。

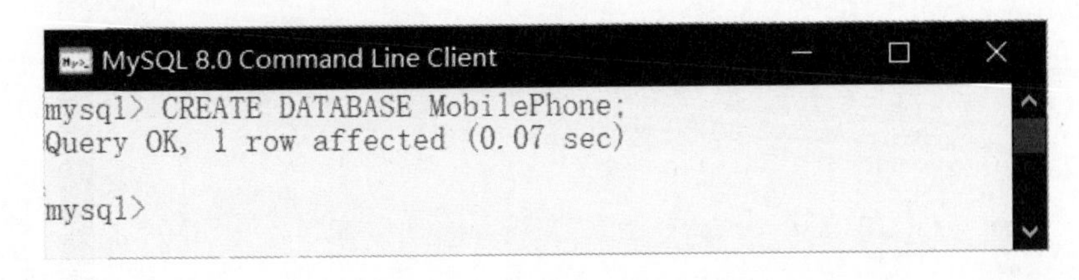

图 13-24 创建 MobilePhone 数据库

2. 选择数据库

MySQL 数据库服务器可以包含多个数据库，在操作数据库对象之前，必须先选择要操作的数据库。选择一个数据库的 SQL 语句格式如下：

```
USE  数据库名;
```

【例 13-2】选择 MobilePhone 数据库，如图 13-25 所示。

图 13-25 选择 MobilePhone 数据库

3. 创建表

要建立表，首先需要建立表结构，创建表的 SQL 语句格式如下：

```
CREATE  TABLE  表名(
列名 1 数据类型,
列名 2 数据类型,
 ⋮
列名 n 数据类型
);
```

其中，数据类型表示表中各列的数据类型，常用的数据类型有字符类型 varchar(长度)、整数类型 int、浮点类型 float、日期类型 datetime 等。

【例 13-3】在 MobilePhone 数据库中创建 phone 表，如图 13-26 所示。

4. 插入数据

当向表中插入一行新的数据时，需要使用 INSERT 语句，其格式如下：

```
INSERT  INTO  表名 VALUES(值 1,值 2,…,值 n ]);
```

【例 13-4】在 phone 表中插入记录，如图 13-27 所示。

```
mysql> CREATE TABLE phone(
    -> id VARCHAR(10),
    -> brand VARCHAR(20),
    -> type VARCHAR(20),
    -> price INT,
    -> os VARCHAR(30),
    -> madedate datetime
    -> );
Query OK, 0 rows affected (0.11 sec)

mysql>
```

图 13-26　创建 phone 表

```
mysql> INSERT INTO phone VALUES('1001','华为','Mate7',3699,'Android','2020-9-11');
Query OK, 1 row affected (0.02 sec)

mysql> INSERT INTO phone VALUES('2001','小米','小43',2499,'Android','2021-12-19');
Query OK, 1 row affected (0.00 sec)

mysql>
```

图 13-27　在 phone 表中插入记录

5. 查询数据

当查看数据库表中的数据时，可以使用 SELECT 语句，其格式如下：

```
SELECT  列名 1, 列名 2,…, 列名 n  FROM 表名 [WHERE 条件];
```

【例 13-5】查询 phone 表中所有手机的品牌 brand 列和价格 price 列的信息，如图 13-28 所示。

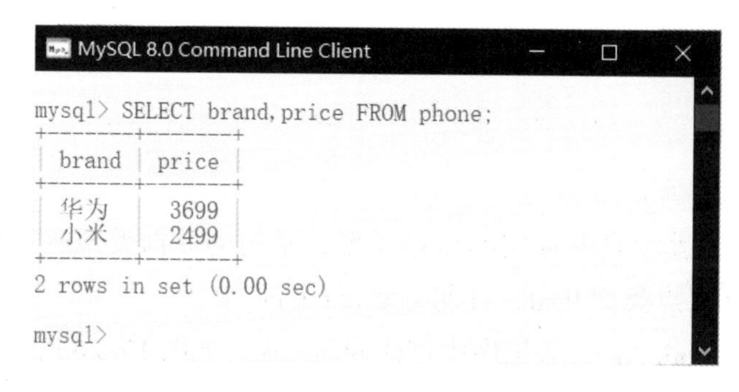

图 13-28　查询 brand 列和 price 列的信息

6. 修改数据

当修改数据库表中的数据时，可以使用 UPDATE 语句，其格式如下：

```
UPDATE 表名 SET 列名 1= 值 1, 列名 2= 值 2,… WHERE 条件;
```

【例 13-6】修改 phone 表中手机编号 id 为 1001 的价格 price 为 3499，如图 13-29 所示。

7. 删除数据

当删除数据库表中的数据时，可以使用 DELETE 语句，其格式如下：

```
DELETE FROM 表名 WHERE 条件；
```

【例 13-7】删除 phone 表中手机编号 id 为 2002 的行数据，如图 13-30 所示。

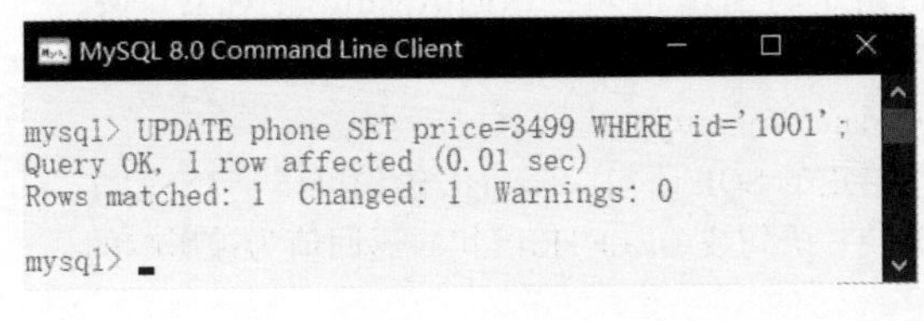

图 13-29 修改 price 数据

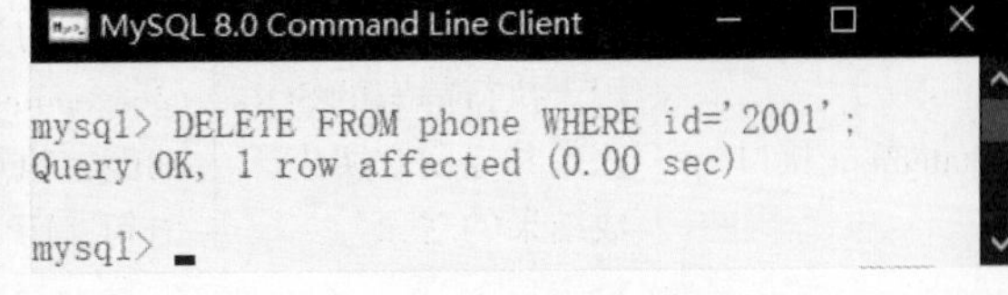

图 13-30 删除行数据

13.2 使用 JDBC 访问 MySQL 数据库

视频讲解

在 Java 程序中，使用 JDBC 技术与数据库建立连接后，可以通过发送不同的 SQL 语句与数据库交互信息，实现对数据的不同操作。

13.2.1 JDBC 简介

在 Java 程序中，连接数据库采用 JDBC（Java database connectivity）技术。JDBC 是由 Oracle 公司提供的与平台无关的数据库连接标准，它将数据库访问封装在少数几个方法内，使用户可以极其方便地查询数据、插入新数据、更改数据。JDBC 是一种规范，目前各大数据库厂商都提供 JDBC 驱动程序，使得 Java 程序能独立运行于各种数据库之上。

JDBC 的基本操作涉及的主要类及接口放置在 java.sql 包中，具体使用方法如表 13-1 所示。

表 13-1 JDBC 的主要类及接口介绍

类名 / 接口	含　义	常 用 方 法
Class 类	加载数据库中的驱动程序	forName(String DriverName)
DriverManager 类	管理 JDBC 驱动程序的基本服务	getConnection(String url,String user,String password) 功能：试图建立到给定数据库 URL 的连接，返 Connection 对象
Connection 接口	与特定数据库连接。在连接上下文中执行 SQL 语句并返回结果	① createStatement() 功能：创建一个 Statement 对象，将 SQL 语句发送到数据库 ② prepareStatement(String sql)

续表

类名 / 接口	含　　义	常 用 方 法
		功能：创建一个 PreparedStatement 对象，该对象代表一个预编译的 SQL 语句 ③ close() 功能：立即释放连接对象的数据库和 JDBC 资源
Statement 接口	用于执行静态的 SQL 语句并返回它所生成结果的对象	① executeQuery(String sql) 功能：执行给定的 SQL 语句，返回 ResultSet 对象。该 SQL 语句为 SELECT 语句 ② executeUpdate(String sql) 功能：执行给定的 SQL 语句，该 SQL 语句可以是 INSERT 语句、UPDATE 语句或 DELETE 语句，返回值为被影响的行数 ③ close() 功能：立即释放 Statement 对象的数据库和 JDBC 资源
ResultSet 接口	表示数据库结果集的数据表	① next() 功能：用于定位结果集中的下一条记录，返回值为 true 或 false，false 表示已无记录 ② getXXX(参数) 功能：从当前行获取列值的方法，参数可以使用列的序号或者列的名称，如 getInt()、getString() 等 ③ close() 功能：立即释放 ResultSet 对象的数据库和 JDBC 资源

在使用 Class 类加载驱动程序时，可能会发生 ClassNotFoundException 异常；在使用 Statement 对象执行 SQL 语句时，可能会发生 SQLException 异常，这些异常在程序中都需要被捕获处理或向上抛出。

13.2.2 数据库编程的一般过程

使用 JDBC 应用程序接口连接和访问数据库的方式较为固定，一般分为以下 4 个步骤。

1. 加载驱动程序

访问数据库时，首先要加载驱动程序，其目的是告诉程序将要连接哪个厂商的数据库。可以通过使用 Class 类的 forName() 方法加载数据库驱动程序。

例如，加载 MySQL 8.0 数据库驱动程序的代码如下：

```
Class.forName("com.mysql.cj.jdbc.Driver");
```

2. 连接数据库

创建与数据库的连接是通过 DriverManager 类的 getConnection() 方法实现的。getConnection() 方法里面的三个参数分别是连接数据库的 URL、登录数据库的用户名和密码。

例如，连接 MySQL 服务器下的 MobilePhone 数据库，代码如下：

```
Connection conn= DriverManager.getConnection("jdbc:mysql://127.0.0.1/
MobilePhone?useSSL=false&serverTimezone=UTC","root","123456");
```

其中，root 表示用户账号，123456 表示用户密码；useSSL=false 用来指定连接是否使用 SSL 加密，设置为 false 意味着连接时不使用 SSL 加密，一般出于安全考虑，建议在可能的情况下启用 SSL 来加密数据库连接；serverTimezone=UTC 用来指定 MySQL 服务器所使用的时区，设置为 UTC（协调世界时）意味着所有的日期和时间都将基于 UTC 时间进行解析和存储，这样有助于避免因为客户端和服务器之间时区不一致而导致的日期和时间问题。

3. 创建 SQL 语句对象

第 2 步连接数据库成功后，会得到一个 Connection 对象，通过该对象调用 createStatement() 方法创建 SQL 语句对象，并通过其执行 SQL 语句。

例如，利用第 2 步已经创建的 Connection 对象 conn，创建 Statement 对象的代码如下：

```
Statement stmt=conn.CreateStatement();
```

建立了 Statement 对象后，通过调用 executeQuery() 方法可以执行查询语句，执行结果将返回一个 ResultSet 对象。ResultSet 对象表示查询语句获得的结果集，保存了 SQL 语句的查询结果，可以通过循环结构、next() 方法、getXXX() 方法将查询结果显示出来。

例如，通过 stmt 对象执行查询语句 SELECT brand,type,price FROM phone，并将查询结果逐条输出到控制台，代码如下：

```
ResultSet rs=stmt.executeQuery("SELECT brand,type,price FROM phone");
while(rs.next()){
   System.out.println(rs.getString(1)+"  "+rs.getString(2)+"
"+getInt("price"));
}
```

通过 Statement 对象调用 executeUpdate() 方法，可以执行 INSERT、UPDATE、DELETE 的 SQL 语句，方法返回值为操作的数据行数。

例如，通过 stmt 对象执行插入语句 INSERT INTO phone VALUES ("2002"," 小米 "," 小米 3",1999,"Android","2013-09-05")，并将受影响的行数存到变量 n 中，代码如下：

```
int n=stmt.executeUpdate("INSERT INTO phone VALUES("2002","小米",
"小米3",1999,"Android","2013-09-05")");
```

4. 关闭对象释放资源

对数据库操作完成后，调用 close() 方法，将与数据库的连接关闭，包括关闭 Connection 对象、Statement 对象和 ResultSet 对象。

13.3 数据库编程实例

视频讲解

在用 Java 代码连接数据库的过程中，首先需要导入 MySQL 连接 Java 的驱动 JAR 包（这个包需要从 MySQL 的官网下载），然后将其导入 Java 项目中，最后通过程序实现数据库的连接和数据的访问。

13.3.1 下载 MySQL 连接 Java 的驱动 JAR 包

MySQL 连接 Java 的驱动 JAR 包通常被称为 MySQL Connector/J，它是 MySQL 官方提供的一个 Java 库，用于在 Java 应用程序中连接和操作 MySQL 数据库。可以通过访问 MySQL 的官方网站，下载适用于 MySQL 服务器版本的 JAR 包。

（1）登录 MySQL 官网，进入网址 https://downloads.mysql.com/archives/c-j/ 的网页，如图 13-31 所示，在 Product Version 中选择与安装的 MySQL 相同版本的 8.0.27，在 Operating System 中选择与平台无关的版本 Platform Independent，单击 mysql-connector-java-8.0.27.zip 后的 Download 按钮完成下载。

MySQL Product Archives

MySQL Connector/J (Archived Versions)

Please note that these are old versions. New releases will have recent bug fixes and features!
To download the latest release of MySQL Connector/J, please visit MySQL Downloads.

Product Version: 8.0.27

Operating System: Platform Independent

Platform Independent (Architecture Independent), Compressed TAR Archive Sep 28, 2021 4.0M Download
(mysql-connector-java-8.0.27.tar.gz) MD5: 9243dc26efa3909b13517e002a89d7f5 | Signature

Platform Independent (Architecture Independent), ZIP Archive Sep 28, 2021 4.8M Download
(mysql-connector-java-8.0.27.zip) MD5: 3d054e96f5b70537cf53c4dd21f11eca | Signature

We suggest that you use the MD5 checksums and GnuPG signatures to verify the integrity of the packages you download.

图 13-31 MySQL Connector/J 下载界面

（2）解压下载的压缩包后，即可获取 mysql-connector-java-8.0.27.jar 包，如图 13-32 所示。

13.3.2 在 Java 项目中加载 JAR 包

在 IntelliJ IDEA 中导入 JAR 包的步骤如下：

（1）打开 Java 项目；

（2）单击 File 菜单中的 Project Structure 菜单项，打开项目结构窗口；

（3）在项目结构窗口中，选择 Libraries 选项；

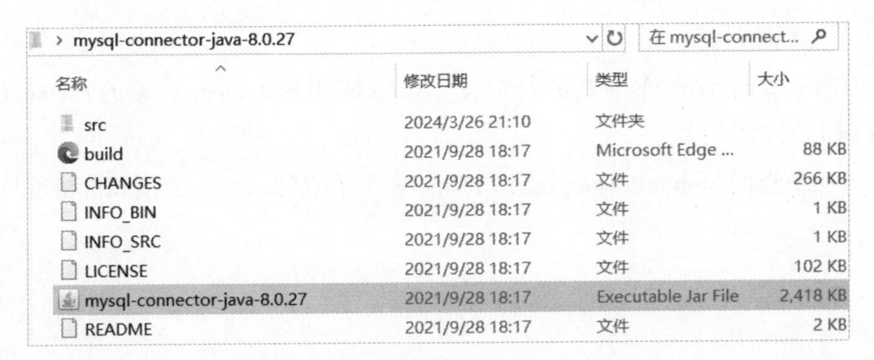

图 13-32 获取 mysql-connector-java-8.0.27.jar 包

（4）单击右侧的“+”按钮，选择 Java 选项；

（5）在弹出的文件选择器中，找到 JAR 包文件，选中后单击 OK 按钮，如图 13-33 所示，即完成 JAR 包的加载。

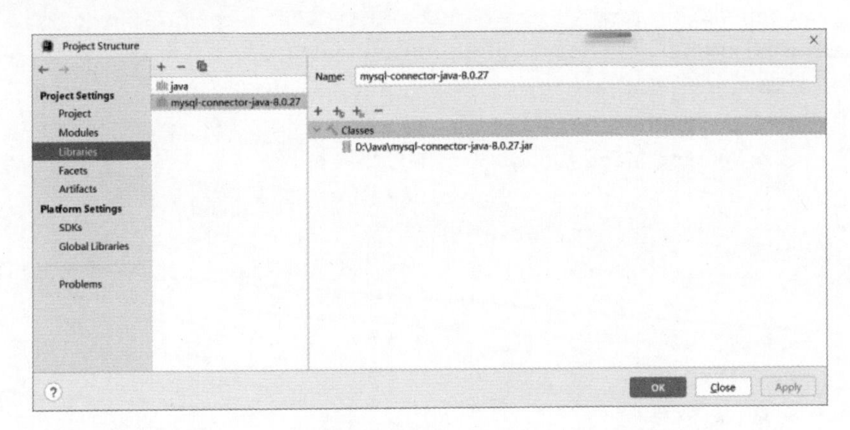

图 13-33 加载 mysql-connector-java-8.0.27.jar 包

（6）加载后的 JAR 包，将会在 Java 项目下的 External Libraries 里显示，如图 13-34 所示。

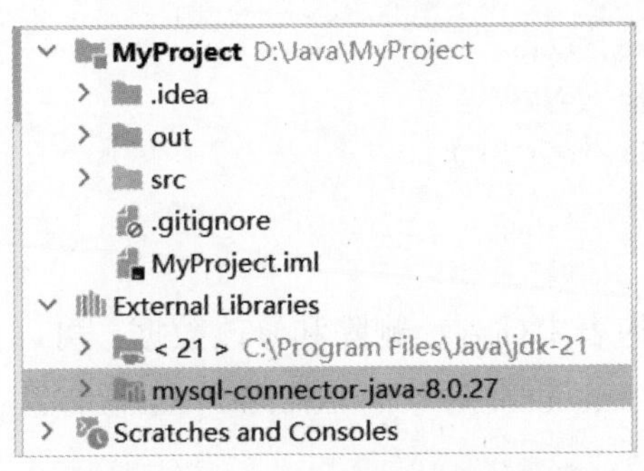

图 13-34 Java 项目下加载的 JAR 包

13.3.3 查询操作

使用 JDBC 查询数据库中表的行数据，可以调用 Statement 对象的 executeQuery() 方法，执行 SELECT 语句。

【例 13-8】查询 MobilePhone 数据库 phone 表中手机的品牌、类型和价格信息。

```
//CH13_01.java
import java.sql.Connection;
import java.sql.DriverManager;
import java.sql.ResultSet;
import java.sql.Statement;
public class CH13_01{
    public static void main(String[] args) throws Exception{
        Class.forName("com.mysql.cj.jdbc.Driver");
        String url="jdbc:mysql://127.0.0.1/MobilePhone?useSSL=false&serve
rTimezone=UTC";
        Connection conn= DriverManager.getConnection(url,"root","123456");
        Statement stmt=conn.createStatement();
    ResultSet rs=stmt.executeQuery("SELECT brand,type,price FROM phone");
        while (rs.next()){
            String name=rs.getString("brand");
            String type=rs.getString(2);
            int price=rs.getInt(3);
                System.out.println(" 品牌 :"+name+"  类型: "+type+"  价格:
"+price);
        }
        rs.close();
        stmt.close();
        conn.close();
    }
}
```

程序执行结果如下：

```
品牌:华为  类型：Mate7  价格：3499
品牌:华为  类型：荣耀6  价格：2999
品牌:苹果  类型：iPhone 6s  价格：5188
```

13.3.4 增删改操作

使用 JDBC 向数据库的表中插入、删除和修改数据，可以使用 INSERT、DELETE 和 UPDATE 语句。通过调用 Statement 对象的 executeUpdate() 方法，执行 SQL 语句，返回执行相应操作后的行记录个数。

【例 13-9】向 phone 表中插入一条新的行数据 ("1003", " 华为 ", "Mate 60 Pro", 7999, "HarmonyOS", "2023-01-10")，并将华为手机的售价下调 5%。

```
//CH13_02.java
import java.sql.Connection;
import java.sql.DriverManager;
import java.sql.ResultSet;
import java.sql.Statement;
public class CH13_02{
 public static void main(String[] args) throws Exception{
     Class.forName("com.mysql.cj.jdbc.Driver");
      String url = "jdbc:mysql://127.0.0.1/MobilePhone?useSSL=false&serverT
imezone=UTC";
     Connection conn = DriverManager.getConnection(url, "root", "123456");
     Statement stmt = conn.createStatement();
     String sql1="INSERT INTO phone VALUES('1003','华为','Mate60 PRO',7999,
'Harmony','2023-01-10')";
     int i1=stmt.executeUpdate(sql1);
     System.out.println("插入了"+i1+"条行记录");
     String sql2="UPDATE phone SET price=price*0.95 WHERE brand='华为'";
     int i2=stmt.executeUpdate(sql2);
     System.out.println("修改了"+i2+"条行记录");
     System.out.println("phone表中的行数据为：");
     ResultSet rs=stmt.executeQuery("SELECT brand,type,price FROM phone");
      while (rs.next()){
           String name=rs.getString("brand");
           String type=rs.getString(2);
           int price=rs.getInt(3);
           System.out.println("品牌:"+name+" 类型："+type+" 价格："+price);
      }
      rs.close();
      stmt.close();
      conn.close();
   }
}
```

程序执行结果如下：

```
插入了1条行记录
修改了3条行记录
phone表中的行数据为：
品牌:华为 类型：Mate7 价格：3324
品牌:华为 类型：荣耀6 价格：2849
品牌:苹果 类型：iPhone 6s 价格：5188
品牌:华为 类型：Mate60 PRO 价格：7599
```

13.3.5 预处理操作

使用JDBC中Connection接口的prepareStatement(String sql)方法，创建一个PreparedStatement对象，该方法中将带有通配符的SQL语句发送到数据库，生成预处理语句，可以提高数据库操作效率。

数据库中的 SQL 解释器要不断地对提交过来的 SQL 语句进行解释，生成数据库底层命令，执行该命令并完成数据库操作，但如果反复提交、解释，将影响执行速度。使用预处理语句可以先将命令提交给 SQL 解释器进行解释，等待参数传入后，再去执行该命令，这样可以大幅提高对数据库的访问速度。

预处理操作的实现过程如下：

（1）产生 PreparedStatement 对象，参数 SQL 语句使用通配符“?”代替相应的列值。例如：

```
String sql = "INSERT INTO your_table (column1, column2) VALUES (?, ?)";
PreparedStatement preparedStatement = conn.prepareStatement(sql);
```

（2）通过 setXXX(参数索引 , 参数值) 方法给通配符“?”进行赋值。其中，XXX 表示参数的数据类型，例如 setInt()、setString()、setDate() 等。参数索引指被赋值的是第几个通配符，索引值从 1 开始。例如：

```
preparedStatement.setInt(1, 123);              // 设置第 1 个? 值为整数 123
preparedStatement.setString(2, "example");    // 设置第 2 个? 值为 "example"
```

【例 13-10】在 phone 表中删除两次行记录，第一次删除价格小于 3000 的手机，第二次删除价格小于 5000 的手机。

```
//CH13_10.java
import java.sql.Connection;
import java.sql.DriverManager;
import java.sql.PreparedStatement;
public class CH13_10{
    public static void main(String[] args) throws Exception{
        Class.forName("com.mysql.cj.jdbc.Driver");
         String url = "jdbc:mysql://127.0.0.1/MobilePhone?useSSL=false&s
erverTimezone=UTC";
          Connection conn = DriverManager.getConnection(url, "root",
"123456");
          PreparedStatement pstmt = conn.prepareStatement("DELETE FROM
phone WHERE price<?");
        pstmt.setInt(1,3000);
        int i1=pstmt.executeUpdate();
        System.out.println(" 删除价格小于 3000 的手机 "+i1+" 部 ");
        pstmt.setInt(1,5000);
        int i2=pstmt.executeUpdate();
        System.out.println(" 删除价格小于 5000 的手机 "+i2+" 部 ");
        pstmt.close();
        conn.close();
    }
}
```

程序执行结果如下：

```
删除价格小于3000的手机1部
删除价格小于5000的手机1部
```

13.4 小结

本章介绍了如何使用 JDBC 技术在数据库中操作数据。通过本章的学习，读者应掌握 JDBC 的工作原理、JDBC 常用的数据库连接方式、JDBC 中与数据操作相关的类和接口的常用方法，灵活使用 SQL 语句实现数据的增删改查操作，并掌握预处理对象的使用。

习题十三

一. 选择题

1. Java 中，JDBC 是指（　　）。

A. Java 程序与数据库连接的一种机制　　B. Java 程序与浏览器交互的一种机制

C. Java 类库名称　　D. Java 类编译程序

2. 下面的选项中，加载 MySQL 驱动正确的是（　　）。

A. Class.forName("com.mysql.JdbcDriver");

B. Class.forName("com.mysql.jdbc.Driver");

C. Class.forName("com.mysql.driver.Driver");

D. Class.forName("com.mysql.jdbc.MySQLDriver");

3. 如果数据库中某个字段为 int 型，那么应通过结果集中的（　　）方法获取。

A. getInt()　　B. getString()　　C. setInt()　　D. setString()

4. 下面的描述中，错误的是（　　）。

A. Statement 的 executeQuery() 方法会返回一个结果集

B. Statement 的 executeUpdate() 方法会返回是否修改成功的 boolean 值

C. 使用 ResultSet 中的 getString() 可以获得一个对应于数据库中 char 类型的值

D. ResultSet 中的 next() 方法会使结果集中的下一行成为当前行

5. 下面（　　）方法可以用来加载 JDBC 驱动程序。

A. 类 java.sql.DriverManager 的 getDriver 方法

B. 类 java.sql.DriverManager 的 getDrivers 方法

C. java.sql.Driver 的方法 connect

D. 类 java.lang.Class 的 forName 方法

6. 以下负责建立与数据库连接的对象是（　　）。

A. Statement　　B. PreparedStatement　　C. ResultSet　　D. DriverManager

7. 使用 Connection 对象的（　　）方法可以建立一个 PreparedStatement 接口对象。

A. createPrepareStatement　　B. prepareStatement()

C. prepareCall()　　D. createStatement()

8. 关于 PreparedStatement 对象的使用，下列说法不正确的是（　　）。

A. PreparedStatement 是个接口

B. PreparedStatement 继承了 Statement

C. PreparedStatement 是预编译的，效率高

D. PreparedStatement 可以绑定参数，以防 SQL 注入问题产生

二．判断题

1. Statement 对象用 Connection 的方法 createStatement() 创建。

2. DriverManager 类不仅负责加载和注册 JDBC 驱动程序，还直接处理数据库查询和结果集。

3. PreparedStatement 接口在执行 SQL 语句时，不需要提供数据库连接对象。

4. 访问数据库的关闭顺序为从下到上，即关闭顺序为 ResultSet、Statement、Connection。

5. 结果集对象是在创建 Statement 对象之后被创建的。

三．编程题

1. 在 MySQL 中创建数据库 MyERP，创建表 employee，表结构如表 13-2 所示。

表 13-2　employee 表结构

列　名	类　型	说　明
e_id	varchar(20)	员工账号
name	varchar(20)	员工姓名
TEL	varchar(20)	电话

2. 编写数据库连接类 DBConnection，方法 public Connection getConnection() 实现与数据库连接并返回此连接。

3. 编写员工业务操作类 EmployeeBusiness，对表 employee 完成增删改查的操作，共包括 4 个方法：

① 插入方法：public void add(String id,String name,String tel);

根据给定的值向 employee 表中插入新的行记录。

② 修改方法：public void modify(String id,String tel);

为指定 id 的员工更改其电话号码。

③ 删除方法：public void delete(String id);

删除指定 id 员工的行记录。

④ 查询方法：public void show();

显示表中所有员工的信息。

4. 编写测试类 Test，用户通过键盘输入，测试完成对员工信息增删改查的操作。

Java

第 14 章 图形用户界面设计

尽管 Java 的优势是网络应用方面，但 Java 也提供了强大的用于开发桌面程序的 API，这些 API 在 javax.swing 包中。Java Swing 不仅为桌面程序设计提供了强大的支持，而且 Java Swing 中的许多设计思想（特别是事件处理）对于掌握面向对象编程也是非常有意义的。实际上，Java Swing 是 Java 的一个庞大分支，内容相当丰富，本章仅选择几个有代表性的 Swing 组件进行介绍。

14.1 图形用户界面概述

视频讲解

图形用户界面（graphics user interface，GUI）是程序与用户交互的方式，利用它，系统可以接收用户的输入并向用户输出程序运行的结果。相对于控制台程序，GUI 能够给用户带来“所见即所得”的效果。

Java 语言提供了两个图形用户界面设计的包：java.awt 包和 javax.swing 包。利用这两个包中的类和接口可以完成各种复杂的图形界面设计。

java.awt 包中提供了大量的进行 GUI 设计所使用的类和接口，是 Java 语言进行 GUI 程序设计的基础。

javax.swing 包中的类在 java.awt 包的基础上进行了大幅度的扩充，提供了一套功能更强、数量更多的 GUI 组件，并沿用了 java.awt 包中的委托事件模型。

GUI 由各种不同类型的元素组成，如窗口、标签、按钮、文本框等，这些元素统一称为组件。Swing 组件按照不同的功能，可分为顶层容器、中间容器和基本组件。

顶层容器属于窗体组件，可以独立显示，图形界面就是建立在顶层容器基础之上的。常用的顶层容器类是 JFrame，一个普通的窗体，运行时被称为窗口。

中间容器也称为面板，可充当基本组件的容器。在中间容器中可以添加若干基本组件，并可以对容器内的组件进行布局。通过中间容器的嵌套可以实现各种复杂布局。最顶层的中间容器必须依托在顶层容器内。常用的中间容器类是 JPanel，一种轻量级面板容器组件。

基本组件是直接参与人机交互的界面元素，它们必须被添加到顶层容器或中间容器中才能显示和发挥其功能。常用的基本组件包括标签 JLabel、按钮 JButton 和文本框 JTextField 等，这些组件为用户提供了与应用程序进行交互的直观界面。

14.2 Swing 常用容器组件

容器有两种：窗口和面板。窗口可独立存在，可被移动，也可被最大化和最小化，有标题栏、边框，可添加菜单栏。面板不能独立存在，必须包含在另一个容器中。面板没有标题，没有边框，不可以添加菜单栏。一个窗口可以包含多个面板，一个面板也可包含另一个面板，但面板不能包含窗口。

14.2.1 窗口 JFrame 类

JFrame 类是最常用的顶层容器，称为窗口类。程序创建窗口时，创建的就是 JFrame 类的子类。JFrame 类常用的构造方法如表 14-1 所示。

表 14-1 JFrame 类常用的构造方法

构造方法	说明
public JFrame()	创建一个初始不可见的无标题窗口
public JFrame(String title)	创建一个初始不可见、以 title 为标题的窗口

JFrame 类常用的方法如表 14-2 所示。

表 14-2 JFrame 类常用的方法

常用方法	说明
public void setVisible(boolean b)	设置窗口是否可见，true 为可见
public void setSize(int width,int height)	设置窗口大小
public void setDefaultCloseOperation(int oper)	设置单击窗口右上角“关闭”按钮时的默认操作，参数 oper 常用的取值有： ① HIDE_ON_CLOSE：隐藏当前窗口 ② EXIT_ON_CLOSE：关闭当前窗口
public void setTitle(String s)	设置窗口的标题
public void setLocation(int x,int y)	设置窗口显示的位置，(x,y) 为左上角坐标
public void setResizable(boolean b)	设置窗口大小是否可调整，true 为可调整
public void setBounds(int x, int y, int width, int height)	设置窗口的位置和大小
public void setBackground(Color bg)	设置组件的背景颜色。参数 bg 为一个 Color 类型的对象，如 Color.RED、Color.BLUE、Color.BLACK、Color.WHITE 等
public void add(Component comp)	将参数 comp 表示的组件添加到窗口中

续表

常用方法	说　　明
public void setLayout(LayoutManager lm)	设置窗口中组件的布局模式

【例 14-1】创建一个窗口，窗口标题为“我的第一个窗口”。

```
//CH14_01.java
import javax.swing.*;
class MyFrame extends JFrame{
    public MyFrame(){
        super(" 我的第一个窗口 ");
        setSize(300,200);                                    // 必须设置窗口大小
        setVisible(true);                                    // 必须设置窗口可见
        setDefaultCloseOperation(JFrame.EXIT_ON_CLOSE); // 关闭窗口
    }
}

public class CH1_01{
    public static void main(String[] args){
        new MyFrame();
    }
}
```

程序执行结果如下：

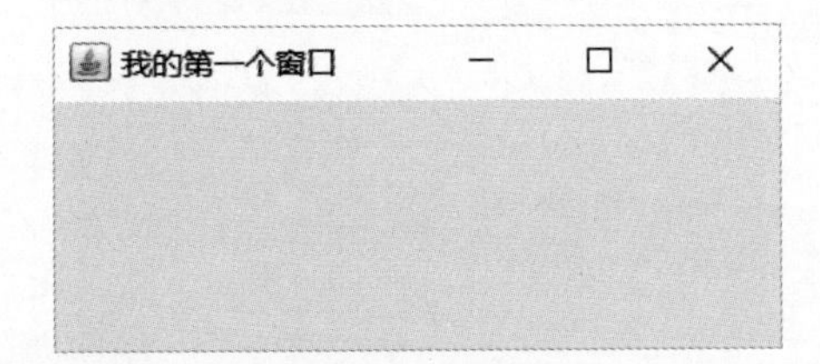

14.2.2 面板 JPanel 类

JPanel 类是最常用的中间容器，称为面板类。面板本身不能独立显示，必须依附于顶层容器才可以显示，面板中可添加基本组件或其他中间容器。JPanel 类常用的构造方法及成员方法如表 14-3 所示。

表 14-3　JPanel 类常用的构造方法及成员方法

方　　法	说　　明
public JPanel()	创建一个空的面板
public void add(Component comp)	将参数 comp 表示的组件添加到面板中
public void setLayout(LayoutManager lm)	设置面板中组件的布局模式

【例 14-2】借助面板，在窗口中添加一个命令按钮，按钮标题是“我是按钮”。

```
//CH14_02.java
import javax.swing.*;
class MyPanelFrame extends JFrame{
    public MyPanelFrame(){
        super("JPanel 面板测试 ");
        JPanel panel=new JPanel();                    // 创建面板组件
        JButton button=new JButton(" 我是按钮 ");     // 创建按钮组件
        panel.add(button);                            // 将按钮添加到面板中
        add(panel);                                   // 将面板添加到窗口中
        setSize(300,200);
        setVisible(true);
        setDefaultCloseOperation(JFrame.EXIT_ON_CLOSE);
    }
}
public class CH14_02{
    public static void main(String[] args){
        new MyPanelFrame();
    }
}
```

程序执行结果如下：

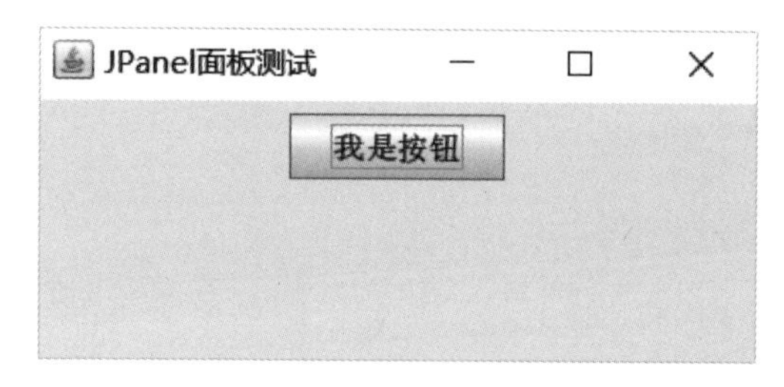

14.3 布局管理器

Java 为了实现跨平台的特性并获得动态的布局效果，使用布局管理器对象来管理容器中组件的排列方式，例如水平排列、网格方式排列等。

Java 语言在 java.awt 包中提供了三种常用的布局管理器：FlowLayout、BorderLayout 和 GridLayout。每个布局管理器都有自己特定的用途。例如，要按行和列显示几个同样大小的组件，则 GridLayout 会比较合适；要在尽可能大的空间里显示一个组件，则选择 BorderLayout。

布局管理器是容器类所具有的特性，每种容器都有一种默认的布局管理器。例如，JPanel 的默认布局是 FlowLayout，JFrame 的默认布局是 BorderLayout。可以通过 setLayout() 方法为容器设置新的布局管理器。

14.3.1 流式布局

流式布局（FlowLayout）的布局策略提供按行布局组件方式，将组件按照加入的先后顺序从左向右排列，当一行排满之后转到下一行，继续按照从左向右的顺序排列。组件保持自己的尺寸，一行能容纳的组件的数目随容器的宽度变化。FlowLayout 是 JPanel 类默认的布局管理器。

FlowLayout 类的构造方法如表 14-4 所示。

表 14-4　FlowLayout 类的构造方法

构 造 方 法	说　　明
public FlowLayout()	创建 FlowLayout 布局，组件使用默认的居中对齐方式，各组件的垂直与水平间距是 5 像素
public FlowLayout(int align)	创建 FlowLayout 布局，组件使用 align 指定的对齐方式，各组件的垂直与水平间距是 5 像素。 align 的取值可以是 FlowLayout.LEFT、FlowLayout.CENTER 和 FlowLayout.RIGHT，分别代表靠左、居中和靠右对齐
public FlowLayout(int align,int hgap,int vgap)	创建 FlowLayout 布局，组件使用 align 指定的对齐方式，各组件的垂直与水平间距分别为 hgap 和 vgap

【例 14-3】使用流式布局在窗口中添加 5 个按钮。

```
//CH14_03.java
import javax.swing.*;
import java.awt.*;
class FlowLayoutDemo extends JFrame{
    public FlowLayoutDemo(){
        super("FlowLayout 布局 ");
        FlowLayout flow=new FlowLayout();
        setLayout(flow);                                    // 设置窗口布局为流式布局
        for(int i=1;i<=5;i++){
            JButton bt=new JButton(" 按钮 "+i);
            add(bt);
        }
        setSize(400,100);
        setVisible(true);
        setDefaultCloseOperation(JFrame.EXIT_ON_CLOSE);
    }
}
public class CH14_03{
    public static void main(String[] args){
        new FlowLayoutDemo();
    }
}
```

程序执行结果如下：

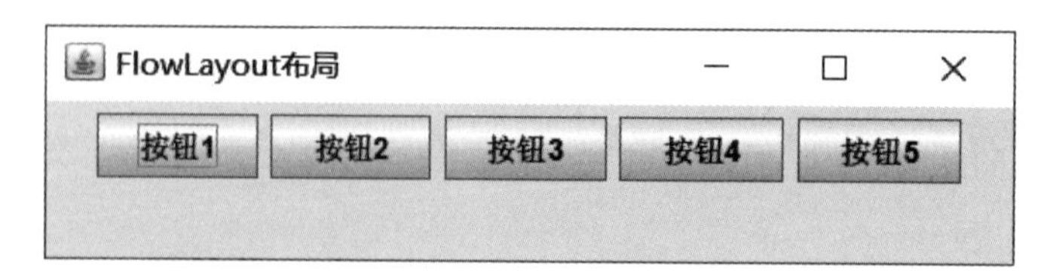

14.3.2 边界布局

边界布局（BorderLayout）的布局策略是把容器内的空间划分为东、西、南、北、中5个区域，各个区域的位置及大小如图14-1所示。南、北位置控件各占据一行，控件宽度将自动布满整行。东、西和中间位置占据一行；若东、西、南、北位置无控件，则中间控件将自动布满整个容器。若东、西、南、北位置中的任意一个没有控件，中间控件将自动占据没有控件的位置。窗体缩放时，南北控件的长度改变而高度不变，东西控件的长度不变而高度改变，中间控件的长度和高度都随容器大小改变。

图14-1 BorderLayout 5个显示组件的区域

BorderLayout布局管理器的每个区域只能放置一个组件，将一个组件添加到容器中时，需要使用以下5个常量之一指明其在容器中的位置区域：BorderLayout.EAST、BorderLayout.WEST、BorderLayout.SOUTH、BorderLayout.NORTH、BorderLayout.CENTER，默认为BorderLayout.CENTER。BorderLayout是JFrame默认的布局管理器。

BorderLayout类的构造方法如表14-5所示。

表14-5 BorderLayout类的构造方法

构造方法	说明
public BorderLayout()	创建一个组件之间没有间距的边界布局
public BorderLayout(int hgap,int vgap)	创建一个组件之间水平和垂直间距为hgap和vgap个像素的边界布局

【例14-4】使用边界布局在窗口的5个区域添加5个按钮。

```
//CH14_04.java
import javax.swing.*;
```

```
import java.awt.*;
class BorderLayoutDemo extends JFrame{
    public BorderLayoutDemo(){
        super("BorderLayout 布局 ");
        BorderLayout border=new BorderLayout();
        setLayout(border);
        JButton bSouth=new JButton(" 我在南边 ");
        JButton bNorth=new JButton(" 我在北边 ");
        JButton bEast=new JButton(" 我在东边 ");
        JButton bWest=new JButton(" 我在西边 ");
        JButton bCenter=new JButton(" 我在中心 ");
        add(bNorth,BorderLayout.NORTH);
        add(bSouth,BorderLayout.SOUTH);
        add(bEast,BorderLayout.EAST);
        add(bWest,BorderLayout.WEST);
        add(bCenter,BorderLayout.CENTER);
        setSize(300,200);
        setVisible(true);
        setDefaultCloseOperation(JFrame.EXIT_ON_CLOSE);
    }
}
public class CH14_04{
    public static void main(String[] args){
        new BorderLayoutDemo();
    }
}
```

程序执行结果如下：

14.3.3 网格布局

网络布局（GridLayout）管理器将容器划分为大小相等的若干行、若干列的网格，组件按照从左到右、从上到下的顺序依次放入各网格中。每个组件占满一格。组件大小随网格大小变化。如果组件数比网格数多，系统将自动增加网格数；如果组件数比网格数少，未用的网格区空闲。

GridLayout 类的构造方法如表 14-6 所示。

表 14-6　GridLayout 类的构造方法

构 造 方 法	说　　明
public GridLayout(int rows,int cols)	创建具有 rows 行 cols 列的网格布局
public GridLayout(int rows,int cols,int hgap,int vgap)	创建具有指定行、列、水平间距和垂直间距的网格布局
public GridLayout()	创建具有 1 行 1 列的网格布局

【例 14-5】使用网格布局创建黑白格相间的窗口。

```
//CH14_05.java
import javax.swing.*;
import java.awt.*;
class GridLayoutDemo extends JFrame{
    public GridLayoutDemo(){
        super("GridLayout 布局");
        GridLayout grid=new GridLayout(12,12);
        setLayout(grid);
        JButton[][] bt=new JButton[12][12];
        for(int i=0;i<12;i++){
            for(int j=0;j<12;j++){
                bt[i][j]=new JButton();
                if((i+j)%2==0){
                    bt[i][j].setBackground(Color.BLACK);
                }else{
                    bt[i][j].setBackground(Color.WHITE);
                }
                add(bt[i][j]);
            }
        }
        setSize(275,275);
        setVisible(true);
        setDefaultCloseOperation(JFrame.EXIT_ON_CLOSE);
    }
}
public class CH14_05{
    public static void main(String[] args){
        new GridLayoutDemo();
    }
}
```

程序执行结果如下：

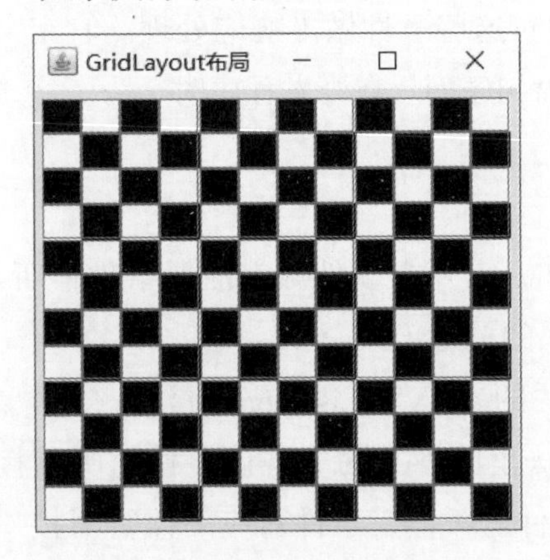

14.4 事件处理

当用户在程序的图形界面上进行各种操作（如鼠标、键盘操作）时，程序必须为用户提供相应的响应。而 JFrame 和组件本身并没有事件处理能力，所有事件的处理必须由特定对象来完成。

在图形用户界面的开发中，必须完成两个层面的任务：

（1）完成程序外观界面的设计，其中包括创建窗口，在窗口中添加组件，设置各类组件的大小、位置、颜色等属性。这个层次的工作可以认为是对程序静态特征的设置。

（2）为各种组件提供响应与处理不同事件的功能支持，使程序具备与用户交互的能力，使程序“活”起来。这个层次的工作可以认为是对程序动态特征的处理。

14.4.1 事件处理机制

Java 对事件的处理采用“委托事件处理模型”，即界面组件（如按钮）只负责界面显示、接收用户操作信息等，而响应用户操作则委托给事件监听器处理。Java 事件处理涉及三类对象：事件、事件源和事件监听器。

1. 事件

事件是指一个动作的发生或一个状态的改变。例如，单击一个按钮，将产生单击事件。Java 在 java.awt.event 包中提供了许多事件类，用于处理组件上的各种事件。例如，按钮单击操作对应的事件类是 ActionEvent。

2. 事件源

事件由用户操作组件产生，被操作的组件称为事件源。例如，用户单击一个按钮产生单击事件，按钮则是事件源。

3. 事件监听器

事件监听器负责监听事件源上发生的事件，并对这些事件做出响应处理。它定义了组件能够响应哪些事件以及响应事件后需要执行的语句序列。在开发程序时，为了实现事件监听器的功能，通常需要完成以下两个关键操作：

1）向事件源注册事件监听器

为了在事件发生时，事件监听器能够得到通知，需要在事件源上注册事件监听器。注册事件监听器是建立事件源与事件监听器之间联系的关键步骤。

在事件源上注册事件监听器，需要调用事件源的 addXXXListener() 方法。依据事件类型的不同，注册方法名中间的 XXX 也不同。方法里的参数为实现该事件监听器接口的类对象。例如，在按钮对象 button 上注册单击事件监听器，事件对应的监听器接口是 ActionListener，调用的语句如下：

```
button.addActionListener(实现 ActionListener 接口的类对象);
```

当程序运行时，事件监听器一直监听按钮 button，一旦用户单击了该按钮，事件监听器将创建一个单击事件类 ActionEvent 的对象。

2）实现事件处理方法

事件处理方法是事件发生时需要执行的方法，其方法体是事件发生时需要执行的语句序列。

Java 为每个事件类定义了一个相应的事件监听器接口，其中声明了事件处理的抽象方法。例如，单击事件的监听器接口是 ActionListener，其中声明了 actionPerformed() 方法。程序运行过程中，当用户单击按钮时，事件监听器将通知执行 actionPerformed() 方法。

在事件处理程序中，必须实现事件监听器接口中声明的事件处理方法。事件处理方法以事件对象作为参数。当事件源上发生事件时，产生的事件对象将以参数形式传递给事件处理方法。在事件处理方法中，可以访问事件对象的成员。例如，事件处理方法 actionPerformed(ActionEvent e) 的参数是事件类 ActionEvent 的对象。

如果一个组件需要响应多个事件，则必须向它注册多个事件监听器；如果多个组件需要响应同一个事件，则必须向它们注册同一个事件监听器。

4. 事件处理流程

当用户与图形用户界面中的组件进行交互时，事件源需要先把事件处理委托给一个或多个事件监听器，事件源产生一个事件以后，事件源就会把事件发送给事件监听器，事件监听器调用自己相应的事件处理方法并把事件对象作为实参传递给事件处理方法，完成相应的事件处理。处理流程如图 14-2 所示。

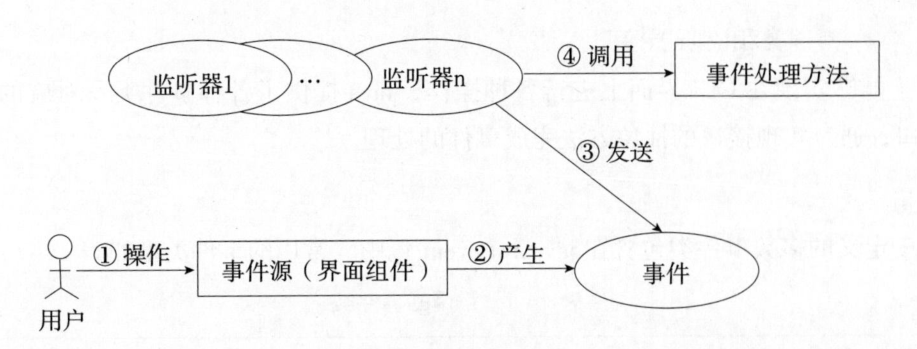

图 14-2 事件处理流程

【例 14-6】创建窗口，单击窗口中的按钮时，将窗口的背景颜色设置为青色。

```
//CH14_06.java
import javax.swing.*;
import java.awt.*;
import java.awt.event.ActionEvent;
import java.awt.event.ActionListener;
class ButtonAction extends JFrame implements ActionListener{
    public ButtonAction(){
        setLayout(new FlowLayout());
        JButton bt=new JButton("改变窗口颜色");
        add(bt);
        bt.addActionListener(this);
        setSize(260,200);
        setVisible(true);
        setTitle("按钮事件测试");
        setDefaultCloseOperation(JFrame.EXIT_ON_CLOSE);
    }
    public void actionPerformed(ActionEvent e){
        //getContentPane()的作用是获取一个容器（如JFrame）的内容面板
        getContentPane().setBackground(Color.cyan);
    }
}
public class CH14_06{
    public static void main(String[] args){
        new ButtonAction();
    }
}
```

程序执行后，在显示的窗口中单击“改变窗口颜色”按钮后的结果如下：

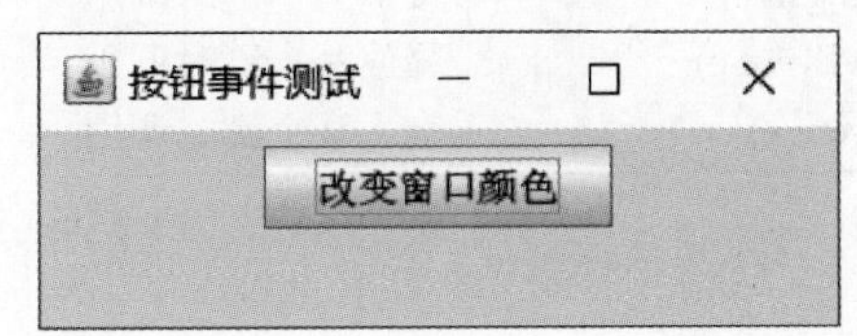

14.4.2 事件类和监听器接口

为了能够实现在 GUI 界面上进行各种操作，Java 提供了各种事件类及对应的事件监听器接口，通过实现接口的抽象方法完成事件的处理。

1. 事件类

Java 定义的多数事件类包含在 java.awt.event 包中。常用的事件类型如表 14-7 所示。

表 14-7 常用的事件类

事件类型	说明	事件源
ActionEvent	通常按下按钮，或选中复选框或单选按钮，或选中一个菜单项，或在文本框中按下 Enter 键时，会触发此事件	按钮 JButton 复选框 JCheckBox 单选按钮 JRadioButton 菜单项 JMenuItem 文本框 JTextField
ItemEvent	单击复选框，或单选按钮，或选择组合框某一项时触发此事件	复选框 JCheckBox 单选按钮 JRadioButton 组合框 JComboBox
ListSelectionEvent	选择列表框或组合框中的选项时触发此事件	列表框 JList
KeyEvent	按下、释放或键入键盘上的一个键时触发此事件	组件
MouseEvent	拖动、移动、单击、按下或释放鼠标键，或在鼠标指针进入或退出一个组件时，会触发此事件	组件

2. 事件监听器接口

Java 中的每个事件类都有一个监听器接口，接口中声明了一个或多个抽象的事件处理方法。如果一个类实现了事件监听器接口，其对象就可以作为对应事件的监听器，具备监听和处理事件的能力。java.awt.event 包中常用的事件监听器接口及接口中所声明的方法如表 14-8 所示。

表 14-8 常用的事件监听器接口

事件类型	监听器接口	需要实现的方法	说　明
ActionEvent	ActionListener	actionPerformed(ActionEvent e)	单击或按 Enter 键时调用
ItemEvent	ItemListener	itemStateChanged(ItemEvent e)	选定或取消某项时调用
ListSelectionEvent	ListSelectionListener	valueChanged(ListSelectionEvent e)	选择某项时调用
KeyEvent	KeyListener	keyPressed(KeyEvent e) keyReleased(KeyEvent e) keyTyped(KeyEvent e)	按下某个键时调用 释放某个键时调用 键入某个键时调用

续表

事件类型	监听器接口	需要实现的方法	说明
MouseEvent	MouseListener	mouseClicked(MouseEvent e) mouseEntered(MouseEvent e) mouseExited(MouseEvent e) mousePressed(MouseEvent e) mouseReleased(MouseEvent e)	单击时调用 鼠标进入组件时调用 鼠标离开组件时调用 组件上按下鼠标键时调用 组件上释放鼠标键时调用
	MouseMotionListener	mouseDragged(MouseEvent e) mouseMoved(MouseEvent e)	组件上按下并拖动时调用 鼠标光标移动到组件上但无按键按下时调用

【例 14–7】在窗口中捕捉鼠标单击的操作。

```
//CH1_07.java
import javax.swing.*;
import java.awt.*;
import java.awt.event.*;
class MouseEventDemo extends JFrame implements MouseListener{
    JLabel lb=new JLabel("显示鼠标的状态");
    public MouseEventDemo(){
        setLayout(new FlowLayout());
        add(lb);
        addMouseListener(this);                    //为窗口注册鼠标监听器
        setSize(260,100);
        setVisible(true);
        setTitle("鼠标事件测试");
        setDefaultCloseOperation(JFrame.EXIT_ON_CLOSE);
    }
    public void mouseClicked(MouseEvent e){
        lb.setText("鼠标在窗口中被单击");
    }
    public void mouseEntered(MouseEvent e){
        //空实现
    }
    public void mouseExited(MouseEvent e){
        //空实现
    }
    public void mousePressed(MouseEvent e){
        //空实现
    }
    public void mouseReleased(MouseEvent e){
        //空实现
    }
}
```

```
public class CH14_07{
    public static void main(String[] args){
        new MouseEventDemo();
    }
}
```

程序执行的结果如下：

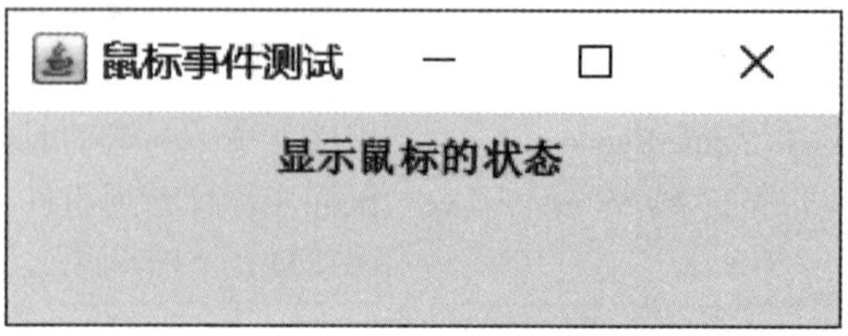

鼠标事件测试

显示鼠标的状态

当在窗口中任意位置单击后，窗口中的标签文本将会被改变，显示结果如下：

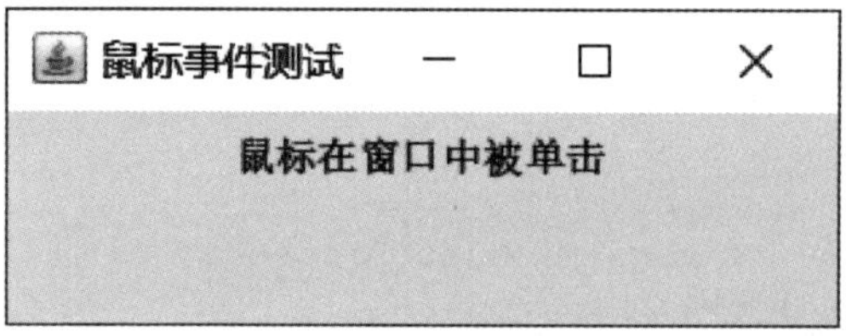

鼠标事件测试

鼠标在窗口中被单击

3. 事件适配器类

在进行事件处理时，要实现监听器接口就必须实现该接口中所有的抽象方法，即使有些方法不需要实现，也必须通过设置空的方法体实现，如例 14–7 中除了 mouseClicked() 方法外的其他 4 个方法。为了减少开发者的工作量，Java 为每个具有多个方法的事件监听器接口提供了一个事件适配器类。每个适配器类实现一个事件监听器接口，用空方法体实现该接口中的每个抽象方法。

Java 并没有为所有的事件监听器接口都提供对应的适配器，只为在接口中提供了一个以上方法的接口提供相对应的适配器。常用的监听器接口与适配器类的对应关系如表 14–9 所示。

表 14-9　常用的监听器接口与对应的适配器类

监 听 器 接 口	适 配 器 类
ActionListener	无
ItemListener	无
KeyListener	KeyAdapter
MouseListener	MouseAdapter
MouseMotionListener	MouseMotionAdapter

【例 14–8】通过适配器类实现在窗口中捕捉鼠标单击的操作。

```
//CH1_08.java
import javax.swing.*;
import java.awt.*;
import java.awt.event.*;
class MouseAdapterDemo extends MouseAdapter{        //继承了鼠标适配器类
    JFrame frm=new JFrame();
    JLabel lb=new JLabel("显示鼠标的状态");
    public MouseAdapterDemo(){
        frm.setLayout(new FlowLayout());
        frm.add(lb);
        frm.addMouseListener(this);
        frm.setSize(260,100);
        frm.setVisible(true);
        frm.setTitle("鼠标适配器使用测试");
        frm.setDefaultCloseOperation(JFrame.EXIT_ON_CLOSE);
    }
    public void mouseClicked(MouseEvent e){
        lb.setText("鼠标在窗口中被单击");
    }
}
public class CH14_08{
    public static void main(String[] args){
        new MouseAdapterDemo();
    }
}
```

程序执行的结果与例 14-7 执行结果相同。

14.4.3 内部类

Java 支持在一个类中声明另一个类，这样的类称作内部类，而包含内部类的类称为外部类。外部类的成员变量在内部类中仍然有效，内部类中的方法也可以调用外部类的方法。

内部类的类体中不可以声明用 static 修饰的类变量和类方法。外部类的类体中可以用内部类声明对象，作为外部类的成员。

内部类仅供它的外部类使用，其他类不可以用某个类的内部类声明对象。另外，由于外部类的成员变量在内部类中仍然有效，使得内部类和外部类的交互更加方便。

1. 成员内部类

成员内部类的声明格式如下：

```
class 外部类名{
  class 内部类名{
     内部类类体
```

```
    }
}
```

Java 编译器生成的内部类的字节码文件的名字和通常的类不同，内部类对应的字节码文件的名字格式是“外部类名 $ 内部类名”。

【例 14-9】通过内部类实现 ActionListener 接口，实现例 14-6 单击按钮窗口时，背景颜色变为青色的操作。

```
//CH14_09.java
import javax.swing.*;
import java.awt.*;
import java.awt.event.*;
class InnerClassDemo extends JFrame{
    public InnerClassDemo(){
        setLayout(new FlowLayout());
        JButton bt=new JButton("改变窗口颜色");
        add(bt);
        bt.addActionListener(new InnerClass());        //参数为内部类对象
        setSize(260,200);
        setVisible(true);
        setTitle("按钮事件测试");
        setDefaultCloseOperation(JFrame.EXIT_ON_CLOSE);
    }
    class InnerClass  implements ActionListener{      //声明内部类实现接口
        public void actionPerformed(ActionEvent e){
            getContentPane().setBackground(Color.cyan);
        }
    }
}
public class CH14_09{
    public static void main(String[] args){
        new InnerClassDemo();
    }
}
```

程序执行的结果与例 14-6 执行结果相同。

2. 与子类有关的匿名类

假如没有显示地声明一个类的子类，而又想用子类创建一个对象，该如何实现呢？Java 允许直接使用一个类的子类的类体创建一个子类对象。这个类体被认为是一个子类去掉类声明后的类体，称为匿名类。匿名类就是一个子类，因为无名可用，所以不可能用匿名类声明对象，但却可以直接用匿名类创建一个对象。

【例 14-10】通过匿名类创建适配器类 MouseAdaper 的子类对象，实现例 14-8 在窗口中捕捉鼠标单击的操作。

```
//CH14_10.java
import javax.swing.*;
import java.awt.*;
import java.awt.event.*;
class AnonymousClassDemo extends JFrame{
    JLabel lb=new JLabel("显示鼠标的状态");
    public AnonymousClassDemo(){
        setLayout(new FlowLayout());
        add(lb);
        addMouseListener(new MouseAdapter(){          //与子类有关的匿名类
            public void mouseClicked(MouseEvent e){
                lb.setText("鼠标在窗口中被单击");
            }
        });                                            //为窗口注册鼠标监听器
        setSize(260,100);
        setVisible(true);
        setTitle("鼠标适配器使用测试");
        setDefaultCloseOperation(JFrame.EXIT_ON_CLOSE);
    }
}
public class CH14_10{
    public static void main(String[] args){
        new AnonymousClassDemo();
    }
}
```

程序执行的结果与例 14-8 执行结果相同。

3. 与接口有关的匿名类

Java 允许直接用接口名和一个类体创建一个匿名对象，此类体被认为是实现了该接口的类去掉类声明后的类体，称作匿名类。

【例 14-11】通过匿名类实现 ActionListener 接口，实现例 14-6 单击按钮窗口时背景颜色变为青色的操作。

```
//CH14_11.java
import javax.swing.*;
import java.awt.*;
import java.awt.event.*;
class AnonymousInterfaceDemo extends JFrame{
    public AnonymousInterfaceDemo(){
        setLayout(new FlowLayout());
        JButton bt=new JButton("改变窗口颜色");
        add(bt);
```

```
        bt.addActionListener(new ActionListener(){      //与接口有关的匿名类
            public void actionPerformed(ActionEvent e){
                getContentPane().setBackground(Color.cyan);
            }
        });
        setSize(260,200);
        setVisible(true);
        setTitle("单击按钮事件测试");
        setDefaultCloseOperation(JFrame.EXIT_ON_CLOSE);
    }
}
public class CH14_11{
    public static void main(String[] args){
        new AnonymousInterfaceDemo();
    }
}
```

程序执行的结果与例 14-6 执行结果相同。

14.5 Swing 常用的基本组件

视频讲解

基本组件是用户与窗口进行交互所用到的最简单的组件，Swing 提供了大量的基本组件，如标签、按钮、文本框、复选框、组合框等。使用基本组件构建 GUI 程序时，首先要了解组件的基本用途；其次要了解用户在使用这种组件进行交互时，涉及的组件属性有哪些；最后要了解通常要为组件注册何种类型的事件，以及如何为它编写合适的事件处理程序。

14.5.1 标签

标签 JLabel 组件可以显示一行静态文本和图标标签，只起到信息说明的作用，不接受用户的输入，也无事件响应。其常用的构造方法和成员方法如表 14-10 所示。

表 14-10 JLabel 类构造方法及成员方法

方　法	说　明
public JLabel()	创建一个默认的标签
public JLabel(String str)	创建一个标题为 str 的标签
public void setText(String str)	设置标签的标题为 str
public String getText()	获取标签的标题

14.5.2 按钮

在图形用户界面程序中，最常用的操作是通过鼠标单击按钮来完成一个功能。按钮

JButton 组件常用的构造方法如表 14–11 所示。

表 14-11 JButton 类构造方法

构造方法	说明
public JButton()	创建一个没有标题和图标的按钮
public JButton(String str)	创建一个标题为 str 的按钮

JButton 类能引发 ActionEvent 事件，当用户用鼠标单击按钮时触发。可通过 ActionEvent 类的 getSource() 方法获取引发事件的对象名。

14.5.3 文本组件

文本组件用于显示信息和提供用户输入文本信息，在 Swing 中提供了文本框、密码框和文本区等多个文本组件。它们都有一个共同的基类 JTextComponent。它们不仅有自己的成员方法，还继承了父类提供的成员方法。JTextComponent 类中定义的常用方法如表 14–12 所示。

表 14-12 JTextComponent 类常用的成员方法

常用方法	说明
public String getText()	获取文本组件内的文本内容
public void setText(String str)	设置文本组件中的文本内容
public String getSelectedText()	获取文本组件中被选中的文本内容
public void replaceSelection(String str)	用给定的字符串替换当前选定内容

1. 文本框

文本框 JTextField 是常用的单行文本编辑框，用于输入一行文字。其常用的构造方法如表 14–13 所示。

表 14-13 JTextField 类常用的构造方法

构造方法	说明
public JTextField()	创建一个空的文本框
public JTextField(int col)	创建一个具有指定列数的空文本框
public JTextField(String str)	创建一个显示指定初始文本的文本框
public JTextField(String str,int col)	创建一个具有指定列数，并显示指定初始文本的文本框

JTextField 触发的是 ActionEvent 事件，需要实现的监听器接口为 ActionListener，通过重写其中的 actionPerformed(ActionEvent e) 方法来处理事件。

2. 密码框

密码框 JPasswordField 用来接收用户输入的单行文本信息，在密码框中不显示用户输入的真实信息，常用“*”代替密码的显示。其常用的构造方法如表 14-14 所示。

表 14-14 JPasswordField 类常用的构造方法

构造方法	说明
public JPasswordField()	创建一个空的密码框
public JPasswordField(int col)	创建一个具有指定列数的空密码框
public JPasswordField(String str)	创建一个显示指定初始文本的密码框

3. 文本区

文本区 JTextArea 是一个多行文本编辑框。其常用的构造方法如表 14-15 所示。

表 14-15 JTextArea 类常用的构造方法

构造方法	说明
public JTextArea()	创建一个空的文本区
public JTextArea(int row,int col)	创建一个具有指定行数和列数的空文本区
public JTextArea(String str)	创建一个显示指定初始文本的文本区
public JTextArea(String str,int row,int col)	创建一个具有指定行数列数，并显示指定初始文本的文本区

【例 14-12】创建登录窗口，假设正确的用户名和密码分别为 test 和 123。

```
//CH14_12.java
import javax.swing.*;
import java.awt.*;
import java.awt.event.*;
class Login extends JFrame implements ActionListener{
    JLabel lb1, lb2;
    JTextField tf;
    JPasswordField pf;
    JButton bt;
    public Login(){
        lb1 = new JLabel("用户名：");
        lb2 = new JLabel("口令：");
        tf = new JTextField(10);
        pf = new JPasswordField(10);
        bt = new JButton("确认");
        add(lb1);
        add(tf);
        add(lb2);
        add(pf);
        add(bt);
```

```
        bt.addActionListener(this);
        setTitle("登录");
        setSize(210, 150);
        setVisible(true);
        setLayout(new FlowLayout());
        setDefaultCloseOperation(JFrame.EXIT_ON_CLOSE);
    }
    public void actionPerformed(ActionEvent e){
        if (tf.getText().equals("test") && pf.getText().equals("123")){
            JOptionPane.showMessageDialog(this, "合法用户，请登录！");
        }else{
            JOptionPane.showMessageDialog(this, "用户名或密码有错误！");
        }
    }
}
public class CH14_12{
    public static void main(String args[]){
        new Login();
    }
}
```

程序执行结果如下：

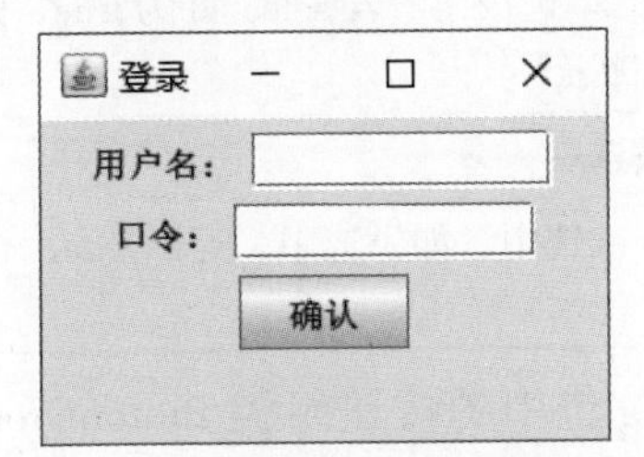

输入正确用户名和密码，单击“确认”按钮，将会弹出如下对话框：

如果输入的用户名或密码有错误，单击“确认”按钮，将会弹出如下对话框：

JOptionPane 是模式对话框，它提供了现成的对话框样式供用户直接使用。通过调用 JOptionPane 类的 showMessageDialog() 可以创建一个消息对话框。第一个参数用于指定对话框可见时的位置，如果为 null，对话框会在屏幕的正前方显示；如果不为空，则会在指定组件的正前面居中显示。第二个参数指定对话框上显示的信息。

14.5.4 单选按钮和复选框

在设计 GUI 界面时，如果需要在一组选项中只能选择其中的一个选项，可以使用单选按钮 JRadioButton。如果需要同时选择多个选项，可以使用复选框 JCheckBox。

1. 单选按钮

在 Swing 中，单选按钮 JRadioButton 用来显示一组互斥的选项。在同一组单选按钮中，任何时候最多只能有一个按钮被选中。一旦选中一个单选按钮，以前选中的按钮自动变成未选中状态。其常用的构造方法和成员方法如表 14-16 所示。

表 14-16 JRadioButton 类常用的构造方法及成员方法

方　法	说　明
public JRadioButton()	创建一个无标题的单选按钮
public JRadioButton(String str)	创建一个标题为 str 的单选按钮
public JRadioButton(String str,boolean selected)	创建一个标题为 str 的单选按钮，若 selected 为 true，则该单选按钮处于选中状态
public void setSelected(boolean flag)	设置单选按钮是否被选中
public boolean isSelected()	判断该单选按钮是否被选中，如果选中，返回 true；否则返回 false

要让多个单选按钮位于同一组，必须使用 javax.swing 包中的按钮组类 ButtonGroup，通过调用 add 方法可以将一个单选按钮添加到指定的 ButtonGroup 对象中。

2. 复选框

复选框 JCheckBox 用来显示一组选项。在一组复选框中，可以同时选中多个复选框，也可以不选中任何复选框。其常用的构造方法和成员方法如表 14-17 所示。

表 14-17 JCheckBox 类常用的构造方法及成员方法

方　法	说　明
public JCheckBox()	创建一个无标题的复选框
public JCheckBox(String str)	创建一个标题为 str 的复选框
public JCheckBox(String str,boolean selected)	创建一个标题为 str 的复选框，若 selected 为 true，则该复选框处于选中状态
public void setSelected(boolean flag)	设置复选框是否被选中

续表

方　法	说　明
public boolean isSelected()	判断该复选框是否被选中，如果选中，返回 true；否则返回 false

JRadioButton 和 JCheckBox 可以触发 ActionEvent 事件和 ItemEvent 事件。ItemEvent 事件需要实现的监听器接口为 ItemListener，通过重写 itemStateChanged(ItemEvent e) 方法来处理事件。

【例 14-13】创建窗口，实现选择字体样式和字号大小的操作。

```
//CH14_13.java
import javax.swing.*;
import java.awt.*;
import java.awt.event.ItemEvent;
import java.awt.event.ItemListener;
class RCButtonDemo extends JFrame implements ItemListener{
    private JLabel label;
    private JCheckBox boldCheckBox,italicCheckBox;
    private JRadioButton smallRadioButton,mediumRadioButton,largeRadioButton;
    private ButtonGroup radioButtonGroup;
    public RCButtonDemo(){
        label=new JLabel("Hello, World!");
        boldCheckBox=new JCheckBox("Bold");
        italicCheckBox=new JCheckBox("Italic");
        smallRadioButton=new JRadioButton("Small");
        mediumRadioButton=new JRadioButton("Medium");
        largeRadioButton=new JRadioButton("Large");
        //将单选按钮放入同一个按钮组中
        radioButtonGroup=new ButtonGroup();
        radioButtonGroup.add(smallRadioButton);
        radioButtonGroup.add(mediumRadioButton);
        radioButtonGroup.add(largeRadioButton);
        //注册事件监听器
        boldCheckBox.addItemListener(this);
        italicCheckBox.addItemListener(this);
        smallRadioButton.addItemListener(this);
        mediumRadioButton.addItemListener(this);
        largeRadioButton.addItemListener(this);
        //将单选按钮和复选框放入面板组件
        JPanel optionsPanel = new JPanel(new GridLayout(3, 2, 5, 5));
        optionsPanel.add(boldCheckBox,BorderLayout.WEST);
        optionsPanel.add(italicCheckBox,BorderLayout.CENTER);
        optionsPanel.add(smallRadioButton,BorderLayout.SOUTH);
```

```
            optionsPanel.add(mediumRadioButton,BorderLayout.SOUTH);
            optionsPanel.add(largeRadioButton,BorderLayout.SOUTH);
            //窗口中添加标签和面板
            add(label,BorderLayout.CENTER);
            add(optionsPanel,BorderLayout.SOUTH);
            //设置窗口属性
            setTitle("格式设置");
            setSize(260,150);
            setVisible(true);
            setDefaultCloseOperation(JFrame.EXIT_ON_CLOSE);
        }
        public void itemStateChanged(ItemEvent e){
          Font font = label.getFont();
          float fontSize = font.getSize();
          int fontStyle = Font.PLAIN;             //字形样式为一般样式
          //字形样式
          if (boldCheckBox.isSelected()){
              fontStyle=Font.BOLD;
          }
          if (italicCheckBox.isSelected()){
              fontStyle = Font.ITALIC;
          }
          //字体大小
          if (smallRadioButton.isSelected()){
              fontSize = 10;
          } else if(mediumRadioButton.isSelected()){
              fontSize = 14;
          } else if(largeRadioButton.isSelected()){
              fontSize = 18;
          }
          Font newFont = new Font("Times New Roman", fontStyle, (int) fontSize);
          label.setFont(newFont);                 //设置标签标题字体格式
        }
    }
    public class CH14_13{
        public static void main(String[] args){
            new RCButtonDemo();
        }
    }
```

程序执行结果如下：

选择其中的复选框及单选按钮后，执行结果如下：

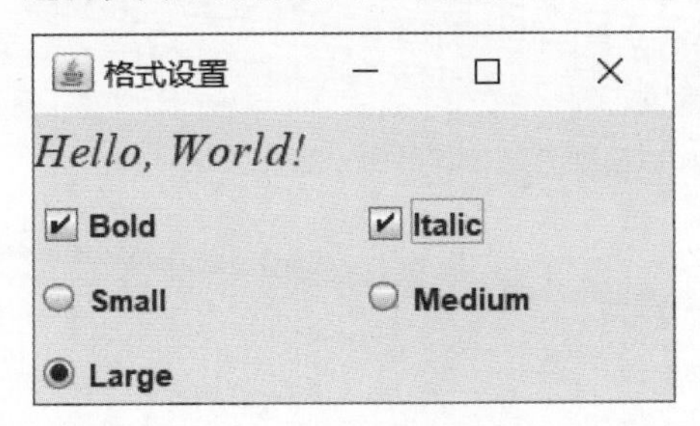

Font 类用于设置字体样式、大小与字形。Font 类的构造方法声明格式如下：

```
public Font(String name,int style,int size)
```

其中，name 为字体名称，如 Arial、Dialog、Times New Roman 和 Serief 等；size 是字体大小；style 为字形样式，可以设为 Font.PLAIN（一般）、Font.BOLD（粗体）与 Font.ITALIC（斜体）。PLAIN、BOLD 和 ITALIC 是定义在 Font 类中的成员变量，其值都是整数。

14.5.5 列表框和组合框

当供选择的选项较少时，通常使用单选按钮和复选框。但当选项很多时，可以使用列表框 JList 或组合框 JComboBox。

1. 列表框

列表框 JList 能容纳并显示一组选项，从中可以选择一项或者多项。JList 常用的构造方法及成员方法如表 14-18 所示。

表 14-18 JList 类常用的构造方法及成员方法

方　法	说　明
public JList()	创建一个没有选项的列表框
public JList(Object[] items)	创建一个列表框，其中的选项由对象数据 items 决定
public int getSelectedIndex()	返回列表框中被选中的选项的下标，没有选中项时，返回 -1
Public Object getSelectedValue()	返回列表框中当前选中的选项

当在 JList 中选择某个选项时，会触发 ListSelectionEvent 事件，需要实现监听器接口

ListSelectionListener，通过重写 valueChanged() 方法来处理事件。

【例 14-14】创建窗口，通过 JList 组件实现课程选择的操作。

```
//CH14_14.java
import javax.swing.*;
import javax.swing.event.ListSelectionEvent;
import javax.swing.event.ListSelectionListener;
import java.awt.*;
class JListDemo extends JFrame implements ListSelectionListener{
    JTextArea tarea;
    JList list;
    public JListDemo(){
        tarea=new JTextArea("您要选择的课程是：",4,15);
        Object[] major={"高等数学","大学物理","线性代数","英语"};
        list=new JList(major);
        list.addListSelectionListener(this);
        add(tarea);
        add(list);
        setTitle("选课");
        setSize(300, 150);
        setVisible(true);
        setLayout(new FlowLayout());
        setDefaultCloseOperation(JFrame.EXIT_ON_CLOSE);
    }
    public void valueChanged(ListSelectionEvent e){
        Object majorselect=list.getSelectedValue();
        String s=(String)majorselect;
        tarea.setText("您选择的课程是：\n"+s);
    }
}
public class CH14_14{
    public static void main(String args[]){
        new JListDemo();
    }
}
```

程序执行结果如下：

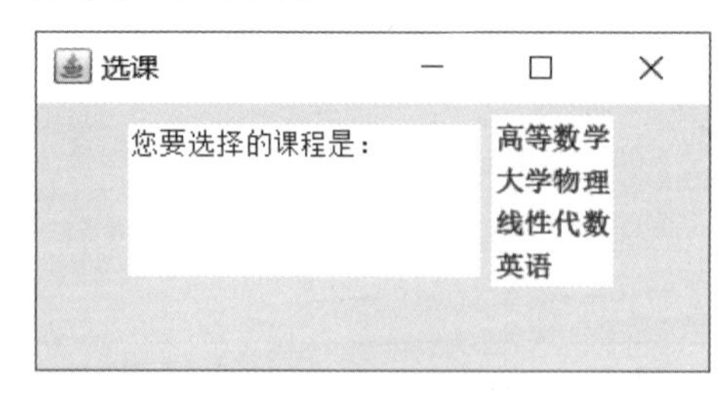

当在列表框中选择某一项时，将在文本区显示所选课程，执行结果如下：

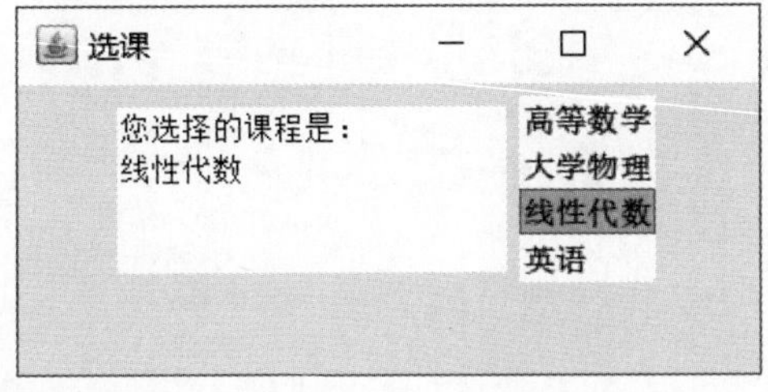

2. 组合框

组合框 JComboBox 由一个文本框和一个列表框组成。组合框通常的显示形式是右边带有下拉箭头的文本行，列表框是隐藏的，单击右边的下拉箭头才可以显示列表框。既可以在组合框的文本框中直接输入数据，也可以从其列表框中选择数据项，被选择的数据项显示在文本框中。JComboBox 常用的构造方法及成员方法如表 14-19 所示。

表 14-19　JComboBox 类常用的构造方法及成员方法

方　　法	说　　明
public JComboBox()	创建一个没有选项的组合框
public JComboBox(Object[] items)	创建一个组合框，其中的选项由对象数据 items 决定
public int getSelectedIndex()	返回组合框中当前选中项的下标
public Object getSelectedItem()	返回组合框中当前选中的选项

当在 JComboBox 中选择某个选项时，会触发 ItemEvent 事件。ItemEvent 事件需要实现的监听器接口为 ItemListener，通过重写 itemStateChanged(ItemEvent e) 方法来处理事件。

【例 14-15】创建窗口，通过 JComboBox 组件实现课程选择的操作。

```
//CH14_15.java
import javax.swing.*;
import java.awt.*;
import java.awt.event.ItemEvent;
import java.awt.event.ItemListener;
class JComboBoxDemo extends JFrame implements ItemListener{
    JTextArea tarea;
    JComboBox box;
    public JComboBoxDemo(){
        tarea=new JTextArea("您要选择的课程是：",4,15);
        Object[] major={"高等数学","大学物理","线性代数","英语"};
        box=new JComboBox(major);
        box.addItemListener(this);
        add(tarea);
        add(box);
        setTitle("选课");
```

```
        setSize(300, 150);
        setVisible(true);
        setLayout(new FlowLayout());
        setDefaultCloseOperation(JFrame.EXIT_ON_CLOSE);
    }
    public void itemStateChanged(ItemEvent e){
        Object majorselect=box.getSelectedItem();
        String s=(String)majorselect;
        tarea.setText(" 您选择的课程是：\n"+s);
    }
}
public class CH14_15{
    public static void main(String args[]){
        new JComboBoxDemo();
    }
}
```

程序执行结果如下：

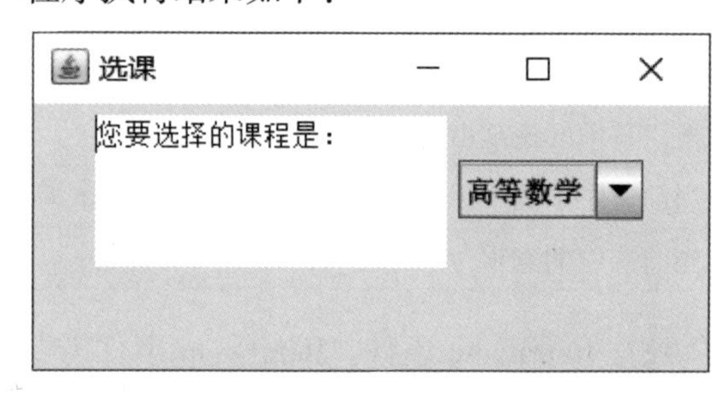

当在组合框中选择某一项时，将在文本区显示所选课程，执行结果如下：

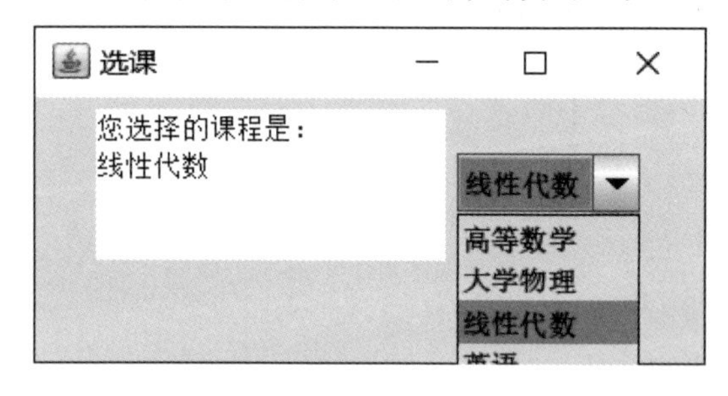

14.5.6 菜单

菜单是常见的用户界面组件。一般来说，一个完整的菜单由菜单栏、菜单和菜单项组成。一个菜单栏可以包含多个菜单，一个菜单可以包含多个菜单项。

在 Java 中，创建一个菜单通常包括三个步骤：首先创建一个菜单栏，其次在菜单栏上创建各个菜单，最后为每个菜单创建各个菜单项。

1. 菜单栏

菜单栏 JMenuBar 是窗口中用于容纳菜单的容器。JMenuBar 类提供的 add() 方法用来添加菜单，一个菜单栏通常可以添加多个菜单。菜单栏不支持事件监听器。JMenuBar 类的构造方法和常用的成员方法如表 14–20 所示。

表 14-20　JMenuBar 类的构造方法及常用的成员方法

方　法	说　明
public JMenuBar()	创建一个空的菜单栏
public JMenu add(JMenu menu)	将菜单 menu 添加到菜单栏上

JFrame 类提供的 setJMenuBar() 方法，用于将菜单栏放置于窗口的上方，其声明格式如下：

```
public void setJMenuBar(JMenuBar menubar)
```

2. 菜单

菜单 JMenu 是一组菜单项的容器，每个菜单有一个标题。JMenu 类提供的 add() 方法用来添加菜单项。JMenu 类的构造方法和常用的成员方法如表 14–21 所示。

表 14-21　JMenu 类的构造方法及常用的成员方法

方　法	说　明
public JMenu()	创建一个没有标题的菜单
public JMenu(String str)	创建一个标题为 str 的菜单
public JMenuItem add(JMenuItem menuitem)	将菜单项 menuitem 添加到菜单中
public void addSeparator()	在菜单中添加一条分隔线

3. 菜单项

菜单项 JMenuItem 是组成菜单的最小单位，在菜单项上可以注册 ActionEvent 事件监听器，当单击菜单项时，执行 actionPerformed() 方法。JMenuItem 类的构造方法及常用的成员方法如表 14–22 所示。

表 14-22　JMenuItem 类的构造方法及常用的成员方法

构造方法	说　明
public JMenuItem()	创建一个没有标题的菜单项
public JMenuItem(String str)	创建一个标题为 str 的菜单项
public JMenuItem(Icon icon)	创建一个图标为 icon 的菜单项
public JMenuItem(String str,Icon icon)	创建一个标题为 str、图标为 icon 的菜单项

【例 14–16】创建一个带有菜单的窗口，单击“文件”菜单下的“退出”菜单项将关闭窗口。

```
//CH14_16.java
import javax.swing.*;
import java.awt.*;
import java.awt.event.ActionEvent;
import java.awt.event.ActionListener;
class MyMenu extends JFrame implements ActionListener{
    JMenuBar mb=new JMenuBar();
    JMenu m1=new JMenu("文件");
    JMenu m2=new JMenu("编辑");
    JMenu m3=new JMenu("帮助");
    JMenuItem mi1=new JMenuItem("打开");
    JMenuItem mi2=new JMenuItem("保存");
    JMenuItem mi3=new JMenuItem("退出");
    public MyMenu(){
        setJMenuBar(mb);                          //菜单栏放置到窗口上
        mb.add(m1);
        mb.add(m2);
        mb.add(m3);
        m1.add(mi1);
        m1.add(mi2);
        m1.addSeparator();
        m1.add(mi3);
        mi3.addActionListener(this);              //为"退出"菜单项注册监听器
        setTitle("菜单示例");
        setSize(300, 150);
        setVisible(true);
        setDefaultCloseOperation(JFrame.EXIT_ON_CLOSE);
    }
    public void actionPerformed(ActionEvent e){
        if(e.getSource()==mi3){
            System.exit(0);                       //程序正常退出
        }
    }
}
public class CH14_16{
    public static void main(String args[]){
        new MyMenu();
    }
}
```

程序执行结果如下：

14.6 小结

本章介绍了在 Java 中如何进行图形用户界面的编程。通过本章的学习，读者应掌握图形用户界面编程的步骤，常用布局管理器类的使用，常用组件的使用，事件处理要素及 Java 中事件处理的方式。

习题十四

一. 选择题

1. 下列（　）布局管理器中的按钮位置会根据 JFrame 的大小改变而改变。

A. BorderLayout　　B. CardLayout　　C. GridLayout　　D. FlowLayout

2. 下列（　）是一个用于在 GridLayout 中的特定区域中放置多个组件的容器。

A. JFrame　　B. JPanel　　C. JButton　　D. JTextField

3. 下列不属于 Swing 中组件的是（　）。

A. JPanel　　B. JButton　　C. Menu　　D. JFrame

4. 下面（　）事件监听器可以处理在文本框中输入回车键的事件。

A. ItemListener　　B. ActionListener

C. KeyListener　　D. ListSelectionEvent

5. 通过（　）方法可以将组件加入容器并显示出来。

A. insert()　　B. add()　　C. create()　　D. make()

6. 当容器需要为某个组件定位或者决定组件大小时，便会请求（　）完成相应的工作。

A. 布局管理器　　B. 操作系统

C. Java 虚拟机　　D. 环境管理器

7. 要处理组件的单击事件，必须实现（　）接口。

A. ActionListener　　B. MouseListener

C. MouseMotionListener　　D. ItemListener

8. JPanel 默认的布局管理器是（　　）。

A. FlowLayout　　B. BorderLayout

C. CardLayout　　D. GridLayout

二、判断题

1. 容器是用来组织其他界面成分和元素的单元，它不能嵌套其他容器。

2. 在 Swing 用户界面的程序设计中，容器可以被添加到其他容器中。

3. 在使用 BorderLayout 时，最多可以放 5 个组件。

4. 每个事件类对应一个事件监听器接口，每一个监听器接口都有相对应的适配器。

5. Java 中，采用的是委托事件处理模型。

三、编程题

1. 设计一个用户界面应用程序，包含两个标签和两个文本框。在第一个文本框中输入一个正整数，按 Enter 键，在第二个文本框中显示该数的阶乘值。

2. 设计一个用户界面应用程序，窗口标题为“计算”，窗口的布局为 FlowLayout；有 4 个按钮，分别为加、减、乘、除；另外，窗口中还有 3 个文本框，单击任一按钮，对前两个文本行的数字进行相应的运算，在第三个文本行中显示结果。

Java

附录 A

实验内容

实验 1 Java 开发环境

一、实验目的

（1）掌握 JDK 的安装和配置。

（2）掌握使用记事本编写 Java 程序的方法。

（3）掌握编译运行 Java 程序的方法。

（4）掌握 IntelliJ IDEA 的下载及安装方法。

（5）掌握使用 IDEA 集成开发环境编写运行 Java 程序的方法。

二、实验内容

题目 1 使用记事本编写 Java 程序并编译运行。

要求：在 JDK 开发环境安装与配置完成后，使用记事本编写一个程序 Exp1_1.java，编译运行程序后，显示“Hello Java World,I’m coming!”。

实施过程：

（1）在 D:\ 根目录下创建一个文本文件，打开该文档后，选择“文件”→“另存为”选项，在“另存为”对话框的“保存类型”框中选择“所有文件”，在“文件名”框中输入“Exp1_1.java”，单击“保存”按钮，如图 A–1 所示。

在文本文件中输入如图 A–2 所示的代码。

（2）通过 cmd 命令打开“命令提示符”窗口，并切换路径到 Exp1_1.java 所在的路径 D:\ 盘目录，如图 A–3 所示。

（3）使用 JDK 编译器 javac 编译程序。

在命令行提示符 D:\> 的后面输入如下命令（注意，.java 必须给出）：

```
javac Exp1_1.java
```

输入完成后按 Enter 键，若出现如图 A–4 所示的编译完成的效果（空一行后，出现命令行提示符 D:\>），则编译成功。

另存为
此电脑 › Data (D:) ›
在 Data (D:) 中搜索
组织 ▾
新建文件夹
下载
音乐
桌面
Acer (C:)
名称
修改日期
类
360Downloads
2023/11/18 20:59
Clx
2023/9/10 16:43
文件名(N):
Exp1_1.java
保存类型(T):
所有文件
文本文档(*.txt)
所有文件
隐藏文件夹
编码(E):
UTF-8
保存(S)
取消

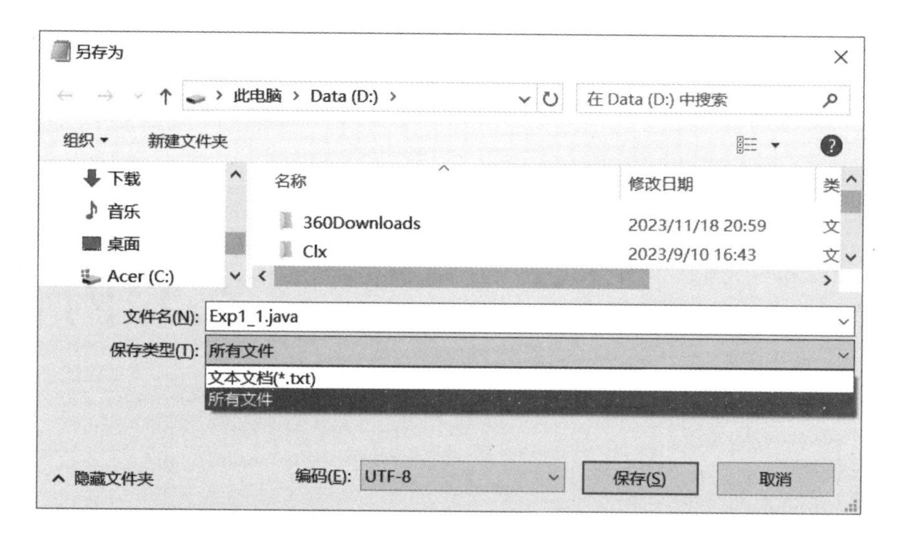

图 A-1　保存 java 类型文件

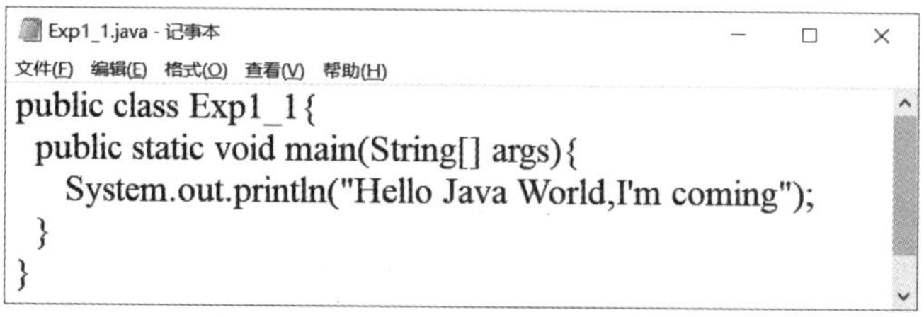

Exp1_1.java - 记事本
文件(F) 编辑(E) 格式(O) 查看(V) 帮助(H)
public class Exp1_1{
public static void main(String[] args){
System.out.println("Hello Java World,I'm coming");
}
}

图 A-2　Exp1_1.java 文件内容

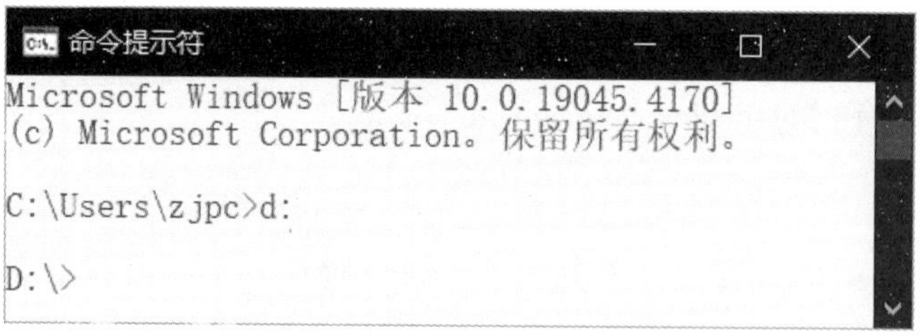

命令提示符
Microsoft Windows [版本 10.0.19045.4170]
(c) Microsoft Corporation。保留所有权利。
C:\Users\zjpc>d:
D:\>

图 A-3　切换路径到 D:\ 根目录

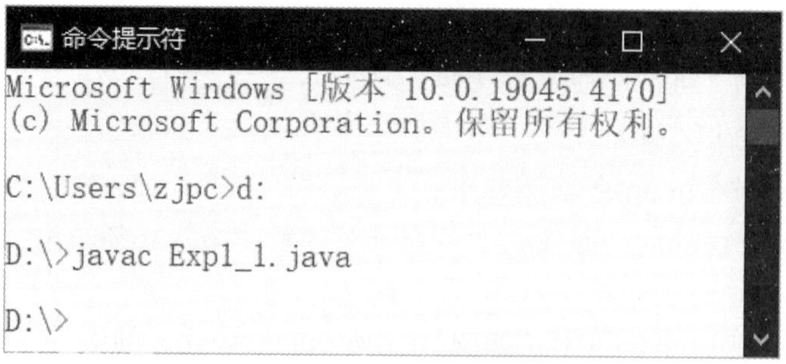

命令提示符
Microsoft Windows [版本 10.0.19045.4170]
(c) Microsoft Corporation。保留所有权利。
C:\Users\zjpc>d:
D:\>javac Exp1_1.java
D:\>

图 A-4　Exp1_1.java 编译成功的界面

此时到 Exp1_1.java 所在的文件夹中查看，会看到 Exp1_1.class，这就是 Java 程序在经过 javac 编译工具编译后生成的字节码文件。

（4）运行 Java 程序。

在图 A-4 所示的界面中继续输入如下命令（注意，虽然执行的是字节码文件，但文件名后不能给出 .class）：

```
java Exp1_1
```

输入完成后按 Enter 键，出现如图 A-5 所示的程序运行效果。

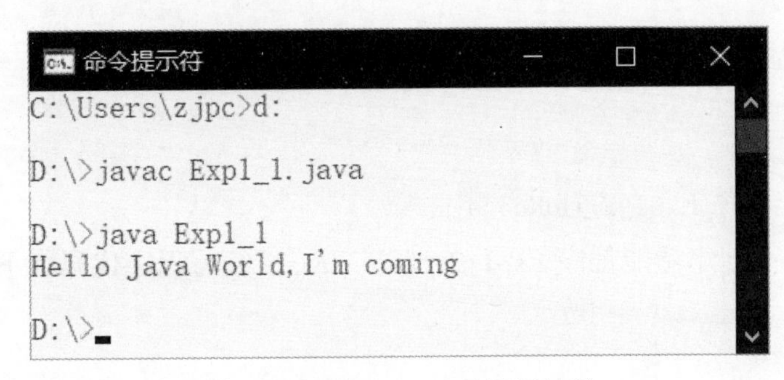

图 A-5　Exp1_1.java 的运行结果

题目 2　联合编译运行多个 Java 程序。

要求：联合编译并运行多个 Java 程序。主程序为 Exp1_2_MyHello.java，在程序运行后，会依次调用功能程序 Exp1_2_Hello1.java（仅包含 show() 方法，输出“功能程序 1”）、Exp1_2_Hello2.java（仅包含 show() 方法，输出“功能程序 2”）、Exp1_2_Hello3.java（仅包含 show() 方法，输出“功能程序 3”）。

实施过程：

（1）创建主程序 Exp1_2_MyHello.java。

按照第 1 题创建与编写 Java 程序的方法，在 D:\ 根目录下创建主程序 Exp1_2_MyHello.java，编写程序代码如下：

```
public class Exp1_2_MyHello{
  public static void main(String args[]){
     Exp1_2_Hello1 h1=new Exp1_2_Hello1();
     h1.show();
     Exp1_2_Hello2 h2=new Exp1_2_Hello2();
     h2.show();
     Exp1_2_Hello3 h3=new Exp1_2_Hello3();
     h3.show();
  }
}
```

（2）创建功能程序 Exp1_2_Hello1.java。

在 D:\ 根目录下创建功能程序 Exp1_2_Hello1.java，编写程序代码如下：

```
public class Exp1_2_Hello1{
  public void show(){
    System.out.println(" 功能程序 1");
  }
}
```

（3）创建功能程序 Exp1_2_Hello2.java。

在 D:\ 根目录下创建功能程序 Exp1_2_Hello2.java，编写程序代码如下：

```
public class Exp1_2_Hello2{
  public void show(){
    System.out.println(" 功能程序 2");
  }
}
```

（4）创建功能程序 Exp1_2_Hello3.java。

在 D:\ 根目录下创建功能程序 Exp1_2_Hello3.java，编写程序代码如下：

```
public class Exp1_2_Hello3{
  public void show(){
    System.out.println(" 功能程序 3");
  }
}
```

（5）编译多个文件的组合程序。

因为主程序中引用了各个功能程序，所以在编译时可以先编译各个功能程序，然后再编译主程序。程序编译过程如图 A-6 所示。

（6）运行多个文件组合的程序。

在命令提示符 D:\> 后输入 java Exp1_2_MyHello 命令后按 Enter 键，则会运行 Java 联合程序，程序运行结果如图 A-7 所示。

图 A-6　功能程序和主程序的编译

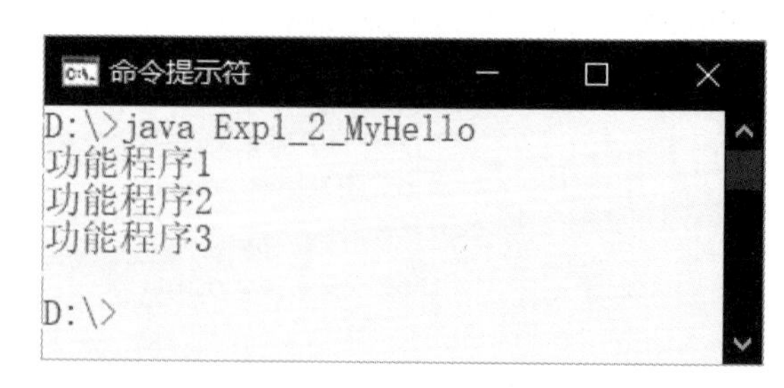

图 A-7　运行多个程序的结果

题目 3　使用 IDEA 集成开发环境开发简单 Java 程序。

要求：在 IDEA 中创建一个项目 Experiment，在项目 Experiment 中创建包 experiment_one，在包 experiment_one 中创建 Java 程序源文件 Exp1_3_HelloWorld.java，在打开的文

本编辑器中编写文件，编写完成后，运行程序，将会在 IDEA 的控制台中显示运行结果“Hello Java and IDEA World,I'm coming!”。

实施过程：

以下各步骤详细过程请参考 1.4.2 小节的内容。

（1）打开 IDEA 开发环境。

（2）创建 Java 项目 Experiment。

（3）创建包 experiment_one。

（4）创建 Exp1_3_HelloWorld.java 的源程序文件，程序代码如图 A-8 所示。

```
package experiment_one;

public class Exp1_3_HelloWorld {
    public static void main(String args[]){
        System.out.println("Hello Java and IDEA World,I'm coming!");
    }
}
```

图 A-8 Exp1_3_HelloWorld.java 文件内容

（5）运行程序，在控制台显示运行结果，如图 A-9 所示。

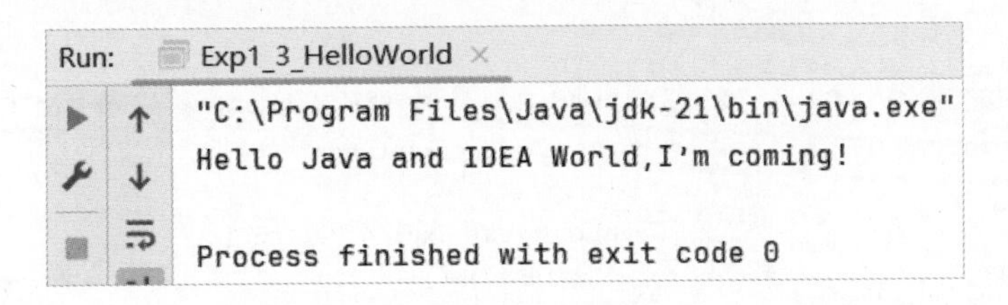

图 A-9 Exp1_3_HelloWorld.java 的运行结果

题目 4 在 IDEA 集成开发环境联合运行 Java 程序。

要求：联合编译并运行多个 Java 程序。主程序为 Exp1_4_MyHello.java，在程序运行后，会依次调用功能程序 Exp1_4_Hello1.java（仅包含 show() 方法，输出 "I am Hello1"）、Exp1_4_Hello2.java（仅包含 show() 方法，输出 "I am Hello2"）、Exp1_4_Hello3.java（仅包含 show() 方法，输出 "I am Hello3"）。

实施过程：

（1）在包 experiment_one 中创建功能程序文件 Exp1_4_Hello1.java，程序代码如图 A-10 所示。

（2）在包 experiment_one 中创建功能程序文件 Exp1_4_Hello2.java，程序代码如图 A-11 所示。

```java
package experiment_one;
public class Exp1_4_Hello1 {
    void show(){
        System.out.println("I am Hello1");
    }
}
```

图 A-10　Exp1_4_Hello1.java 文件内容

```java
package experiment_one;

public class Exp1_4_Hello2 {
    void show(){
        System.out.println("I am Hello2");
    }
```

图 A-11　Exp1_4_Hello2.java 文件内容

（3）在包 experiment_one 中创建功能程序文件 Exp1_4_Hello3.java，程序代码如图 A-12 所示。

```java
package experiment_one;

public class Exp1_4_Hello3 {
    void show(){
        System.out.println("I am Hello3");
    }
}
```

图 A-12　Exp1_4_Hello3.java 文件内容

（4）在包 experiment_one 中创建功能程序文件 Exp1_4_MyHello.java，程序代码如图 A-13 所示。

（5）编译与运行多个文件。

运行主程序 Exp1_4_MyHello.java 即可完成多个文件的编译与运行。注意，由于 main() 方法位于该程序中，因此必须编译运行 Exp1_4_MyHello.java 文件。程序运行结果如图 A-14 所示。

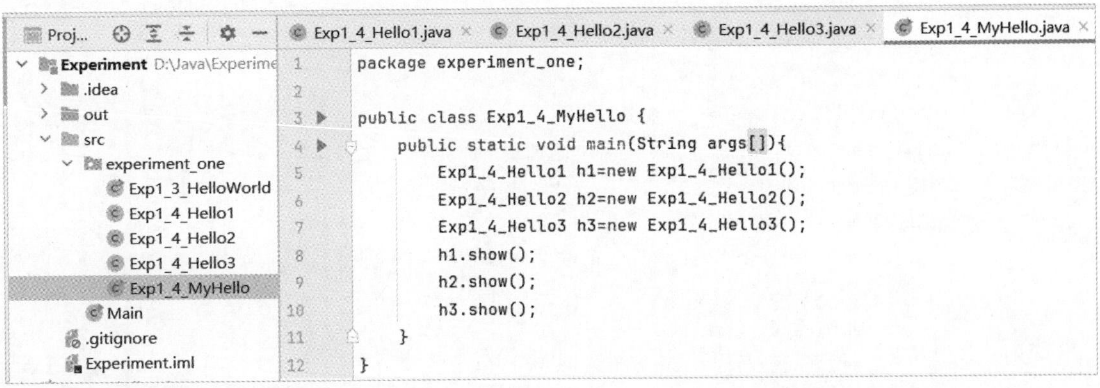

```
package experiment_one;

public class Exp1_4_MyHello {
    public static void main(String args[]){
        Exp1_4_Hello1 h1=new Exp1_4_Hello1();
        Exp1_4_Hello2 h2=new Exp1_4_Hello2();
        Exp1_4_Hello3 h3=new Exp1_4_Hello3();
        h1.show();
        h2.show();
        h3.show();
    }
}
```

图 A-13　Exp1_4_MyHello.java 文件内容

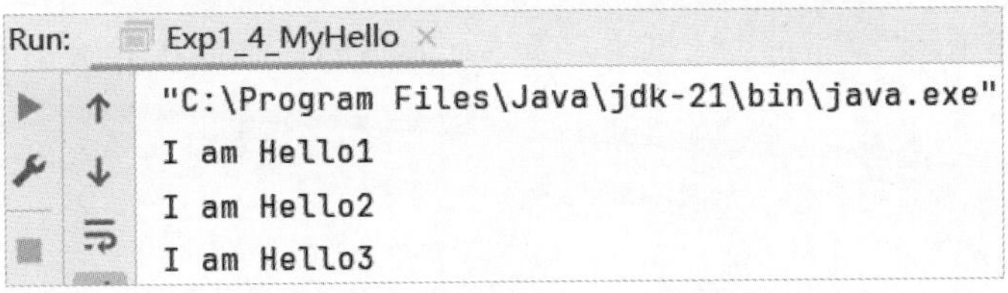

```
"C:\Program Files\Java\jdk-21\bin\java.exe"
I am Hello1
I am Hello2
I am Hello3
```

图 A-14　Exp1_4_MyHello.java 的运行结果

实验 2　Java 基本数据类型与表达式

一、实验目的

（1）掌握 Java 语言的各种数据类型。

（2）熟悉运算符和表达式。

（3）掌握从键盘上获取数据的方法。

（4）学会编写简单程序。

二、实验内容

1. 验证性实验

（1）编写程序 Exp2_1.java，在程序中声明各种数据类型的变量，并为它们赋初值，再定义一个双精度类型的常量，最后显示所有变量及常量的值。

参考代码：

```
public class Exp2_1{
    public static void main(String[] args){
        int     i=100;
        long    l=40L;
        float   f=50.56F;
        double  d=98.125;
```

```
        char    c='A';
        String  s="java";
        boolean b=false;
        final double PI=3.1415;
        System.out.println(" 整型变量 i="+i);
        System.out.println(" 长整型变量 l="+l);
        System.out.println(" 单精度型变量 f="+f);
        System.out.println(" 双精度型变量 d="+d);
        System.out.println(" 字符型变量 c="+c);
        System.out.println(" 字符串对象 s="+s);
        System.out.println(" 布尔型变量 b="+b);
        System.out.println(" 常量 PI="+PI);
    }
}
```

（2）编写程序 Exp2_2.java，计算半径为 3.0 的圆周长和面积并输出它们的值。

参考代码：

```
public class Exp2_2{
    public static void main(String[] args){
        final double PI=3.14;
        double r,s,p;
        r=3.0;
        s=PI*r*r;
        p=2*PI*r;
        System.out.println(" 圆周长 ="+p);
        System.out.println(" 圆面积 ="+s);
    }
}
```

（3）编写程序 Exp2_3.java，从键盘上输入一个浮点数，将此浮点数的整数部分输出。

参考代码：

```
import java.util.Scanner;
public class Exp2_3{
    public static void main(String[] args){
        Scanner in=new Scanner(System.in);
        System.out.println(" 请输入一个浮点数: ");
        double d=in.nextDouble();
        long l=(long)d;
        System.out.println(d+" 的整数部分是: "+l);
        in.close();
    }
}
```

2. 设计性实验

（1）编写程序 Exp2_d1，从键盘上输入圆柱体的半径 r 和高 h，使用表达式计算并输出圆柱体的体积（体积 = πr^2h）。

（2）编写程序 Exp2_d2，从键盘上接收 3 个双精度数，使用表达式计算出平均数后输出。

实验 3　程序控制结构

一、实验目的

（1）掌握 if-else 结构的语法与使用。

（2）掌握 switch-case 结构的语法与使用。

（3）掌握 for、while、do-while 循环的语法与使用。

（4）掌握 break 和 continue 关键字的使用。

二、实验内容

1. 验证性实验

（1）编写程序 Exp3_1.java，从键盘上输入一个学生的成绩。如果成绩在 [90,100] 内，输出“优秀”；成绩在 [60,90) 内，输出“及格”；成绩低于 60 分，输出“不及格”；成绩高于 100 分，输出“输入的内容不合法”。

参考代码：

```
import java.util.Scanner;
public class Exp3_1{
    public static void main(String[] args){
        Scanner in = new Scanner(System.in);
        System.out.print(" 请输入一个成绩的值：");
        double score = in.nextDouble();
        if (score >= 90 && score <= 100){
            System.out.println(" 优秀 ");
        } else if (score >= 60 && score < 90){
            System.out.println(" 及格 ");
        } else if (score < 60){
            System.out.println(" 不及格 ");
        } else{
            System.out.println(" 输入的数据不合法 ");
        }
            in.close();
    }
}
```

（2）编写程序 Exp3_2.java，从键盘上输入一个成绩的等级。如果等级为 A 或 a，输出“优秀”；等级为 B 或 b，输出“良好”；等级为 C 或 c，输出“中等”；等级为 D 或 d，输出“及格”；等级为 E 或 e，输出“不及格”；输入其他字符，输出“输入的内容不合法”。

参考代码：

```
import java.util.Scanner;
public class Exp3_2{
    public static void main(String[] args){
        Scanner in = new Scanner(System.in);
        System.out.print(" 请输入一个成绩的等级：");
        String s= in.next();
        switch (s){
            case "A":
            case "a":
                System.out.println(" 优秀 ");
                break;
            case "B":
            case "b":
                System.out.println(" 良好 ");
                break;
            case "C":
            case "c":
                System.out.println(" 中等 ");
                break;
            case "D":
            case "d":
                System.out.println(" 及格 ");
                break;
            case "E":
            case "e":
                System.out.println(" 不及格 ");
                break;
            default:
                System.out.println(" 输入的内容不合法 ");
        }
        in.close();
    }
}
```

（3）编写程序 Exp3_3.java，输出三位数中的水仙花数（水仙花数是其各位数字的立方和等于该数本身的数。例如，153 是一个水仙花数，因为 $1^3+5^3+3^3=153$）。

参考代码：

```
public class Exp3_3{
    public static void main(String[] args){
        int one,ten,hun;
        for(int n=101;n<999;n++){
            hun=n/100;
            ten=n%100/10;
            one=n%10;
            if(hun*hun*hun+ten*ten*ten+one*one*one==n){
                System.out.print(n+" ");
            }
        }
    }
}
```

（4）编写程序 Exp3_4.java，求解马克思手稿中的数学题。马克思手稿中有一道趣味题：有30个人，其中有男人、女人和小孩，在一家饭店里吃饭共花了50先令，每个男人各花3先令，每个女人各花2先令，每个小孩各花1先令，问男人、女人、小孩各几人？

分析：通过题意，可确定男人人数x最大取值是50/3=16，女人人数y最大取值为50/2=25，小孩人数z的取值为30−x−y。

参考代码：

```
public class Exp3_4{
    public static void main(String[] args){
        for(int x=1;x<=16;x++){
            for(int y=1;y<=25;y++){
                int z=30-x-y;
                if(3*x+2*y+z==50){
                    System.out.println("男人："+x+" 女人："+y+" 小孩："+z);
                }
            }
        }
    }
}
```

2. 设计性实验

（1）在电子商务系统中，为了明确地表现订单的状态，方便买家和卖家的查询及处理，一般会给定订单的几个状态标识，在显示时，要将这些标识转换为明确的提示信息，如，在一个电子商务平台系统中规定如下订单标识及含义：

0：订单取消

10：新订单，未付款

20：已付款，未发货

30：已发货，未收货

40：已收货，未评价

50：已评价

编写程序 Exp3_d1.java，根据从键盘输入的订单标识值，输出显示订单状态。如果输入 1，则退出查询。

（2）编写程序 Exp3_d2.java，根据所输入的 n 值，输出由“*”组成的数字“8”，图形示例如图 A-15 所示。

```
请输入n值：3
***
* *
***
* *
***
```

```
请输入n值：4
****
*  *
*  *
****
*  *
*  *
****
```

```
请输入n值：5
*****
*   *
*   *
*   *
*****
*   *
*   *
*   *
*****
```

```
请输入n值：6
******
*    *
*    *
*    *
*    *
******
*    *
*    *
*    *
*    *
******
```

```
请输入n值：7
*******
*     *
*     *
*     *
*     *
*     *
*******
*     *
*     *
*     *
*     *
*     *
*******
```

图 A-15　不同 n 值数字“8”显示示例

实验 4　数组

一、实验目的

（1）掌握数组定义和使用方法。

（2）熟悉数组的排序、查找等算法。

（3）掌握 Arrays 类的使用。

二、实验内容

1. 验证性实验

（1）编写程序 Exp4_1.java，计算一维数组中的最大值和最小值。数组元素为 10 个随机生成的 1~100 内的整数。

参考代码：

```
import java.util.Arrays;
```

```
public class Exp4_1{
    public static void main(String[] args){
        int[] a=new int[10];
        System.out.print("随机生成的数组的值：");
        for(int i=0;i<a.length;i++){
            a[i]= (int)(1 + 100 * Math.random());
            System.out.print(a[i]+" ");
        }
        Arrays.sort(a);
        System.out.print("\n排序后的数组的值：");
        for(int n:a){
            System.out.print(n+" ");
        }
        System.out.println("\n数组中的最小值是："+a[0]);
        System.out.println("数组中的最大值是："+a[a.length-1]);
    }
}
```

（2）编写程序 Exp4_2.java，计算 1 个 3 × 3 矩阵的对角线元素之和。矩阵元素为随机的 1~10 内的整数。

参考代码：

```
public class Exp4_2{
    public static void main(String[] args){
        int[][] a=new int[3][3];
        int sum=0;
        System.out.println("矩阵元素：");
        for(int i=0;i<a.length;i++){
            for(int j=0;j<a[0].length;j++){
                a[i][j]=(int)(1 + 10 * Math.random());
                System.out.print(a[i][j]+"\t");
                if(i==j){
                    sum=sum+a[i][j];
                }
            }
            System.out.println();
        }
        System.out.println("对角线元素和："+sum);
    }
}
```

2. 设计性实验

（1）编写程序 Exp4_d1.java，分别为“蓝桥系统”中 10 个 Java 工程师输入底薪，计算出底薪大于或等于 8000 的高薪人员比例以及这些高薪人员的底薪平均值。

（2）编写程序 Exp4_d2.java，评价食堂饭菜质量。要求 20 名同学对学生食堂饭菜的质量进行 1~5 分的评价（1 表示很差，5 表示很好），统计出每个分数对应的学生人数。

（3）编写程序 Exp4_d3.java，在一维数组中存放 10 个 1~100 内的整数，然后将前 5 个元素与后 5 个元素对换，即将第 1 个元素与第 10 个元素互换，将第 2 个元素与第 9 个元素互换，依此类推。

实验 5 字符串

一、实验目的

（1）掌握字符串的定义。

（2）掌握字符串常用的方法调用。

（3）掌握字符数组的使用方法。

二、实验内容

1. 验证性实验

（1）编写程序 Exp5_1.java，输入一个 16 位的长整数，统计其中奇数和偶数数字的个数。

参考代码：

```
import java.util.Scanner;
public class Exp5_1{
    public static void main(String[] args){
        Scanner in=new Scanner(System.in);
        String s=in.next();
        int n,cn1=0,cn2=0;
        System.out.println("请输入一个 16 位的长整数：");
        for(int i=0;i<s.length();i++){
            n=s.charAt(i)-'0';          //将字符型数字转换为整数
            if(n%2==0){
                cn1++;
            }else{
                cn2++;
            }
        }
        System.out.println("偶数数字的个数为："+cn1);
        System.out.println("奇数数字的个数为："+cn2);
        in.close();
    }
}
```

（2）编写程序，产生一个 1~12 内的随机整数，并根据该随机整数的值，输出对应月份的英文名称。

参考代码：

```
public class Exp5_2{
   public static void main(String[] args){
   String[] months={"January","February","March","April","May","June",
"July","August","September","October","November","December"};
         int n=(int)(1+12*Math.random());
         System.out.println(n+" 月的英文是："+months[n-1]);
      }
   }
```

（3）编写程序 Exp5_3.java，计算字符串中子字符串出现的次数。用户分别输入字符串和子字符串，输出子字符串出现的次数。

```
import java.util.Scanner;
public class Exp5_3{
    public static void main(String[] args){
        Scanner in=new Scanner(System.in);
        int cnt=0;       //用于计数的变量
        int start=0;     //标识从哪个位置开始查找
        System.out.print("请输入一个字符串：");
        String s1=in.next();
        System.out.print("请输入要查找的子字符串：");
        String s2=in.next();
        while(s1.indexOf(s2,start)>=0 && start<s1.length()){
            cnt++;
            //找到子串后，start 应移到找到这个子串之后的位置开始
            start=s1.indexOf(s2,start)+1;
        }
        System.out.println(s2+"在"+s1+"中出现的次数为："+cnt);
    }
}
```

2. 设计性实验

（1）编写程序 Exp5_d1.java，完成 Java 工程师注册的功能。要求用户名长度不能小于 6，密码长度不能小于 8，两次输入的密码必须一致。

（2）编写程序 Exp5_d2.java，完成提交论文文档的功能。要求检查论文文件名，文件名必须以 .docx 结尾；检查接收论文反馈的邮箱，邮箱必须包含“@”和“.”，而且“.”必须在“@”之后。

实验 6　类和对象

一、实验目的

（1）掌握类和构造方法的定义。

（2）理解静态和非静态成员变量的区别。

（3）掌握创建对象的方法。

二、实验内容

1. 验证性实验

（1）编写程序 Exp6_1.java，设计一个 Dog 类，有名字、颜色和年龄属性，定义构造方法初始化这些属性，定义输出方法 show() 显示其信息。编写应用程序使用 Dog 类。

参考代码：

```
class Dog{
    private String name;
    private String color;
    private int age;
    public Dog(String name,String color,int age){
        this.name=name;
        this.color=color;
        this.age=age;
    }
    public void show(){
        System.out.println("名字："+name+"，颜色："+color+"，几岁："+age);
    }
}
public class Exp6_1{
    public static void main(String[] args){
        Dog mimi=new Dog("咪咪","白色",2);
        Dog maomao=new Dog("毛毛","黑色",3);
        mimi.show();
        maomao.show();
    }
}
```

（2）编写一个学校类 School，包含成员变量 line（录取分数线）和获取该变量值的方法。

编写一个学生类 Student，成员变量有考生的 name（姓名）、id（考号）、total（综合成绩）和 sports（体育成绩），成员方法有获取学生综合成绩、体育成绩、学生考号和姓名的 3 个方法。

编写一个录取类 Accept，只包含一个方法，用于判断学生是否符合录取条件。其中录取条件为：综合成绩在录取分数线之上，或体育成绩在 96 分以上并且综合成绩高于 300。

编写测试程序 Exp6_2.java，在 main() 方法中，创建若干个学生对象，对于符合录取条件的学生，输出其考号和姓名及“被录取”的信息。

参考答案：

```
class School{
    private static int line;        //在类方法 getLine() 中使用的变量必须是类变量
    public School(int line){
        this.line=line;
    }
    public static int getLine(){   //声明方法为类方法
        return line;
    }
}
class Student{
    private String name;
    private String id;
    private int total;
    private int sport;
    public Student(String name,String id,int total,int sport){
        this.name=name;
        this.id=id;
        this.total=total;
        this.sport=sport;
    }
    public int getSport(){
        return sport;
    }
    public int getTotal(){
        return total;
    }
    public String getMessage(){
        return id+" "+name;
    }
}
class Accept{
    public void status(Student st){
        //通过类名 School 调用其成员方法，该方法必须是类方法
    if(st.getTotal()>=300&&st.getSport()>=96||st.getTotal()>School.
getLine()){
            System.out.println(st.getMessage()+" accepted!");
        }else{
```

```
                System.out.println(st.getMessage()+" not accepted!");
            }
        }
    }
    public class Exp6_2{
        public static void main(String[] args){
            School school=new School(350);
            Student s1=new Student("小明","1001",310,100);
            Student s2=new Student("小红","1011",330,80);
            Accept accept=new Accept();
            accept.status(s1);
            accept.status(s2);
        }
    }
```

2. 设计性实验

(1)设计一个交通工具类 Vehicle，包括的属性有：速度 speed、类别 kind、颜色 color；方法包括获取速度、获取类别、获取颜色。

编写测试程序 Exp6_d1.java，在 main() 方法中，创建 Vehicle 对象，并显示其所有属性信息。

(2)创建银行账户类 SavingAccount，用静态变量存储年利率，用私有实例变量存储存款额。提供设置年利率的方法、计算年利息的方法和计算月利息（年利息 /12）的方法。

编写测试程序 Exp6_d2.java，建立 SavingAccount 对象，存款额 3000，年利率 3%，计算并显示该对象的存款额、年利息和月利息。

实验 7　继承

一、实验目的

(1)掌握继承的实现和继承的作用。

(2)掌握方法重写。

(3)掌握继承关系中的构造方法和子类对象的构造过程。

(4)掌握 this、super 关键字的使用。

二、实验内容

1. 验证性实验

(1)设计一个 Person 类，包括属性姓名 name 及获取姓名的方法 getName()。

设计一个 Student 类，继承 Person 类，增加新的属性系 department 及获取系的方法 getDepartment()。

编写测试程序 Exp7_1.java，在 main() 方法中，创建 Student 对象，并显示其所有属性信息。

参考代码：

```
class Person{
    String name;
    public Person(String name){
        this.name=name;
    }
    public String getName(){
        return name;
    }
}
class Student extends Person{
    private String department;
    public Student(String name,String department){
        super(name);
        this.department=department;
    }
    public String getDepartment(){
        return department;
    }
}
public class Exp7_1{
    public static void main(String[] args){
        Student s=new Student("张三","计算机系");
        System.out.println(s.getName()+"所在的系是"+s.getDepartment());
    }
}
```

（2）设计一个表示二维平面上点的类 Point，它具有表示坐标位置的 protected 类型的成员变量 x 和 y，以及获取 x 和 y 值的 public 方法。

设计一个表示二维平面上圆的类 Circle，它继承自类 Point，具有表示圆半径的 protected 类型的成员变量 r、获取 r 值的 public 方法、计算圆面积的 public 方法。

设计一个表示圆柱体的类 Cylinder，它继承自类 Circle，具有表示圆柱体高的 protected 类型的成员变量 h、获取 h 值的 public 方法、计算圆柱体体积的 public 方法。

编写测试程序 Exp7_2.java，在 main() 方法中，创建 Cylinder 对象，输出其轴心位置坐标、半径和高及其体积的值。

参考代码：

```
class Point{
    protected int x,y;
    public Point(int x,int y){
```

```
        this.x=x;
        this.y=y;
    }
    public int getX(){
        return x;
    }
    public int getY(){
        return y;
    }
}
class Circle extends Point{
    protected double r;
    public Circle(int x,int y,double r){
        super(x,y);
        this.r=r;
    }
    public double getR(){
        return r;
    }
    public double area(){
        return 3.14*r*r;
    }
}
class Cylinder extends Circle{
    protected double h;
    public Cylinder(int x,int y,double r,double h){
        super(x,y,r);
        this.h=h;
    }
    public double getH(){
        return h;
    }
    public double volume(){
        return area()*h;
    }
}
public class Exp7_2{
    public static void main(String[] args){
        Cylinder c=new Cylinder(1,1,2,4);
        System.out.println("x="+c.getX()+",y="+c.getY());
        System.out.println("r="+c.getR()+",h="+c.getH());
        System.out.println("面积="+c.area()+",体积="+c.volume());
    }
}
```

2. 设计性实验

（1）编写一个宠物类 Pet，包括的属性有名字（name）、年龄（age）、售价（price），方法包括 getMessage() 返回所有属性信息、enjoy() 输出显示"我很高兴"。

编写 Pet 类的子类 Cat，新增属性——品种（kind），重写 enjoy() 方法，打印"我很高兴，喵喵喵"。

编写测试程序 Exp7_d1.java，在 main() 方法中，测试 Cat 类。

（2）实现简单的汽车租赁系统，不同车型日租金情况如表 A-1 所示：

表 A-1　汽车租赁租金情况表

品　　牌	宝　　马	别　　克	
汽车型号	550i	商务舱 GL8	林荫大道
日租费（元 / 天）	600	750	500

编写机动车类 MotoVehicle，包括的属性为品牌（brand），方法包括 printInfo() 打印汽车信息。

编写 Car 类继承 MotoVehicle 类，新增属性——汽车型号（type），重写打印汽车信息的方法，按汽车型号计算租金的方法 calRent(int days)。

编写测试程序 Exp7_d2.java，在 main() 方法中，对汽车租赁系统进行测试。

运行结果示例 1 如图 A-16 所示，示例 2 如图 A-17 所示：

```
请输入要租赁的天数：2
请输入要租赁的汽车品牌（1.宝马　2.别克：）
汽车型号：1. 550i
请输入要租赁的轿车的型号：1

租赁汽车的信息：
品牌：宝马
型号：550i

顾客您好，您需要支付的租赁费用是：1200
```

图 A-16　运行结果示例 1

```
请输入要租赁的天数：2
请输入要租赁的汽车品牌（1.宝马　2.别克：）2
汽车型号：2. 商务舱GL8　　3. 林荫大道
请输入要租赁的轿车的型号：3

租赁汽车的信息：
品牌：别克
型号：林荫大道

顾客您好，您需要支付的租赁费用是：1000
```

图 A-17　运行结果示例 2

实验 8　多态

一、实验目的

（1）掌握多态的含义及应用场合。

（2）掌握 abstract 关键字的使用。

（3）掌握子类中实现父类的抽象方法。

二、实验内容

1. 验证性实验

（1）设计一个用户类 User，包括用户名、口令和记录用户数（静态）的成员变量。定义类的构造方法，以及获取用户人数、返回用户名和口令信息的成员方法。

编写测试程序 Exp8_1.java，在 main() 方法中，测试 User 类。

参考代码：

```
class User{
    private String name,pwd;
    static int cnt=0;
    public User(){
        cnt++;
    }
    public User(String name){
        this.name=name;
        cnt++;
    }
    public User(String name,String pwd){
        this.name=name;
        this.pwd=pwd;
        cnt++;
    }
    public static int getCnt(){
        return cnt;
    }
    public String message(){
        return "姓名:"+name+",密码:"+pwd;
    }
}
public class Exp8_1{
    public static void main(String[] args){
        User tom=new User("tom");
        System.out.println(tom.message()+",人数:"+User.getCnt());
        User jack=new User("jack","123");
        System.out.println(jack.message()+",人数:"+jack.getCnt());
    }
}
```

（2）定义一个抽象类 Shape，它包含一个抽象方法 getArea()，从 Shape 类派生出 Rectangle 和 Circle 类，这两个类都用 getArea() 方法计算对象的面积。

编写编写测试程序 Exp8_2.java，在 main() 方法中，测试 Rectangle 和 Circle 类。

参考代码：

```
abstract class Shape{
    public abstract double getArea();
}
class Rectangle extends Shape{
    double length,width;
    public Rectangle(double length,double width){
        this.length=length;
        this.width=width;
    }
    public double getArea(){                         //必须实现抽象类的抽象方法
        return length*width;
    }
}
class Circle extends Shape{
    double r;
    public Circle(double r){
        this.r=r;
    }
    public double getArea(){
        return Math.PI*r*r;
    }
}
public class Exp8_2{
    public static void main(String[] args){
        Rectangle rect=new Rectangle(2,3);
        System.out.println("矩形的面积："+rect.getArea());
        Circle cir=new Circle(5);
        System.out.println("圆的面积："+cir.getArea());
    }
}
```

（3）为了方便对宠物的多个类进行管理，并便于后续的二次开发，要求将类纳入指定的包中进行管理。

编写食物类Food，包括方法getFood()，返回信息“食物”；编写子类Bone，重写getFood()方法，返回信息“骨头”；编写子类Fish，重写getFood()方法，返回信息“鱼”。这三个类放在包foodpg中。

编写宠物类Pet，包括属性名字（name）、为名字赋初值的构造方法以及eat(Food f)方法，返回调用Food类的getFood()方法的值；编写子类Cat，仅包含为名字赋初值的构造方法；编写子类Dog，也仅包含为名字赋初值的构造方法。这三个类放在包petpg中。

编写测试程序Exp8_3.java，在main()方法中，测试Cat和Dog类。

实现步骤及参考代码：

① 新建包 foodpg，在该包中创建下面 3 个 Java 文件。

文件名：Food.java

参考代码：

```
package foodpg;
public class Food{
    public String getFood(){
        return "食物";
    }
}
```

文件名：Bone.java

参考代码：

```
package foodpg;
public class Bone extends Food{
    public String getFood(){
        return "骨头";
    }
}
```

文件名：Fish.java

参考代码：

```
package foodpg;
public class Fish extends Food{
    public String getFood(){
        return "鱼";
    }
}
```

② 新建包 petpg，在该包中创建下面 3 个文件。

文件名：Pet.java

参考代码：

```
package petpg;
import foodpg.Food;              //类中要用到 Food 类，所以导入其所在的包
public class Pet{
    private String name;
    public Pet(String name){
        this.name=name;
    }
    public String getName(){
        return name;
    }
```

```
    public String eat(Food f){
        return f.getFood();
    }
}
```

文件名：Cat.java

参考代码：

```
package petpg;
public class Cat extends Pet{
    public Cat(String name){
        super(name);
    }
}
```

文件名：Dog.java

参考代码：

```
package petpg;
public class Dog extends Pet{
    public Dog(String name){
        super(name);
    }
}
```

③ 文件 Exp8_3.java

参考代码：

```
import foodpg.*;
import petpg.*;
public class Exp8_3{
    public static void main(String[] args){
        Pet cat=new Cat("汤姆猫");
        Food fish=new Fish();
        System.out.println("我是"+cat.getName());
        System.out.println("我吃"+cat.eat(fish));
        Pet dog=new Dog("狗狗旺仔");
        Food bone=new Bone();
        System.out.println("我是"+dog.getName());
        System.out.println("我吃"+dog.eat(bone));
    }
}
```

2. 设计性实验

现有一软件公司，公司中有开发人员若干、项目经理若干、地区经理若干。已知开发人员有姓名、工号和薪水的属性，方法为工作；项目经理除了姓名、工号和薪水外，还有奖金的属性，方法也为工作；地区经理除有姓名、工号和薪水外，还有奖金和公司的股票分红，方法也为工作。要求根据给出的需求进行公司人员管理。

编写抽象类 Employee，包括姓名（name）、工号（id）和薪水（salary）属性，输出所有属性信息的方法 showMes()、抽象方法工作 work()。

编写子类 Programmer，重写抽象方法工作，输出“正在编码中……”。

编写子类 Manager，增加新的属性奖金（bonus），重写 showMes() 方法，输出所有属性的信息；重写抽象方法工作，输出“正在分析项目风险中……”。

编写子类 AreaManager，增加新的属性奖金（bonus）和分红（paid），重写 showMes() 方法，输出所有属性的信息；重写抽象方法工作，输出“正在对比地区数据……”。

编写测试程序 Exp8_d1.java，在 main() 方法中，测试 Programmer、Manager 和 AreaManager 类。

实验 9 接口

一、实验目的

（1）理解并掌握如何定义接口。

（2）掌握接口的实现方式。

（3）理解接口与抽象类的区别。

二、实验内容

1. 验证性实验

（1）设计一个 Soundable 接口，该接口具有发声功能、降低音量功能、关闭设备功能。Soundable 接口的这些功能将由 2 种声音设备实现，它们分别是 Walkman 和 Mobilephone。

编写测试程序 Exp9_1.java，在 main() 方法中，测试实现 Soundable 接口的 2 个设备。程序运行时，先询问用户想听哪种设备的声音，然后按照该设备的工作方式输出 3 项功能信息。

参考代码：

```
import java.util.Scanner;
interface Soundable{
    public void playSound();          //发出声音
    public void decreaseVolumn();     //降低音量
    public void stopSound();          //关闭设备
}
class Walkman implements Soundable{
    public void playSound(){
```

```
        System.out.println("随身听播放音乐");
    }
    public void decreaseVolumn(){
        System.out.println("降低随身听音量");
    }
    public void stopSound(){
        System.out.println("关闭随身听");
    }
}
class MobilPhone implements Soundable{
    public void playSound(){
        System.out.println("手机响起来电铃声");
    }
    public void decreaseVolumn(){
        System.out.println("降低手机音量");
    }
    public void stopSound(){
        System.out.println("关闭手机");
    }
}
public class Exp9_1{
    public static void main(String[] args){
        Scanner in=new Scanner(System.in);
        System.out.println("你想听什么“请输入选择！”");
        System.out.println("1-随身听  2-手机");
        int choice=in.nextInt();
        if(choice==1){
            Soundable w=new Walkman();
            w.playSound();
            w.decreaseVolumn();
            w.stopSound();
        }else if(choice==2){
            Soundable m=new MobilPhone();
            m.playSound();
            m.decreaseVolumn();
            m.stopSound();
        }else{
            System.out.println("对不起，你输错了！");
        }
    }
}
```

（2）现有手机、电视机、洗衣机等电子产品若干，有些电子产品实现了 USB 接口和屏幕播放接口，有些电子产品则没有实现，请根据需求进行数据模型设计。

① 电子产品若干，可以从中抽取出电子产品的共同特性，定义一个电子产品类 ElectriProduct。包括电子产品名称属性及抽象方法 showInfo();

② 分析电子产品可能实现的接口 USB，可以进行充电（charging）和数据传送（transferdata）功能；

③ 分析电子产品可能实现的接口 Video，可以实现视频的播放（play）、暂停（pause）功能；

④ 定义手机类 Phone，隶属于电子产品，并实现了 USB 和 Video 接口；

⑤ 定义电视类 TV，隶属于电子产品，并实现了 Video 接口；

⑥ 定义洗衣机类 WashingMachine，隶属于电子产品，未实现任何接口；

⑦ 编写测试程序 Exp9_2.java，在 main() 方法中，测试 3 种电子产品。

参考代码：

```
abstract class ElectricProduct{
    String name;
    public ElectricProduct(String name){
        this.name=name;
    }
    public String getName(){
        return name;
    }
    abstract void showInfo();
}
interface USB{
    void charging();
    void transferdata();
}
interface Video{
    void play();
    void pause();
}
class Phone extends ElectricProduct implements USB,Video{
    public Phone(String name){
        super(name);
    }
    void showInfo(){
        System.out.println(getName()+" 手机 ");
    }
    public void charging(){
        System.out.println(" 实现了 USB 接口，可以充电 ");
    }
    public void transferdata(){
```

```
            System.out.println("实现了USB接口，可以传输数据");
        }
        public void play(){
            System.out.println("手机上视频播放");
        }
        public void pause(){
            System.out.println("手机上视频暂停");
        }
    }
    class TV extends ElectricProduct implements Video{
        public TV(String name){
            super(name);
        }
        void showInfo(){
            System.out.println(getName()+"电视");
        }
        public void play(){
            System.out.println("电视上视频播放");
        }
        public void pause(){
            System.out.println("电视上视频暂停");
        }
    }
    class WashingMachine extends ElectricProduct{
        public WashingMachine(String name){
            super(name);
        }
        void showInfo(){
            System.out.println(getName()+"洗衣机");
        }
    }
    public class Exp9_2{
        public static void main(String[] args){
            Phone p=new Phone("华为");
            p.showInfo();
            p.play();
            p.charging();
            TV t=new TV("海信");
            t.showInfo();
            t.pause();
            WashingMachine w=new WashingMachine("海尔");
            w.showInfo();
        }
    }
```

2. 设计性实验

（1）定义 Biology（生物）、Animal（动物）、Man（人）3 个接口，其中 Biology 声明了 breath() 抽象方法，Animal 接口声明了 eat() 抽象方法，Man 接口声明了 study() 抽象方法。定义 NormalMan 类实现上述 3 个接口，实现它们声明的抽象方法（仅显示相应的功能信息）。

编写测试程序 Exp9_d1.java，在 main() 方法中，测试 NormalMan 类。

（2）定义一个水果接口 Fruit，在其中定义一个表示吃水果的 eat() 方法。定义一个苹果类 Apple 和一个橘子类 Orange 实现接口 Fruit。定义一个工厂类 FruitFactory，在其中定义带一个 String 类型参数的静态方法 getInstance()，在方法中根据参数创建相应类型的对象（例如，参数值是 apple，就创建 Apple 类对象）并返回对象。

编写测试程序 Exp9_d2.java，在 main() 方法中，测试 Apple 和 Orange 类。

实验 10　异常处理

一、实验目的

（1）掌握使用 try-catch 结构进行异常处理的方法。

（2）掌握 finally 代码块的用法。

（3）掌握 throws 与 throw 的用法及区别。

（4）掌握自定义异常类的定义与使用。

二、实验内容

1. 验证性实验

（1）编写程序 Exp10_1.java，实现一个除法运算器，在程序中要处理除数为 0 的异常情况。

参考代码：

```
import java.util.InputMismatchException;
import java.util.Scanner;
public class Exp10_1{
    public static void main(String[] args){
        Scanner in=new Scanner(System.in);
        try{
            System.out.print(" 请输入被除数：");
            int x=in.nextInt();
            System.out.print(" 请输入除数：");
            int y=in.nextInt();
            System.out.println(x+"/"+y+"="+x/y);
        }catch (InputMismatchException e){
```

```
            System.out.println("输入的被除数和除数必须是整数类型");
        }catch (ArithmeticException e){
            System.out.println("除数不能为0");
        }catch (Exception e){
            System.out.println("其他类型的错误");
        }
        in.close();
    }
}
```

（2）编写程序 Exp10_2.java，计算 n! 并捕获可能出现的异常。

参考代码：

```
import java.util.Scanner;
public class Exp10_2{
    public static double multi(int n){
        if(n<0){
            throw new IllegalArgumentException("输入了负数");
        }
        double s=1;
        for(int i=1;i<=n;i++){
            s=s*i;
        }
        return s;
    }
    public static void main(String[] args){
        Scanner in=new Scanner(System.in);
        System.out.print("请输入n值：");
        try{
            int n=in.nextInt();
            System.out.println(n+"!="+multi(n));
        }catch (IllegalArgumentException e){
            System.out.println("出现的异常为："+e.getMessage());
        }finally{
            System.out.println("计算阶乘结束");
        }
        in.close();
    }
}
```

（3）编写程序 Exp10_3.java，触发和捕获 NegativeArraySizeException 和 IndexOutOfBoundsExcetpion 类型的异常。

参考代码：

```
import java.util.Scanner;
public class Exp10_3{
```

```
    public static void main(String[] args){
        Scanner in=new Scanner(System.in);
        System.out.print("请输入数组的长度值：");
        int n=in.nextInt();
        try{
            int[] a=new int[n];
            for(int i=0;i<=a.length;i++){
                a[i]=i;
                System.out.print(a[i]+" ");
            }
        }catch (NegativeArraySizeException e){
            System.out.println("数组长度不能为负数！ ");
        }catch (IndexOutOfBoundsException e){
            System.out.println("\n出现数组下标越界的异常！ ");
        }
    }
}
```

（4）编写程序 Exp10_4.java，设计方法 boolean prime(int n)，用来判断整数 n 是否为素数。若是素数，返回 true；否则返回 false。如果 n<0，则抛出自定义的异常类 ArgumentOutOfBoundException。

参考代码：

```
import java.util.Scanner;
class ArgumentOutOfBoundException extends Exception{     //自定义异常类
    public ArgumentOutOfBoundException(){
        System.out.println("输入错误！欲判断的数不能为负！ ");
    }
}
public class Exp10_4{
    public static boolean prime(int n) throws ArgumentOutOfBoundException{
        if(n<0){
            throw new ArgumentOutOfBoundException();     //抛出异常
        }else{
            boolean b=true;
            for(int i=2;i<n;i++){
                if(n%i==0){
                    b=false;
                    break;
                }
            }
            return b;
        }
    }
```

```
    public static void main(String[] args){
        Scanner in=new Scanner(System.in);
        System.out.print("请输入一个整数n: ");
        int n=in.nextInt();
        try{
            boolean result=prime(n);
            System.out.println(n+"是否为素数的判断结果是: "+result);
        }catch (ArgumentOutOfBoundException e){
            System.out.println("异常名称: "+e.toString());
        }
    }
}
```

2. 设计性实验

编写程序 Exp10_d1.java，对给定的字符串内容进行检查，如果这个字符串的内容全是数字或英文字母，则显示这个字符串；否则抛出自定义异常，提示有非法字符。

检查字符是否满足题目的要求时，要按 ASCII 码表中的字符的 ASCII 码值进行比较检查，数字 0~9 的 ASCII 码值为 48~57，大写字母 A~Z 的 ASCII 码值为 65~90，小写字母的 ASCII 码值为 97~122。

实验 11 集合框架

一、实验目的

（1）掌握 List 接口的特点及其使用场合。

（2）掌握 Set 接口的特点及其使用场合。

（3）掌握 Map 接口的特点和使用场合。

（4）理解泛型。

二、实验内容

（1）编写程序 Exp11_1.java，创建一个 List，用于存储“租车系统”中的车辆信息，最后显示“租车系统”中所有车辆的信息。

参考代码：

```
import java.util.*;
abstract class Vehicle{
    String name,series;
    public Vehicle(String name,String series){
        this.name=name;
        this.series=series;
    }
    public abstract void show();
```

```
}
class Car extends Vehicle{
    public Car(String name,String series){
        super(name,series);
    }
    public void show(){
        System.out.println("Car: "+name+" "+series);
    }
}
class Truck extends Vehicle{
    public Truck(String name,String series){
        super(name,series);
    }
    public void show(){
        System.out.println("Truck: "+name+" "+series);
    }
}
public class Exp11_1{
    public static void main(String[] args){
        List<Vehicle> v=new ArrayList<>();
        Vehicle car1=new Car("战神","长城");
        Vehicle car2=new Car("跑得快","红旗");
        Vehicle truck1=new Truck("大力士","5吨");
        Vehicle truck2=new Truck("大力士二代","10吨");
        v.add(car1);
        v.add(car2);
        v.add(truck1);
        v.add(truck2);
        System.out.println("***显示"租车系统"中全部车辆信息***");
        Iterator<Vehicle> it=v.iterator();
        while(it.hasNext()){
            it.next().show();
        }
    }
}
```

（2）编写程序 Exp11_2.java，使用 Set 实现一个简单的通讯录程序。通讯录中含有若干联系人的姓名和电话号码，使用程序可以添加联系人的姓名和电话号码，可以浏览全部联系人的姓名和电话号码。

参考代码：

```
import java.util.HashSet;
import java.util.Iterator;
import java.util.Scanner;
```

```
import java.util.Set;
class Person{
    private String name;
    private String phone;
    public Person(String name,String phone){
        this.name=name;
        this.phone=phone;
    }
    public String getName(){
        return name;
    }
    public String getPhone(){
        return phone;
    }
}
class PersonCollection{                          //通讯录操作类
    private Set<Person> c=new HashSet<>();
    public void add(Person p){                   //添加联系人
        c.add(p);
    }
    public Set<Person> pset(){                   //返回联系人集合
        return c;
    }
}
public class Exp11_2{
    static PersonCollection persons=new PersonCollection();
    static Scanner in=new Scanner(System.in);
    public static void add(){                    //添加联系人
        System.out.print(">请输入要添加的联系人姓名：");
        String name=in.next();
        System.out.print(">请输入电话号码：");
        String pnum=in.next();
        persons.add(new Person(name,pnum));
    }
    public static void show(){                   //输出所有联系人
        Set<Person> pc=persons.pset();
        if(pc.isEmpty()){
            System.out.println("没有联系人！");
        }else{
            Iterator<Person> it=pc.iterator();
            while (it.hasNext()){
                Person p=it.next();
                System.out.print("姓名："+p.getName());
                System.out.println(" 电话号码："+p.getPhone());
```

```
            }
        }
    }
    public static void main(String[] args){
        int n=0;
        while(true){
            System.out.println("0-退出    1-添加    2-显示");
            System.out.print(">请选择一个数字：");
            n=in.nextInt();
            switch (n){
                case 0: return;
                case 1: add();   break;
                case 2: show();  break;
            }
        }
    }
}
```

（3）编写程序 Exp11_3.java，使用 Map 模拟电话号码管理程序。程序具有电话号码的添加、查询功能。在添加操作时，如果存在重复名字，则显示提示信息，并提示用户输入另外的名字；如果输入的名字不在记录中，则添加该名字的电话信息。查询操作是根据名字查找电话，如果电话本中没有该名字，则提示是否添加该名字的电话，如果是则完成电话信息的添加。

参考代码：

```
import java.util.*;
class PhoneBook{
    private Map<String,String> phones=new TreeMap<>();
    Scanner in=new Scanner(System.in);
    public void addPhone(){                        //添加一条电话记录
        System.out.print("请输入名字：");
        String name=in.next();
        while(phones.containsKey(name)){           //检查是否有同名用户
            System.out.print("存在同名的记录，请使用另外的名字：");
            name=in.next();
        }
        System.out.print("请输入电话号码：");
        String phone=in.next();
        phones.put(name,phone);
    }
    public void display(){                         //显示所有电话信息
        Set<String> keys=phones.keySet();
        if(keys.isEmpty()){
```

```
                System.out.println("电话本中还没有电话信息！");
            }else{
                for(String name:keys){
                    String phone = phones.get(name);
                    System.out.println(name + "-->" + phone);
                }
            }
        }
        public void search(){                          //根据姓名查询电话
            System.out.print("请输入您要查找的名字：");
            String name=in.next();
            if (phones.containsKey(name)){
                String phone=phones.get(name);
                System.out.println(name+"-->"+phone);
            }else{
                System.out.println("名字不存在，您想添加这条记录吗？(y/n)");
                String choice=in.next();
                if(choice.equals("y")||choice.equals("Y")){
                    addPhone();
                }
            }
        }
    }
    public class Exp11_3{
        public static void main(String[] args){
            Scanner in=new Scanner(System.in);
            PhoneBook pbook=new PhoneBook();
            System.out.println("***欢迎使用电话本程序***");
            int n=0;
            while (true){
                System.out.print("请输入您的选择(0-退出 1-添加电话 2-查看所有电
话 3-查找电话)：");
                n=in.nextInt();
                switch (n){
                    case 0: System.out.println("谢谢使用！"); return;
                    case 1: pbook.addPhone(); break;
                    case 2: pbook.display(); break;
                    case 3: pbook.search();  break;
                }
            }
        }
    }
```

实验 12　输入输出流

一、实验目的

（1）掌握 File 类的使用。

（2）掌握字符流 Reader 和 Writer 的使用。

（3）掌握字节流 InputStream 和 OutStream 的使用。

（4）理解对象序列化。

二、实验内容

（1）在文本文件 poem.txt 中包含篇幅很长的英语短文，编写程序 Exp12_1.java，统计文件中英文字母 A（不区分大小写）的个数。

实现步骤及参考代码：

① 在 D:\ 创建 poem.txt 文件，并输入如图 A-16 所示的内容。

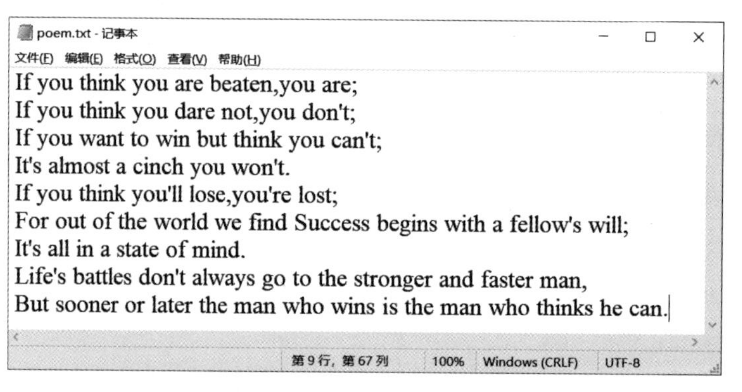

图 A-16　poem.txt 文件内容

② Exp12_1.java 参考代码

```
import java.io.File;
import java.io.FileInputStream;
import java.io.IOException;
public class Exp12_1{
    public static void main(String[] args) throws IOException{
        File f=new File("D:\\poem.txt");
        FileInputStream fin=new FileInputStream(f);
        int cnt=0;
        int c;
        while((c=fin.read())!=-1){
            if (c == 'A' || c == 'a'){
                cnt++;
            }
        }
```

```
        System.out.println("poem.txt 中 A 的个数为: "+cnt);
        fin.close();
    }
}
```

（2）编写程序 Exp12_2.java，给源程序加入行号。利用文件输入流读入 Exp12_1.java 文件，加入行号后，将这个文件另存为 temp.txt 文件。

实现步骤及参考代码：

① Exp12_2.java 文件的参考代码

```
import java.io.*;
public class Exp12_2{
    public static void main(String[] args) throws IOException{
        File file=new File("D:\\Exp12_1.java");
        File out=new File("D:\\temp.txt");
        FileReader fr=new FileReader(file);  //创建指向 file 的输入流
        BufferedReader br=new BufferedReader(fr);
        FileWriter fw=new FileWriter(out); //创建指向文件 temp.txt 的输出流
        BufferedWriter bw=new BufferedWriter(fw);
        int i=0;                             //记录行号
        String s=br.readLine();              //从源文件读取一行
        while (s!=null){
            i++;
            bw.write(i+" "+s);
            bw.newLine();
            s=br.readLine();
        }
        br.close();
        fr.close();
        bw.close();
        fw.close();
    }
}
```

② 运行程序后，在 D：盘下生成一个 temp.txt 文件，文件内容如图 A-17 所示。

（3）编写程序 Exp12_3.java，通过 DataOutputStream 流将 double 和 boolean 数据写入文件 data12_3.txt 中，然后再通过 DataInputStream 流将它们从文件中读出并显示到控制台。

参考代码：

```
import java.io.*;
public class Exp12_3{
    public static void main(String[] args) throws IOException{
        File file=new File("D:\\data12_3.txt");
        FileOutputStream fos=new FileOutputStream(file);
        DataOutputStream dos=new DataOutputStream(fos);
```

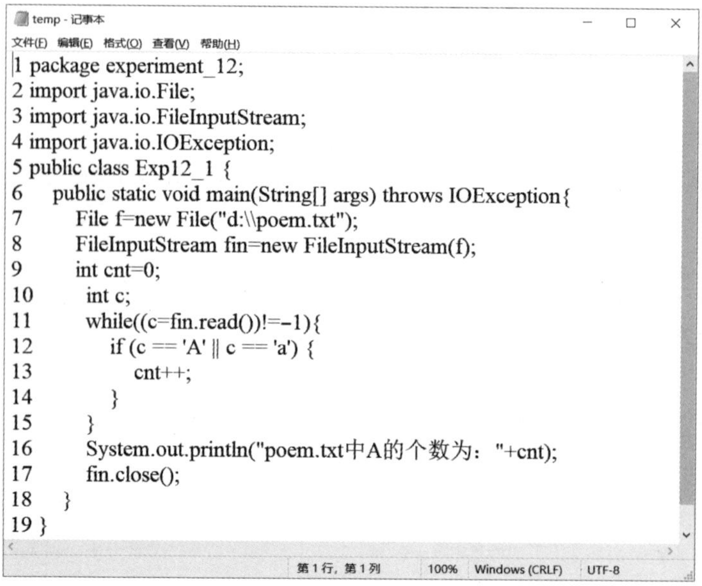

```
temp - 记事本
文件(F) 编辑(E) 格式(O) 查看(V) 帮助(H)
1 package experiment_12;
2 import java.io.File;
3 import java.io.FileInputStream;
4 import java.io.IOException;
5 public class Exp12_1 {
6     public static void main(String[] args) throws IOException{
7         File f=new File("d:\\poem.txt");
8         FileInputStream fin=new FileInputStream(f);
9         int cnt=0;
10        int c;
11        while((c=fin.read())!=-1){
12            if (c == 'A' || c == 'a') {
13                cnt++;
14            }
15        }
16        System.out.println("poem.txt中A的个数为："+cnt);
17        fin.close();
18    }
19 }
第 1 行，第 1 列    100%    Windows (CRLF)    UTF-8
```

图 A-17　temp.txt 文件内容

```
            dos.writeDouble(3.14159);
            dos.writeBoolean(true);
            FileInputStream fis=new FileInputStream(file);
            DataInputStream dis=new DataInputStream(fis);
            System.out.println(dis.readDouble());
            System.out.println(dis.readBoolean());
        }
    }
```

（4）编写程序 Exp12_4.java，使用 PrintWriter 类在屏幕上显示 Exp12_3.java 文件的内容。

参考代码：

```
import java.io.*;
public class Exp12_4{
    public static void main(String[] args) throws IOException{
        String s;
        File file=new File("D:\\Exp12_3.java");
        FileReader fr=new FileReader(file);
        BufferedReader br=new BufferedReader(fr);
        OutputStreamWriter osw=new OutputStreamWriter(System.out);
        PrintWriter out=new PrintWriter(new BufferedWriter(osw));
        while ((s=br.readLine())!=null){
            out.println(s);
            out.flush();
        }
```

```
    }
}
```

（5）编写程序Exp12_5.java，在实验11的Exp11_2.java实现的简单通讯录的基础上，加入通讯录存储功能，用户添加的联系人可以保存到data12_5.txt文件中。程序启动后，可以自动把文件中的通讯录读入内存，可以在内存中操作；程序退出时，可以把内存中的通讯录自动保存到文件中。

参考代码：

```
import java.io.*;
import java.util.*;
class Person implements Serializable{                    //联系人类
    private String name;
    private String phone;
    public Person(String name,String phone){
        this.name=name;
        this.phone=phone;
    }
    public String getName(){
        return name;
    }
    public String getPhone(){
        return phone;
    }
}
class PersonCollection{                                  //通讯录操作类
    private Set<Person> c=new HashSet<>();
    public PersonCollection(){
        load();                                          //加载通讯录
    }
    public void add(Person p){                           //添加联系人
        c.add(p);
    }
    public Set<Person> pset(){                           //返回联系人集合
        return c;
    }
    public void load(){                                  //加载通讯录
        File file=new File("D:\\data12_5.txt");
        if(file.exists()){
            try{
                FileInputStream fin=new FileInputStream(file);
                ObjectInputStream ois=new ObjectInputStream(fin);
                c=(Set<Person>) ois.readObject();
            }catch (Exception e){
```

```
                e.printStackTrace();
            }
        }else{
            c=new HashSet<Person>();
        }
    }
    public void save(){                                    //保存通讯录
        try{
            FileOutputStream fout=new FileOutputStream("D:\\data12_5.txt");
            ObjectOutputStream oos=new ObjectOutputStream(fout);
            oos.writeObject(c);
        }catch (IOException e){
            e.printStackTrace();
        }
    }
}
public class Exp12_5{
    static PersonCollection persons=new PersonCollection();
    static Scanner in=new Scanner(System.in);
    public static void add(){                              //添加联系人
        System.out.print(">请输入要添加的联系人姓名：");
        String name=in.next();
        System.out.print(">请输入电话号码：");
        String pnum=in.next();
        persons.add(new Person(name,pnum));
    }
    public static void show(){                             //输出所有联系人
        Set<Person> pc=persons.pset();
        if(pc.isEmpty()){
            System.out.println("没有联系人！");
        }else{
            Iterator<Person> it=pc.iterator();
            while (it.hasNext()){
                Person p=it.next();
                System.out.print("姓名："+p.getName());
                System.out.println(" 电话号码："+p.getPhone());
            }
        }
    }
    public static void main(String[] args) throws IOException{
        int n=0;
        while(true){
            System.out.println("0-退出    1-添加    2-显示");
            System.out.print(">请选择一个数字：");
```

```
                n=in.nextInt();
                switch (n){
                    case 0: persons.save(); return;
                    case 1: add();    break;
                    case 2: show();  break;
                }
            }
        }
}
```

实验13 多线程

一、实验目的

（1）掌握线程创建的两种方式。

（2）掌握线程控制的基本方法。

（3）掌握实现线程同步的方法。

二、实验内容

（1）编写程序 Exp13_1.java，使用 Thread 类模拟时钟线程。

参考代码：

```
import java.util.Date;
class ClockThread extends Thread{
    public void run(){
        while(true){
            System.out.println(new Date()); //显示系统时间
            try{
                Thread.sleep(1000);
            }catch (InterruptedException e){
                e.printStackTrace();
            }
        }
    }
}
public class Exp13_1{
    public static void main(String[] args){
        ClockThread clock=new ClockThread();
        clock.start();
    }
}
```

（2）编写程序 Exp13_2.java，使用 Runnable 接口模拟时钟线程。

参考代码：

```
import java.util.Date;
class ClockRunnable implements Runnable{
    public void run(){
        while(true){
            System.out.println(new Date()); // 显示系统时间
            try{
                Thread.sleep(1000);
            }catch (InterruptedException e){
                e.printStackTrace();
            }
        }
    }
}
public class Exp13_2{
    public static void main(String[] args){
        ClockRunnable clockrun=new ClockRunnable();
        Thread clock=new Thread(clockrun);
        clock.start();
    }
}
```

（3）编写程序 Exp13_3.java，掌握线程休眠方法的使用，根据程序运行结果，分析 CPU 是如何调度各个线程的。

参考代码：

```
class Sleep extends Thread{
    public Sleep(String name){
        super(name);
    }
    public void run(){
        try{
                System.out.println(Thread.currentThread().getName()+" 睡着
了……");
                sleep(3000);
                System.out.println(Thread.currentThread().getName()+" 睡醒
了……");
        }catch (InterruptedException e){
            e.printStackTrace();
        }
    }
}
public class Exp13_3{
    public static void main(String[] args){
        Thread t1=new Sleep(" 线程 1");
        Thread t2=new Sleep(" 线程 2");
```

```
            t1.start();
            t2.start();
            try{
                System.out.println("主线程休眠1s……");
                Thread.sleep(1000);
                System.out.println("主线程休眠结束。");
            }catch (InterruptedException e){
                e.printStackTrace();
            }
        }
    }
```

（4）编写程序Exp13_4.java，使用同步的方法模拟夫妻二人在银行取钱。假设银行账户余额为3000元，丈夫使用存折，妻子使用银行卡，同时去银行各取2000元。

参考代码：

```
class BankAccount{                              //账户余额
    private int balance;
    public BankAccount(int balance){
        this.balance=balance;
    }
    public int getBalance(){                    //查询余额
        return balance;
    }
    public void withdraw(int amount){           //取款
        balance=balance-amount;
    }
}
//代表夫妻两人共有的行为：检查余额、准备取钱、休息睡一会、醒来取钱
class WithDraw implements Runnable{
    private BankAccount account;
    public WithDraw(BankAccount account){
        this.account=account;
    }
    public void run(){
        synchronized (account){                 //对账户进行同步
            System.out.println(Thread.currentThread().getName()+"得到账户的
控制权");
            if(account.getBalance()<2000){
                System.out.println(Thread.currentThread().getName()+"查询
时账户余额不足");
            }else{
                System.out.println(Thread.currentThread().getName()+"查
询余额"+account.getBalance());
                System.out.println(Thread.currentThread().getName()+"准
```

```
备取款 2000 元");
                    try{
                        System.out.println(Thread.currentThread().getName()+"准
备休息睡一会");
                        Thread.sleep(500);
                    }catch (InterruptedException e){
                        e.printStackTrace();
                    }
                    System.out.println(Thread.currentThread().getName()+"睡
醒了");
                    account.withdraw(2000);                    //进行取款
                    System.out.println(Thread.currentThread().getName()+"完
成取款");
                    System.out.println("当前账户余额为"+account.getBalance());
                }
                System.out.println(Thread.currentThread().getName()+"释放账
户控制权");
            }
        }
    }
    public class Exp13_4{
        public static void main(String[] args){
            BankAccount bankAccount=new BankAccount(3000);
            WithDraw withdraw=new WithDraw(bankAccount);
            Thread husband=new Thread(withdraw);
            Thread wife=new Thread(withdraw);
            husband.setName("丈夫");
            wife.setName("妻子");
            husband.start();
            wife.start();
        }
    }
```

（5）编写程序 Exp13_4.java，模拟小明和小红两个人买电影票。售票员只有两张面值 5 元的人民币，电影票 5 元一张。小明拿一张面值 20 元的人民币排在小红的前面买票，小红拿一张面值 5 元的人民币买票。因此小明必须等待小红先买完票，然后才能继续买票。

参考代码：

```
class Ticket implements Runnable{
    private int five=2;                          //表示售票员有两张 5 元人民币
    public void run(){
        if(Thread.currentThread().getName().equals("小明")){
```

```
                sellTicket(20);
            }else if(Thread.currentThread().getName().equals("小红")){
                sellTicket(5);
            }
        }
        public synchronized void sellTicket(int money){
            if(money==5){
                five=five+1;
                System.out.println(Thread.currentThread().getName()+"钱正好");
            }else if(money==20){
                while (five<3){
                    try{
                                System.out.println(Thread.currentThread().
getName()+"需靠边等待……");
                                wait();
                                System.out.println(Thread.currentThread().
getName()+"继续买票");
                    }catch (InterruptedException e){
                        e.printStackTrace();
                    }
                }
                five=five-3;
                System.out.println(Thread.currentThread().getName()+"给20元，
找15元");
            }
            notify();
        }
    }
    public class Exp13_5{
        public static void main(String[] args){
            Ticket buyticket=new Ticket();
            Thread t1=new Thread(buyticket);
            t1.setName("小明");
            Thread t2=new Thread(buyticket);
            t2.setName("小红");
            t1.start();
            t2.start();
        }
    }
```

实验 14　网络编程

一、实验目的

（1）掌握 URL 类及 URLConnection 类的用法。

（2）掌握 InetAddress 类的用法。

（3）掌握 Socket 编程原理及 TCP 通信编程步骤。

（4）掌握 UDP 编程原理及 UDP 通信编程步骤。

二、实验内容

（1）编写程序 Exp14_1.java，显示查询 CSDN 首页时的 URL 对象的相关属性。

参考代码：

```
import java.net.URL;
public class Exp14_1{
    public static void main(String[] args) throws Exception{
        URL url=new URL("http://www.csdn.net");
        System.out.println("权限信息 :"+url.getAuthority());
        System.out.println("默认端口号: "+url.getDefaultPort());
        System.out.println("主机名: "+url.getHost());
        System.out.println("端口号 :"+url.getPort());
        System.out.println("协议名: "+url.getProtocol());
    }
}
```

（2）编写程序 Exp14_2.java，使用 InetAddress 类，实现对本机 IP 地址的读取与显示、获取远程主机的一个地址并显示、获取远程主机的多个地址并显示。

参考代码：

```
import java.net.InetAddress;

public class Exp14_2{
    public static void main(String[] args) throws Exception{
        InetAddress addr=InetAddress.getLocalHost();     //获取本机 IP
        System.out.println("本地主机地址: "+addr);
        //获取远程服务器的一个主机 IP
        addr=InetAddress.getByName("baidu.com");
        System.out.println("baidu: "+addr);
        //获取远程服务器的所有主机 IP
        InetAddress[] addrs=InetAddress.getAllByName("baidu.com");
        for(int i=0;i<addrs.length;i++){
            System.out.println("第"+(i+1)+"个"+"baidu 地址: "+addrs[i]);
        }
    }
}
```

（3）编写程序，实现客户端发送图片文件，服务端并发接收客户端上传的图片文件。

实现步骤及参考代码：

① 在 D:\ 根目录下存放图片文件“test.png”。

② 编写客户端程序 Exp14_3_Client.java，实现图片文件的上传。参考代码如下：

```
import java.io.*;
import java.net.Socket;
public class Exp14_3_Client{
    public static void main(String[] args) throws Exception{
        Socket s=new Socket("localhost",8800);
        InputStream in=s.getInputStream();
        OutputStream out=s.getOutputStream();
        FileInputStream is=new FileInputStream(new File("D:\\test.png"));
        byte[] buf=new byte[1024];
        int len=0;
        while((len=is.read(buf))!=-1){
            out.write(buf,0,len);
        }
        System.out.println("客户端上传完毕! ");
    }
}
```

③ 编写并发处理程序 Exp14_3_ServerThread.java，实现服务端并发接收客户端上传的图片文件。参考代码如下：

```
import java.io.*;
import java.net.Socket;
public class Exp14_3_ServerThread implements Runnable{
    private Socket s;
    public Exp14_3_ServerThread(Socket s){
        this.s=s;
    }
    public void run(){
        try{
            String ip=s.getInetAddress().getHostAddress();
            InputStream in=s.getInputStream();
            OutputStream out=s.getOutputStream();
            File file=new File("d:\\"+ip+".png");
            FileOutputStream fo=new FileOutputStream(file);
            byte[] buf=new byte[1024];
            int len=0;
            while((len=in.read(buf))!=-1){
                fo.write(buf,0,len);
            }
```

```
            s.close();
        }catch (Exception e){
            e.printStackTrace();
        }
    }
}
```

④ 编写服务端程序 Exp14_3_Server.java，开启服务端线程接收图片。参考代码如下：

```
import java.net.*;
public class Exp14_3_Server{
    public static void main(String[] args) throws Exception{
        ServerSocket ss=new ServerSocket(8800);
        Socket socket=ss.accept();
        Exp14_3_ServerThread st=new Exp14_3_ServerThread(socket);
        Thread t=new Thread(st);
        t.start();
    }
}
```

⑤ 先运行服务端程序 Exp14_3_Server.java，再运行客户端程序 Exp14_3_Client.java，可以看到在 D:\ 根目录下会生成一个名为 127.0.0.1.png 的文件。

（4）编写程序，使用 UDP 通信实现简单的聊天程序。服务端程序启动后，监听客户端的请求，并为客户端提供服务；客户端程序启动后，输入要聊的内容，即可以完成与服务端的聊天。

实现步骤及参考代码：

① 编写客户端程序 Exp14_4_ClientChat.java，向服务端发送服务请求并接收服务端的消息。参考代码如下：

```
public class Exp14_4_ClientChat{
    public static void main(String[] args) throws Exception{
        //向服务端发送信息请求
        String s="您好，商品什么时候发货？";
        byte[] buf=new byte[256];
        buf=s.getBytes();
        byte ip[]={(byte)127,(byte)0,(byte)0,(byte)1};
        InetAddress addr=InetAddress.getByAddress(ip);
        DatagramPacket packet=new DatagramPacket(buf,buf.length,addr,1080);
        DatagramSocket socket=new DatagramSocket();
        socket.send(packet);
        Thread.sleep(2000);
        //接收服务端消息
        packet=new DatagramPacket(buf,buf.length);
        socket.receive(packet);
```

```
        s=new String(packet.getData());
        System.out.println("收到的回复信息："+s);
        socket.close();
    }
}
```

② 编写客户端程序 Exp14_4_ServerChat.java，接收客户端请求并回复客户端消息。参考代码如下：

```
public class Exp14_4_ServerChat {
    public static void main(String[] args) throws Exception{
        //监听客户端服务请求
        byte buf[]=new byte[512];
        DatagramSocket socket=new DatagramSocket(1080);
        DatagramPacket packet=new DatagramPacket(buf,buf.length);
        socket.receive(packet);
        String s=new String(packet.getData());
        System.out.println("收到用户提问的信息："+s);
        //回复客户端信息
        int port=packet.getPort();
        InetAddress addr=packet.getAddress();
        s="您好，商品最迟 27 日前发货！";
        buf=s.getBytes();
        packet=new DatagramPacket(buf,buf.length,addr,port);
        socket.send(packet);
        Thread.sleep(2000);
        socket.close();
    }
}
```

③ 先运行服务端程序 Exp14_4_ServerChat.java，再运行客户端程序 Exp14_4_ClientChat.java，即可看到客户端和服务端运行结果。

实验 15　数据库编程

一、实验目的

（1）掌握 JDBC 中与数据操作相关的类和接口的常用方法。

（2）掌握灵活使用 SQL 语句实现数据的增、删、改、查功能。

（3）掌握使用集合处理数据库查询结果的方法。

二、实验内容

在 MySQL 下建立一个数据库 test。编写程序 Exp15_1.java，在该数据库下实现以下功能：

① 在数据库中建立表 employee，表结构为：ID(int)、name(char(5))、salary(float)；

② 在表中输入多条记录；

③ 将所有员工信息显示到屏幕上；

④ 将所有员工的工资增加 10%；

⑤ 删除工资低于 6000 元的员工记录。

实现步骤及参考代码：

① 在 MySQL 服务器下创建数据库 test，SQL 语句如下：

```
create database test;
```

② 在 Java 项目上加载连接 MySQL 的 Jar 包（详情可参看 13.3.2 小节）；

③ 编写程序，参考代码：

```
import java.sql.*;
class MyJDBC{
    private Connection conn;
    public MyJDBC() throws Exception{
        Class.forName("com.mysql.cj.jdbc.Driver");
         String url="jdbc:mysql://127.0.0.1/test?useSSL=false&serverTime
zone=UTC";
        conn= DriverManager.getConnection(url,"root","215406");
    }
    public void createTable() throws Exception{          //创建表
        Statement stmt=conn.createStatement();
        String sql="create table employee(ID int,name char(15),salary
        float)";
        stmt.execute(sql);
        stmt.close();
        System.out.println("表建立成功！");
    }
    public void insertData() throws Exception{           //插入数据
        Statement stmt=conn.createStatement();
        String sql1="insert into employee values(1,'王磊',5400)";
        String sql2="insert into employee values(2,'李丽',6800)";
        String sql3="insert into employee values(3,'陈建国',8500)";
        stmt.executeUpdate(sql1);
        stmt.executeUpdate(sql2);
        stmt.executeUpdate(sql3);
        stmt.close();
        System.out.println("\n插入数据成功！");
    }
```

```
    public void selectData() throws Exception{              //查询数据
        Statement stmt=conn.createStatement();
        ResultSet rs=stmt.executeQuery("select * from employee");
        while(rs.next()){
            System.out.println("编号:"+rs.getInt(1)+" 姓名:"+rs.getString(2)+"
工资:"+rs.getFloat(3));
        }
        rs.close();
        stmt.close();
    }
    public void updateData() throws Exception{              //修改数据
        System.out.println("\n增加工资前:");
        selectData();
        Statement stmt=conn.createStatement();
        String sql="update employee set salary=salary*1.1";
        stmt.executeUpdate(sql);
        stmt.close();
        System.out.println("增加工资后:");
        selectData();
    }
    public void deleteData() throws Exception{              //删除数据
        Statement stmt=conn.createStatement();
        System.out.println("\n删除工资低于6000元的员工前:");
        selectData();
        String sql="delete from employee where salary<6000";
        stmt.executeUpdate(sql);
        stmt.close();
        System.out.println("删除工资低于6000元的员工后:");
        selectData();
    }
}
public class Exp15_1{
    public static void main(String[] args) throws Exception{
        MyJDBC jdbc=new MyJDBC();
        jdbc.createTable();
        jdbc.insertData();
        jdbc.updateData();
        jdbc.deleteData();
    }
}
```

实验 16　图形用户界面设计

一、实验目的

（1）掌握图形用户界面编程的步骤。

（2）掌握常用布局管理类的使用。

（3）掌握常用组件的使用。

（4）掌握事件处理的要素。

二、实验内容

（1）编写程序 Exp16_1.java，实现温度转换。用户在文本框中输入华氏温度（用 θ 表示），并按 Enter 键，自动在两个文本框中分别显示对应的摄氏温度（用 t 表示）和开氏温度（用 T 表示）。具体计算公式为：

$$t=(\theta-32)\times 5\div 9$$

$$T=t+273$$

参考代码：

```
import javax.swing.*;
import java.awt.*;
import java.awt.event.*;
class Temperature extends JFrame implements ActionListener{
        private JLabel label1=new JLabel("请输入华氏温度：");
        private JLabel label2=new JLabel("摄氏温度：");
        private JLabel label3=new JLabel("开氏温度：");
        private JTextField t1=new JTextField(20);
        private JTextField t2=new JTextField(20);
        private JTextField t3=new JTextField(20);
        public Temperature(){
            add(label1);
            add(t1);
            add(label2);
            add(t2);
            add(label3);
            add(t3);
            t1.addActionListener(this);
            setTitle("温度转换程序");
            setSize(300, 150);
            setVisible(true);
            setLayout(new GridLayout(3,2));
            setDefaultCloseOperation(JFrame.EXIT_ON_CLOSE);
        }
        public void actionPerformed(ActionEvent e){
```

```
            double tempH=Double.parseDouble(t1.getText());
            double tempC=(tempH-32)*5/9;
            double tempK=tempC+273;
            t2.setText(Double.toString(tempC));
            t3.setText(Double.toString(tempK));
        }
}
public class Exp16_1{
    public static void main(String[] args){
        new Temperature();
    }
}
```

（2）编写程序 Exp16_2.java，创建一个公司员工基本信息管理的菜单用户界面。

参考代码：

```
import javax.swing.*;
import java.awt.event.ActionEvent;
import java.awt.event.ActionListener;
class MyMenu extends JFrame implements ActionListener{
    JMenuBar mb=new JMenuBar();

    JMenu mess=new JMenu("员工信息处理");
    JMenuItem addmess=new JMenuItem("添加个人信息");
    JMenuItem editmess=new JMenuItem("编辑个人信息");
    JMenuItem checkmess=new JMenuItem("查看个人信息");
    JMenuItem delmess=new JMenuItem("删除个人信息");

    JMenu prtMess=new JMenu("打印处理");
    JMenuItem prt_all=new JMenuItem("打印所有信息");
    JMenuItem prt_part=new JMenuItem("打印指定信息");
    JMenuItem prt_one=new JMenuItem("打印指定员工的信息");

    JMenu help=new JMenu("帮助");
    JMenuItem info=new JMenuItem("关于帮助");
    JMenuItem subject=new JMenuItem("帮助主题");

    JMenu exit=new JMenu("退出");
    JMenuItem quit=new JMenuItem("关闭窗口");

    public MyMenu(){
        setJMenuBar(mb);
        mb.add(mess);
        mb.add(prtMess);
        mb.add(help);
```

```
        mb.add(exit);

        mess.add(addmess);
        mess.add(editmess);
        mess.addSeparator();
        mess.add(checkmess);
        mess.add(delmess);

        prtMess.add(prt_all);
        prtMess.add(prt_part);
        prtMess.addSeparator();
        prtMess.add(prt_one);

        help.add(info);
        help.add(subject);

        exit.add(quit);
        quit.addActionListener(this);

        setTitle("公司员工信息处理");
        setSize(300, 150);
        setVisible(true);
        setDefaultCloseOperation(JFrame.EXIT_ON_CLOSE);
    }
    public void actionPerformed(ActionEvent e){
        if(e.getSource()==quit){
            System.exit(0);
        }
    }
}
public class Exp16_2{
    public static void main(String[] args){
        new MyMenu();
    }
}
```

（3）编写程序 Exp16_3.java，实现一个简单的个人简历程序。可以通过文本框输入姓名，通过单选按钮选择性别，通过组合框选择籍贯，通过列表框选择文化程度。单击“确定”按钮，将信息显示到文本区组件中；单击“取消”按钮，关闭窗口。

参考代码：

```
import javax.swing.*;
import java.awt.*;
import java.awt.event.ActionEvent;
```

```
import java.awt.event.ActionListener;

class Resume extends JFrame implements ActionListener{
    private JLabel name=new JLabel("姓名: ");
    private JTextField nameInput=new JTextField(8);

    private JLabel sex=new JLabel("性别: ");
    private JRadioButton male=new JRadioButton("男",true);
    private JRadioButton female=new JRadioButton("女",false);
    private ButtonGroup sexSelect=new ButtonGroup();

    private JLabel provinceLab=new JLabel("籍贯: ");
    private String[] province={"北京市","广东省","山东省"};
    private JComboBox provinceBox=new JComboBox(province);

    private JLabel degreeLab=new JLabel("文化程度");
    private String[] degree={"本科","硕士","博士","其他"};
    private JList degreeList=new JList(degree);

    private JButton ok=new JButton("确定");
    private JButton cancel=new JButton("取消");

    private String[] str=new String[4];
    private String output="";
    private JTextArea txa=new JTextArea(5,20);

    public Resume(){
        JPanel namePan=new JPanel();
        namePan.add(name);
        namePan.add(nameInput);
        add(namePan);

        JPanel sexPan=new JPanel();
        sexSelect.add(male);
        sexSelect.add(female);
        sexPan.add(sex);
        sexPan.add(male);
        sexPan.add(female);
        add(sexPan);

        JPanel provincePan=new JPanel();
        provincePan.add(provinceLab);
        provincePan.add(provinceBox);
        add(provincePan);
```

```
        JPanel degreePan=new JPanel();
        degreePan.add(degreeLab);
        degreePan.add(degreeList);
        add(degreePan);

        JPanel buttonPan=new JPanel();
        buttonPan.add(ok);
        buttonPan.add(cancel);
        add(buttonPan);
        ok.addActionListener(this);
        cancel.addActionListener(this);

        add(txa);

        setTitle("简单的个人简历程序");
        setSize(350, 350);
        setVisible(true);
        setLayout(new FlowLayout());
        setDefaultCloseOperation(JFrame.EXIT_ON_CLOSE);
    }
    public void actionPerformed(ActionEvent e){
        if(e.getSource()==ok){
            str[0]="姓名:"+nameInput.getText();
            if(male.isSelected()){
                str[1]="性别:男";
            }else{
                str[1]="性别:女";
            }
            str[2]="籍贯:"+province[provinceBox.getSelectedIndex()];
            str[3]="文化程度:"+degree[degreeList.getSelectedIndex()];
            for(int i=0;i<4;i++){
                output=output+str[i]+"\n";
                txa.setText(output);
            }
        }
        if(e.getSource()==cancel){
            System.exit(0);
        }
    }
}
public class Exp16_3{
    public static void main(String[] args){
        new Resume();
    }
}
```

Java

附录B 习题参考答案

习题一

一．选择题

1~5 ABACD　6~8 DAD

二．判断题

1~5 对错错错错

习题二

一．选择题

1~5 ADDBB　6~10 DBCCB　11~13 BBC

二．判断题

1~5 错错对错错

习题三

一．选择题

1~5 BDCCD　6~10 BCCDC

二．判断题

1~5 对错错对错

习题四

一．选择题

1~5 BBBDA　6~11 BCAABB

二．判断题

1~5 错对错错对

习题五

一．选择题

1~5 CBBCB　6~10 CBCDC　11~16 BCBCCA

二．判断题

1~5 错错错对错

三．阅读程序题

1. 代码 1 和代码 4 是错误的
2. sum=-100
3. sum=27

习题六

一．选择题

1~5 DCBDB　6~10 BABBC

二．判断题

1~6 对错错对错对

三．阅读程序题

1. b
2. Base
   Child
3. 15.0
   8.0
4. 118.0
   12

习题七

一．选择题

1~5 AAADD　6~8 BCD

二．判断题

1~6 错错对对对

三．阅读程序题

1. 15.0

2. 18
   15

习题八

一. 选择题

1~5 ABBAB 6~10 ADACC 11~12 AD

二. 判断题

1~5 错对错错对

习题九

一. 选择题

1~5 CDBCC

二. 判断题

1~5 错错对对错

三. 阅读程序题

1. Hello Java Learn World
2. Hello Learn

习题十

一. 选择题

1~5 DBCAD 6~10 ABBBA

二. 判断题

1~5 对错对对对

习题十一

一. 选择题

1~5 BDABB 6~10 DCAAC

二. 判断题

1~5 对对错错对

三. 阅读程序题

1. ThreadThread
2. Hello Java
   Hello Java

Hello Java

Hello Java

习题十二

一．选择题

1~5 DBBCC　6~10 ADBCB　11~12 BB

二．判断题

1~5 对对错错错

习题十三

一．选择题

1~5 ABABD　6~8 DBB

二．判断题

1~5 对错错对对

习题十四

一．选择题

1~5 DBCBB　6~8 AAA

二．判断题

1~5 错对对错对

参考文献

[1] 李尊朝 , 苏军 , 李昕怡 . Java 语言程序设计 [M].4 版 . 北京 : 中国铁道出版社 ,2022.

[2] 李昕怡 , 李尊朝 , 苏军 . Java 语言程序设计例题解析与实验指导 [M] .4 版 . 北京 : 中国铁道出版社 ,2020.

[3] 冯君 , 宋锋 , 刘春霞 . 基于工作任务的 Java 程序设计 [M]. 北京 : 清华大学出版社 ,2019.

[4] 宋锋 , 冯君 , 崔蕾 . 基于工作任务的 Java 程序设计实验教程 [M]. 北京 : 清华大学出版社 ,2018.

[5] 徐舒 , 易凡 . Java 语言项目化教程 [M]. 北京 : 清华大学出版社 ,2023.

[6] 赵新慧 , 李文超 . Java 程序设计教程及实验指导 [M]. 北京 : 清华大学出版社 ,2020.

[7] 高玲玲 , 范佳伟 , 罗丹 . Java 基础案例教程 [M]. 北京 : 电子工业出版社 ,2020.

[8] 杨峰 , 王楠 . Java 程序员面试笔记 [M]. 北京 : 机械工业出版社 ,2019.

[9] 邓海生 , 李月军 , 左银波 .Java 程序设计案例教程 [M]. 北京 : 北京邮电大学出版社 ,2018.

[10] 耿祥义 , 张跃平 . Java 程序设计精编教程 [M]. 北京 : 清华大学出版社 ,2023.

[11] 赵军 , 吴灿铭 . Java 程序设计与计算思维 [M]. 北京 : 机械工业出版社 ,2019.